JN092535

フルボ酸の蛍光分析

―環境水と水道水―

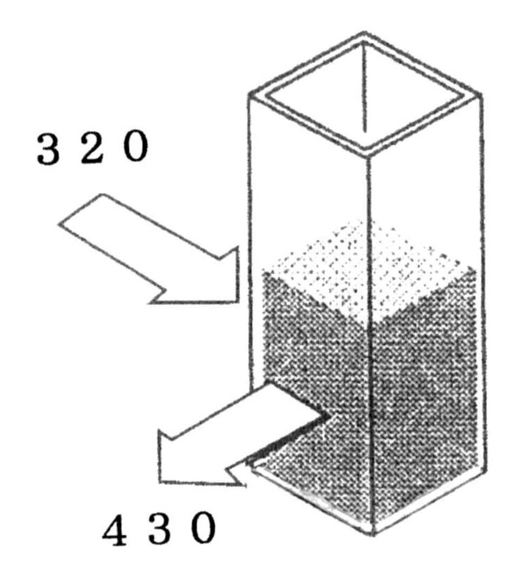

海賀　信好

東京図書出版

はじめに

科学の発展には先駆けて証拠を数多く集めることが重要である．これまで，フルボ酸の全貌を明らかにするため，環境水から水道水まで，数多くの試料を，国内，海外まで足を運び入手．特に大学，企業，多くの浄水場との共同研究も含め，40年近く調査してきた．

欧米の水質項目にもない蛍光強度と溶存有機物 DOC との比率で，フルボ酸を評価できることが判明し，世界で初めて環境水と水道水に関した「フルボ酸と蛍光分析」をまとめることができた．水問題に関心を寄せられている天皇陛下に謹呈し，広く現場の水関係者の基礎資料として頂きたい．基礎から応用まで，実務者に利用できるようまとめてある．

研究の初期は，オゾン処理での脱色や環境水の着色について調査していた．その後，飲料水の水質問題で各種化学物質の安全性が細かく議論され，水道水を大学の旧式の蛍光分析装置で試しに調べたところ，大きな励起･蛍光スペクトルが現れた．湧水，地下水，河川水，湖沼水，濠水，下水処理水などにも，蛍光分析でフルボ酸のピークが認められる．アオコの発生した金魚鉢の水，樹木を流れる樹幹流，土壌からも簡単にフルボ酸が検出された．植物，食品などでも類似したスペクトルが確認される．蛍光分析は，無試薬，短時間に迅速に，濃度も 1／10, 1／100, 1／1,000と高感度で測定することができる．

水道原水の河川水中の腐植物質は 90％以上がフルボ酸なのに，だれもそのフルボ酸を追求しない．フルボ酸の書籍はなく，蛍光分析の専門的な書籍もない．地球上の水の流れでどこにでも検出され，pH に無関係で水に溶解する腐植物質のフルボ酸に関し，最も基本的な調査が抜けていた．

特に流れる河川水に検出されるフルボ酸が蛍光強度と溶存有機物 DOC 濃度の値に一定な性質を示し，水質分析の項目として有効であることがまとまった．水質分析の進んだ欧米でも，これらの値は使用されていない．

水の博士，故小島貞男先生の残された言葉，「技術はまとめて，それを後世に正しく伝えて行くことが技術者の使命である」と．時空を超え，3,000 冊以上の書籍に囲まれ生活されていた小島先生の文庫に新たに加えていただけるだろう．

「水と緑と地球環境」につき項目を加え，今後の大きな展開に期待する．

目　次

1. 蛍光分析とは

1.1　顕微鏡でノミを観察したロバート・フック

中村栄一（東京大学大学院理学系研究科化学専攻化学科，特任教授）が，『化学と工業』(2007，VOL.60-12，pp.1149-1150，日本化学会）に「時代感覚を磨き，自らの道を進もう」を論説掲載し，研究手法の変わってきた17世紀の事例を示している．

フックの法則で有名なロバート・フック（木質コルクの組織が小さな部屋から構成されていることを示した植物細胞の発見者）は，30歳の1665年，顕微鏡（**図-1.1**）による観察結果をまとめた．「これからの科学は，脳と想像の仕事から材料や現象の観察に戻る」として，顕微鏡で観察したそれまで誰も見たことのないノミ（**図-1.2**）のスケッチを示し，将来，顕微鏡が自然科学を変えるであろうと宣言していたと述べている．

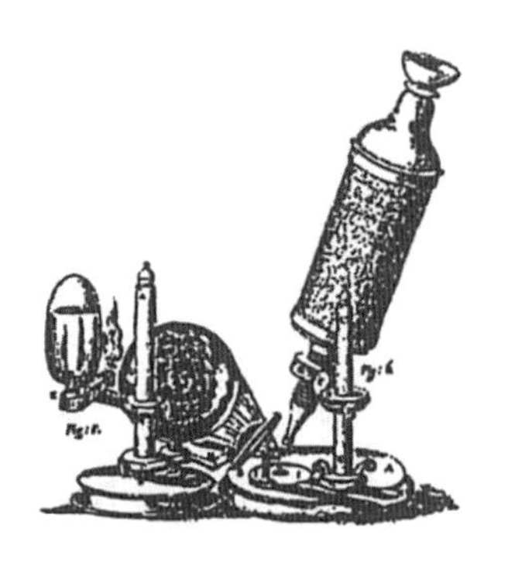

図-1.1　フックの顕微鏡

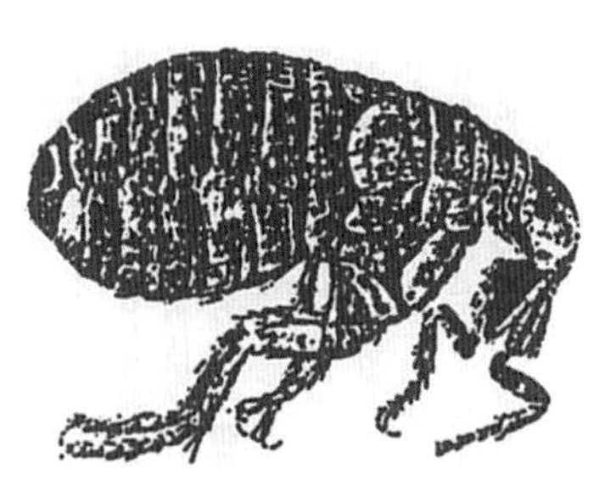

図-1.2　フックの観察したノミ

本書では，筆者が環境水，水道水の水質調査に蛍光分析を用いてきた化学技術者としての経験から，その基本的分析手法，そして発表したフィールドデータに基づき解説する．

分光分析の測定装置の原理を**図-1.3**に比較して示す．吸光光度法は，セルに入れた試料に入射光を当て透過した同一波長の光の透過度を求める．それに対し蛍光分析法は，励起に最適な入射光をセルの試料に当て，試料中の蛍光発現性物質が入射光を吸収し励起して基底状態へ戻る際に放出する長波長側の蛍光を直角方向から測定する．測定には波長の異なった（違った）2つを用いるので散乱光，迷光の影響が少なく，透過光を用いる吸光光度法よりも感度は100～1,000倍高い．そして，紫外線殺菌等の微生物を扱う際には，1/10，1/100，1/1,000 における濃度変化を追求でき，低濃度の範囲まで測定できる．一例として硫酸キニーネの溶液で作成した検量線を**図-1.4** に示す．

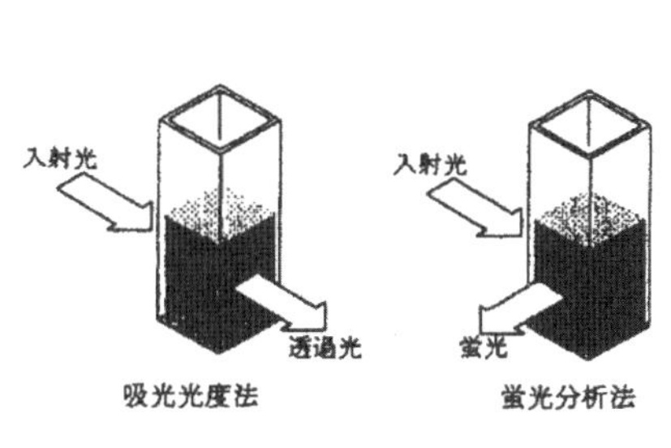

図-1.3　分光分析法の比較

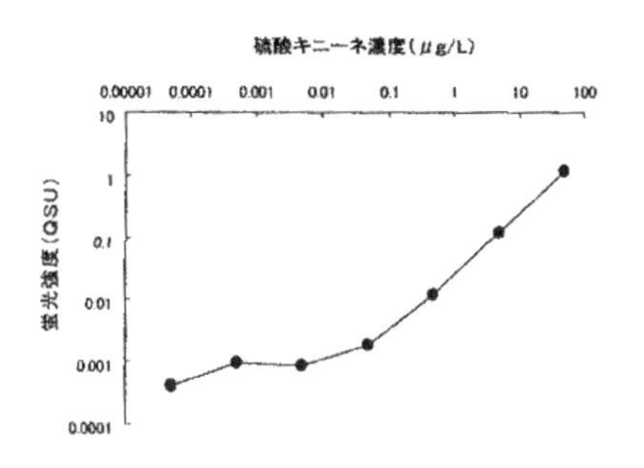

図-1.4　硫酸キニーネ濃度と蛍光強度の関係

市販の機器の一例を示す（**図-1.5**）．コンパクト化されており，パソコンにより操作できる．試料は 1cm 4 方の石英製セルに入れ，その取扱い方は吸光光度法と同じである．

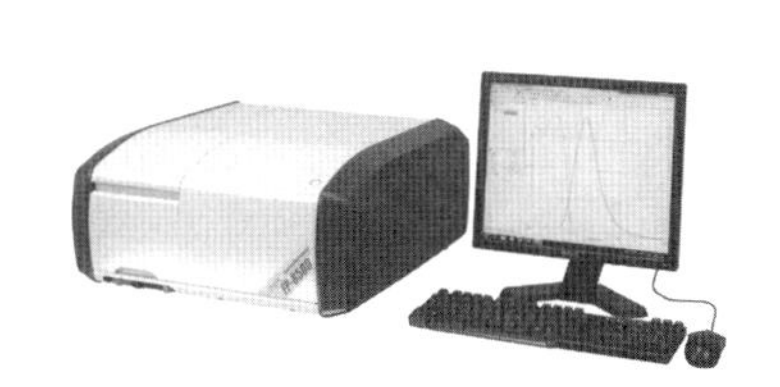

図-1.5(a)　市販されている機器の外観

図-1.5(b)　市販されている機器の内部

1.2　電磁波から量子化学への扉を開く

蛍光分析による水質の測定を説明する前に量子化学について簡単に触れる．

連続として論じられるニュートン力学に対して，20 世紀に不連続で論じられる量子力学が誕生した．先人たちは，工夫した実験装置を用いることで物理や化学の新分野を開発してきた．

光は電磁波の一種で，人間の目では波長 400 ～ 700 nm の範囲を感じることができる．物体から放出される電磁波（**図-1.6**）は放射線と呼ばれる．光のエネルギーは短波長の方が高く，長波長の方が低い．以前は単位として発明者オングストロームの名前がついた（Å）が用いられていたが，現在はメートル法となってnm（＝10Å）が使われる．慣行的には，赤外線ではμm，可視光線と紫外線ではnmである．紫外線UV-A，UV-B，UV-Cの範囲を**表-1.1**に示す．対象とする光は，紫外線と可視光線の範囲が主である．

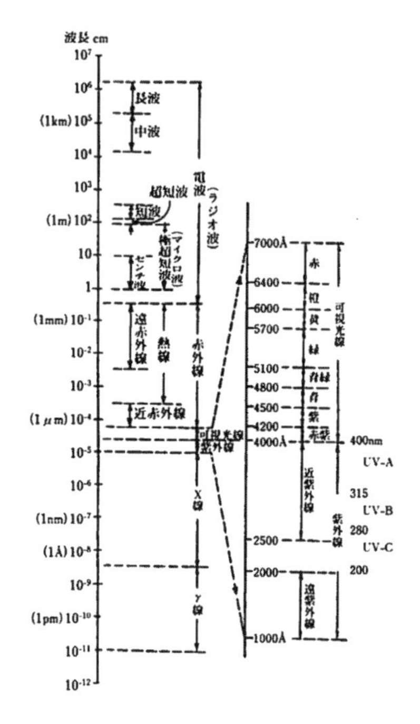

図-1.6　電磁波の波長

気体を加熱する，または気体に放電すると，気体中の原子や分子から一定の光が放出される．この光の系列を発光スペクトルと呼ぶ．分光化学分析として元素同定等に利用される．1859年，物理学者キルヒホフの発明した簡単な分光器を**図-1.7**に示す．この装置でセシウムが発見され，その後，そのスペクトルは写真乾板上に記録された．

表-1.1　紫外線V-A，V-B，UV-Cの範囲

タイプ	範囲(nm)	備考
UV-A	315～400	300～400 nmは，時に近紫外線と呼ばれる
UV-B	280～315	時に中紫外線と呼ばれる
UV-C	220～280	水の消毒で最も考慮される範囲

今は見ることのなくなった白熱電球のタングステンのように，金属を加熱すると赤くなる．さらに加熱温度が上昇すると白く光る．つまり，金属は温度によって放射される電磁波が違ってくるということである．高温の方が短波長の光が放出される．

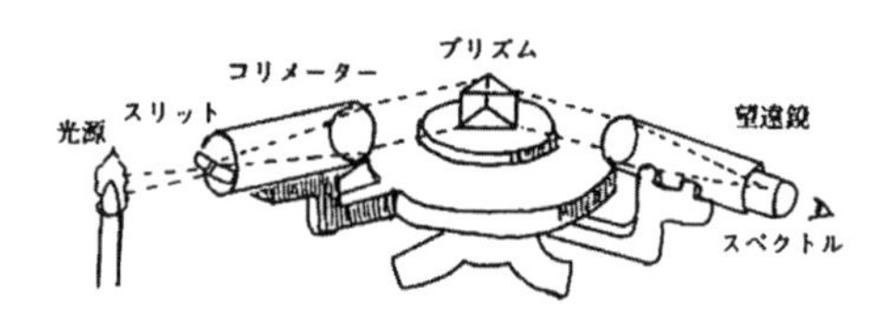

図-1.7　簡単な分光器

水素原子の発光スペクトルを**図-1.8**に示す．1885年，スイスのバーゼルの女子中学校の教師で，数学者で物理学者のバルマーは，この水素原子の4本の輝線スペクトルの波長に対して，ある定数と整数を使うと，きれいな式で表せることを示した．バルマー系列

である．

1887 年，ドイツの物理学者ハインリヒ・ヘルツは，金属板に紫外線を照射すると 2 つの電極間に火花が飛びやすいことを発見した．その後，この現象について多くの研究がなされ，光電効果と呼ばれた．きれいな表面の金属に光を当てると，光電子がすぐに飛び出す．光は波なのか粒子なのかの問題は解決されずに残っていた．

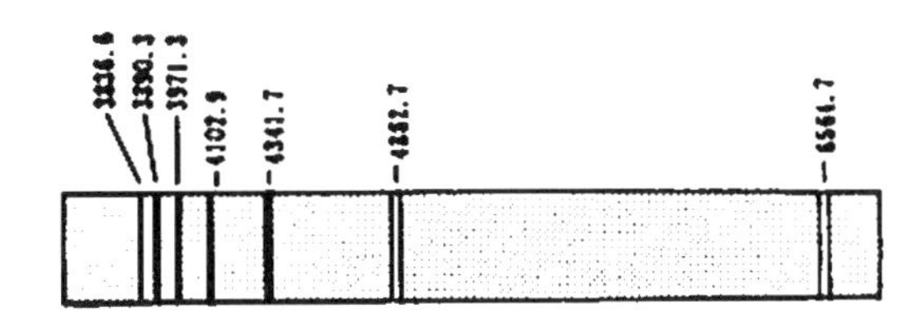

図-1.8　水素原子の発光スペクトル

1900 ～ 13 年，科学分野では発明と発見が続き，新しい世界が急に広がった．ノーベル賞受賞者のプランク，アインシュタイン，ラザフォード，ボーアの順にその業績を紹介し，量子化学の端緒を説明する．

a. 量子論の誕生

量子論の基礎は，1900 年，ドイツのプランクによって発表された．熱物体から放射される光スペクトルは，個体によって 1 回に放出，吸収できる波長の光のエネルギー量 E が振動数 ν に比例する，との論文である．

$E = h\nu$　　　(h はプランク定数)

波長 λ (cm) とすると，振動数 $\nu = c ／ \lambda$ (s^{-1})，光の速度 $c = 3.0 \times 10^{10}$ ($cm \cdot s^{-1}$) となる．このエネルギー量子の考えは，1918 年のノーベル賞受賞になった．

b. 光電効果理論

1905 年，ドイツのアインシュタインは，金属表面に当たる光は，$h\nu$ というエネルギー量子からできており，これは金属から電子を取り除くのに必要なエネルギーと電子の運動エネルギーの和であるとした．これが光電効果理論である．

$h\nu = E +$ (1 ／ 2) $m\nu^2$

光が粒子性を持つものであるとの光量子仮説で，アインシュタインは，1921 年にノーベル賞を受賞した．量子とは，ある単位量の整数倍の値しかとらない．

c. 原子中心核

放射性物質に関して 1908 年にノーベル賞を受賞しているイギリスのラザフォードは，極めて薄い金属箔による α 線の散乱実験から原子の中心核の大きさを推定し，

1911年に原子模型を提示した.

d. 量子論の発展

1913年，デンマークのボーアは，ラザフォードの原子模型に量子仮説を導入し，振動数条件を入れることで，水素原子の発光スペクトル（パルマー系列）を説明することに成功し，量子論を発展させた．原子から放出される光は，一定振動数の線スペクトルからできており，固有値が飛び飛びの値をとる量子数を導入した．1922年にノーベル賞を受賞した.

1.3 水素原子のエネルギー準位

水素は最も簡単な元素で，原子核の周りにただ1個の電子があり，その電子も最もエネルギー準位の低い軌道に入っている．放電等でエネルギーを与えると，電子はもっと高いエネルギー準位に移る．化学の教科書の原子の図では，電子の入る位置はK殻，L殻，M殻，主量子数nでは1，2，3の順に示される．原子の電子の存在状態，つまり原子軌道は，主量子数n，方位量子l，磁気量子数mの量子条件によって決まる.

原子が一定のエネルギー準位にある場合を定常状態と呼び，そのうちエネルギーの最も低いものを基底状態，エネルギーの高いものを励起状態と呼ぶ.

水素原子のエネルギー準位を**図-1.9**に示す．いま基底状態のエネルギーをE_0，ある励起状態のエネルギーをE_1とすると，E_1からE_0に移行する際に発する光の振動数νは，$E_1 - E_0 = h\nu$で表され，原子がE_1からE_0へ移った時，エネルギー差$h\nu$が放出される．ただ，励起状態はE_1だけでなく，段階的に飛び飛びの値をとる．水素の発光スペクトル，つまり輝線スペクトルであるパルマー系列を精密に調べると，数本が密接しているのがわかる．現在，水素の線スペクトルは，656.285，656.273，486.133，434.047，410.174，397.007 nmが知られている.

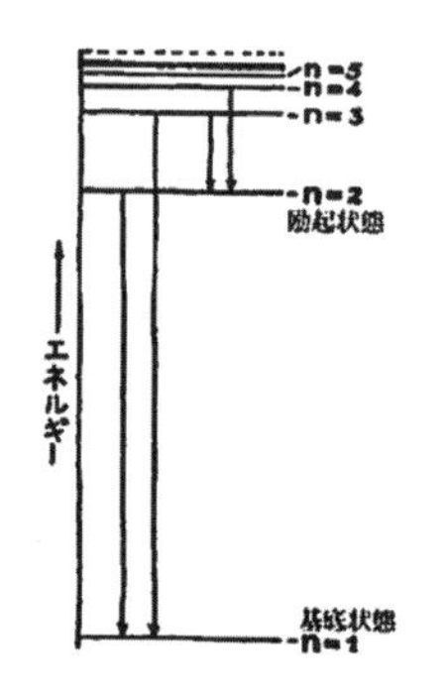

図-1.9 水素原子のエネルギー準位

原子の大きさを考えてみる．原子を1兆倍に拡大すると，半径100 mくらいの球に相当する．中心に1 cm以下くらいの原子核があり，それより小さな電子が球の表面を高速度で回転しているようなものに見える．しかし，電子の位置がどこにあるかを調べようとしても，光等が当たった瞬間に電子の状態は変化してしまい，それ以上は調べられない．このことを不確定性原理という．古典的には，電子の入るK殻やL殻等で考えられていた軌道は，電子の空間における分布確率を示す軌道関数が導入され，原子からの電子の位置は，**図-1.10** に示すような広がりを持った電子雲として考えられるようになった．水素原子では，原子核を中心に3次元の x 軸，y 軸，z 軸の座標で積分すると，電子が1個存在することになる．

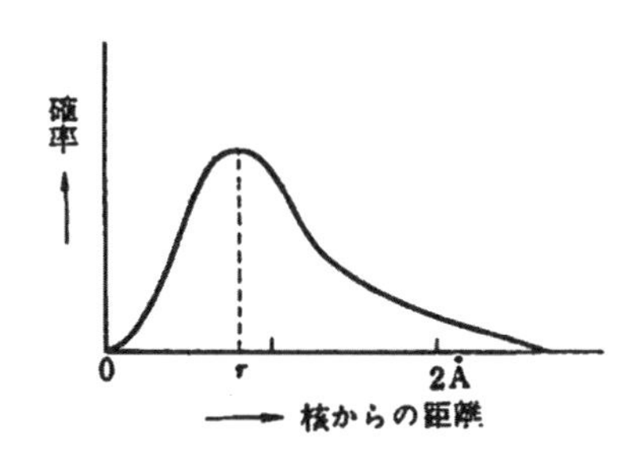

図-1.10　核から電子の距離

元素の電子配列を水素，ヘリウム，炭素，酸素の例で**図-1.11** に示す．原子核の陽子の数に対応して，電子の数が増え，K殻，L殻を満たしていく．元素は，周期律表に示されるように100以上も存在し，最近では，人工的につくられている．2017年，現実には存在しないが，日本に命名権が与えられた113番（ニホニウム）がある．生物を構成する主元素はC，H，O，N，S，Pで，原子番号は6，1，8，7，16，15番である．

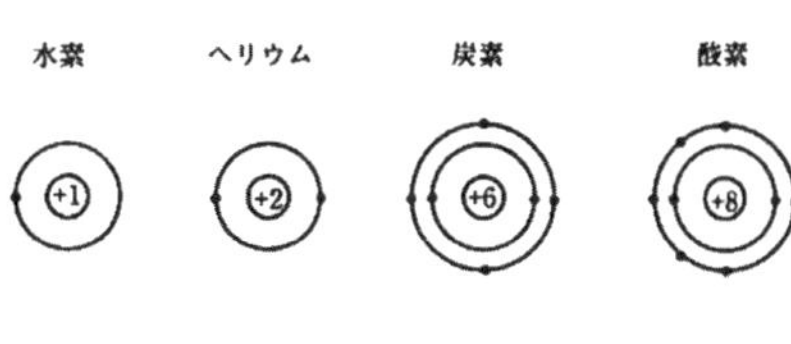

図-1.11　元素の電子配列

日本では，1903年，第1回文化勲章受章の長岡半太郎が土星型の原子模型を発表している．量子化学は，原子，分子，分子集合体の構造から化学の諸問題を解決する理論化学の一分野である．

1.4　元素から分子，化合物へ

有機化学では，メタン，アルコール，酢酸，ベンゼン等の低分子化合物からレジ袋のポリエチレン，ジャガイモのでんぷん，紙のセルロース，樹木のリグニン等の巨大な高分子化合物まである．元素数個から構成された分子が外部からエネルギーを受けると，そのエネルギーは分子の回転，分子内の振動，分子内の電子の遷移等に使われる．エネルギーは，回転エネルギー，振動エネルギー，電子エネルギーの順に大きくなる．

2個の水素原子が結合し水素分子となる．電子の入る原子軌道が重なり分子軌道なるものがつくられるが，これには結合性と反結合性の2種類が考えられ，2つの原子間距離と電子系のエネルギーとの間には**図-1.12**のような関係がある．(A) は反結合で，原子間の距離が広がりエネルギーの低い方へ，原子の持つエネルギーの2倍に，(B) は結合して分子をつくりエネルギーの一番低い原子間距離 R_0 の所で安定する．このため図中の D は結合エネルギーで，解離エネルギーも示すことになる．

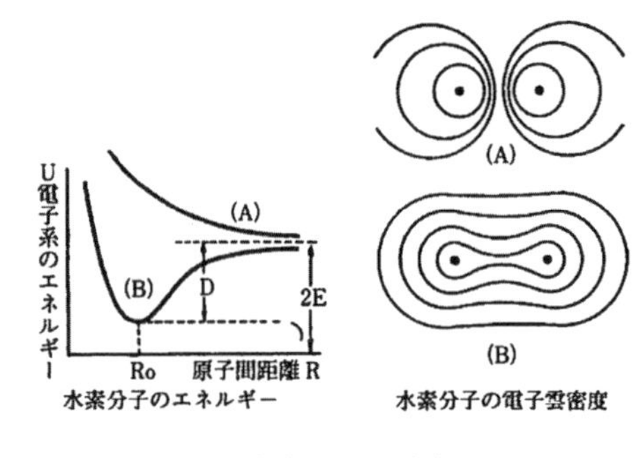

図-1.12 水素原子から水素分子へ

各原子の原子軌道の重なりによる結合を σ 結合という．σ 結合は飽和した結合で，電子を共有する共有結合により分子内のすべての原子をつないでいる．これに対して二重結合の不飽和結合は，飽和結合の平面に対して垂直にできる π 軌道という分子軌道を持つ．ここへ入る電子を π 電子という．

炭素と炭素の σ 結合につながる分子内で1つおきに不飽和結合の π 軌道が並んだ場合，π 電子は全体に配分され安定化する方向をとる．この結合を共役二重結合という．最も小さな分子としては，炭素4個のブタジエン（$CH_2 = CH - CH = CH_2$）がある．この共役二重結合を多く持つ化合物ほど吸収スペクトルの波長は長波長側へ移行する．

炭素6個からなるベンゼン（**図-1.13**）は，（Ⅰ）でも（Ⅱ）でもなく，むしろ（Ⅰ）と（Ⅱ）との構造の重なり合ったものである．共鳴関係という．ケクレが示したベンゼンの共鳴構造では，（Ⅰ）と（Ⅱ）で π 電子がベンゼン全体に広がって安定化している．ケクレの構造について考えると，オルト二置換体には**図-1.14**のように（Ⅲ）と（Ⅳ）に示した2種類の異性体が存在するはずだが，このような異性体は見つかっていない．共鳴構造を示しているために1種類だけである．

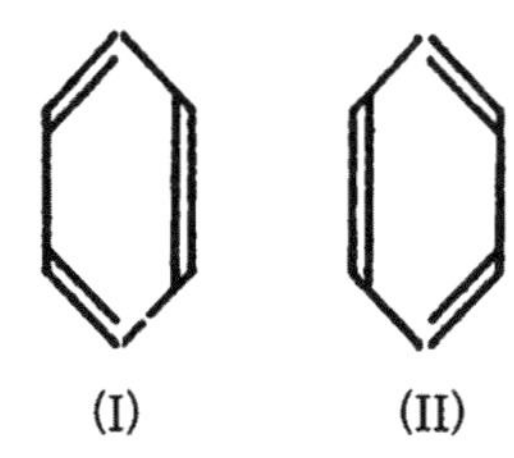

図-1.13 ベンゼンの共鳴構造

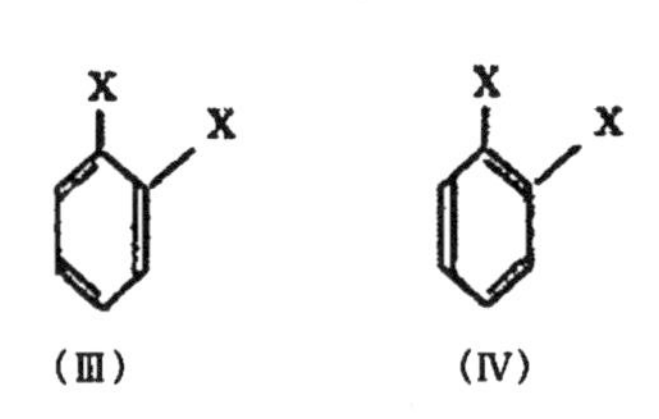

図-1.14 オルト二置換体

次に6角形の亀の子のベンゼンの縮合したものを

図-1.15 に示す．ベンゼン，ナフタレン，アントラセン，ナフタセン，ペンタセンの順で，ここにも不飽和結合の共役二重結合が多く含まれている．吸収する光の最大波長は，順に長波長に移行し，色は無色から黄橙色，橙色を示すようになる．さらにベンゼン環が数多くつながると，グラファイトのように，色は黒く，光はすべて吸収されるはずである．分子内に，C = C, C = N, C = O, N = N, N = O, C = S, N = S 等のような不飽和結合が存在すると，電子エネルギーの関係で，比較的エネルギーの小さな光を吸収し，光の吸収は，この順に長波長側へ移行し，色は黄色から橙色に近くなる．

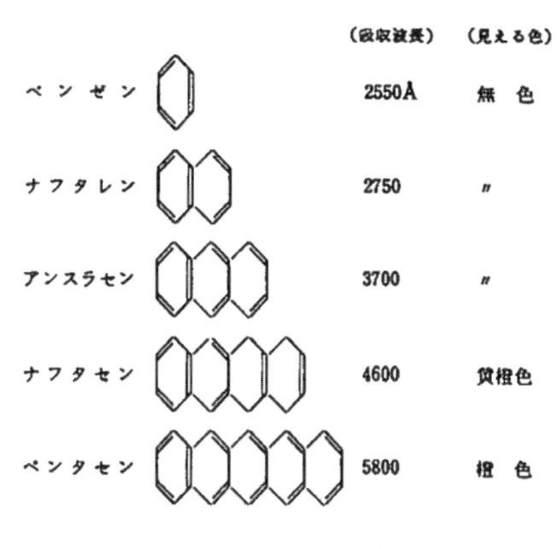

図-1.15　ベンゼンの縮合体

1.5　吸収スペクトルと振動構造

分子における外部からのエネルギーは，分子の電子エネルギー，振動エネルギー，回転エネルギーに変化を起こす．エネルギーの大きな電子エネルギー状態は，基底状態から，より高位の電子状態の第一励起状態，第二励起状態等と続き，各々に振動順位の基底状態と励起状態があり，すべての振動準位に回転の基底と励起状態が存在する．**図-1.16** のようにエネルギー準位と光吸収の所があり，電子エネルギーの遷移では紫外線が，振動エネルギーでは赤外線が，回転エネルギーではマイクロ波が相当する．先に示したパルマー系列の線スペクトルが複数の線から構成されていたことから想起できる．

2原子分子の原子間距離を示したポテンシャルエネルギー曲線を**図-1.17** に示す．基底状態の振動準位に対して，右上に励起状態の振動準位があり，

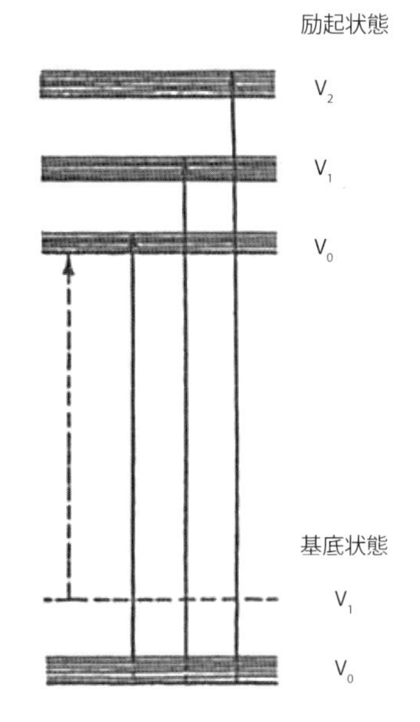

図-1.16　多原子分子のエネルギー準位と吸収線の起源

ポテンシャルエネルギーが上がって解離しやすくなることを示している．

多原子よりなる分子ではより複雑になり，解析は困難となる．そして，溶液等では，分子の相互作用，溶媒和等により振動や回転の構造等は消失してしまう．

エネルギーを受け運動している分子において，電子が分子内で遷移する場合は，電子の速い移動に対して大きな分子は動いていないと解釈できるとしたフランク・コンドン原理がある．この条件でのエネルギー準位，光の吸収等を説明する．

アントラセンを例にとり，**図-1.18** で説明する．分子の基底状態 S_0 に対して，エネルギー状態の高い S_1 があり，これに光が当たると $\nu = 0$ の電子は S_1 の振動状態 $\nu' = 0$，$\nu' = 1$，$\nu' = 2$，$\nu' = 3$ へ遷移する．この時の光の吸収スペクトルが得られる．

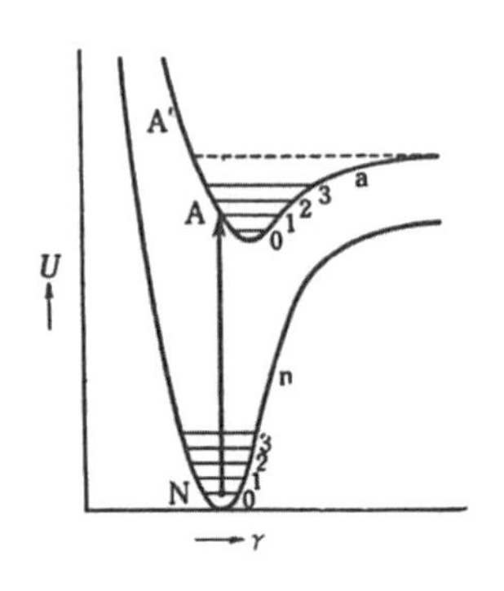

図-1.17　2原子分子のポテンシャルエネルギー曲線

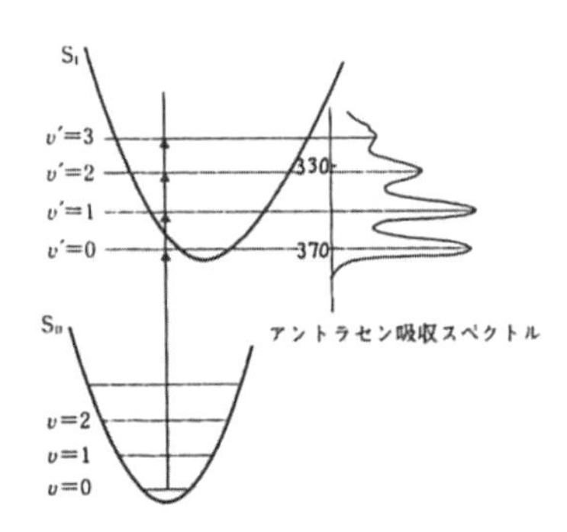

図-1.18　アントラセンの吸収スペクトル振動構造

1.6　吸収スペクトルと蛍光スペクトルの鏡像関係

光を吸収した状態から，そのエネルギーを光として放出して，元の基底状態へ戻るプロセスを発光過程と呼び，放出される光を蛍光と呼ぶ．光を放出しないでエネルギーを熱エネルギーとして失う過程を振動エネルギー緩和あるいは無輻射過程という．そのエネルギーダイアグラムを**図-1.19** に示す．

また，高い励起状態に励起されての発光は，**図-1.19** に示すエネルギーの最低の励起状態から起こるというカッシャの規則がある．その良い実例をアントラセンの吸収スペクトルと蛍光スペクトルで**図-1.20** に示す．

吸収スペクトルの a，b，c の波長からの励起で得られる蛍光スペクトルは，励起の波長が違うと，蛍光スペクトルの強度は変化しても S_1 からの蛍光スペクトル

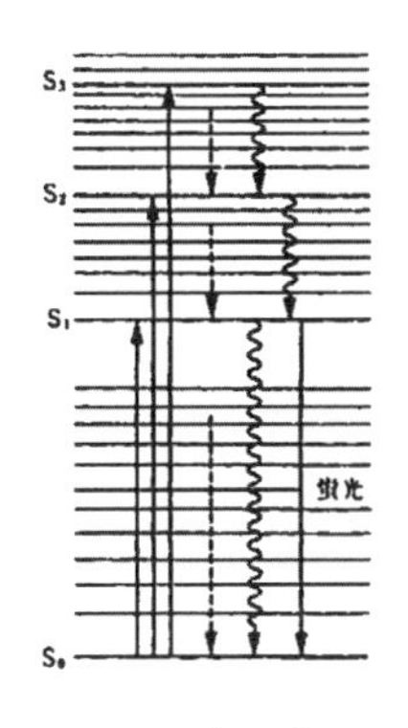

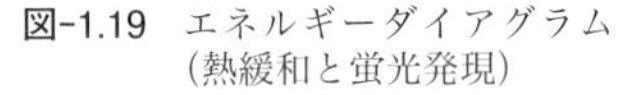

図-1.19　エネルギーダイアグラム（熱緩和と蛍光発現）

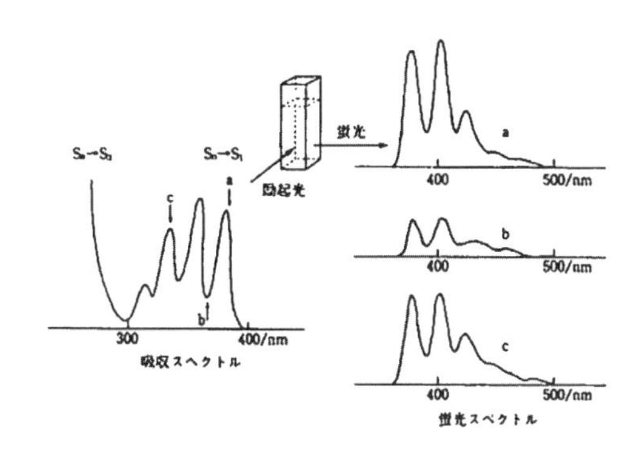

図-1.20　アントラセンの吸収スペクトルと蛍光スペクトル

の形は同じで，カッシャの規則に従っている．エネルギーはａよりｃの方が高いのに，蛍光スペクトルは同じ形である．エネルギーダイアグラムに見られる振動エネルギー緩和（熱緩和）とカッシャの規則によれば，蛍光スペクトルは，吸収スペクトルよりもエネルギーの低い長波長に現れる．アントラセンの吸収と蛍光のエネルギー準位の対応関係を**図-1.21**に示す．

図-1.21に見る300～400 nmの吸収スペクトルは，S_0からS_1の振動準位への吸収で，S_0からS_2，S_3への高い電子遷移は，より短波長の所で起きている．S_2，S_3等の高い電子励起状態から振動緩和，内部変換によりS_1の最低振動状態$\nu' = 0$準位に入り，ここから発光する．つまりS_1の$\nu' = 0$からS_0の各振動状態$\nu = 0, 1, 2$への遷移が起こり，その結果，蛍光スペクトルは**図-1.21**のように吸収スペクトルと鏡像の関係となる．

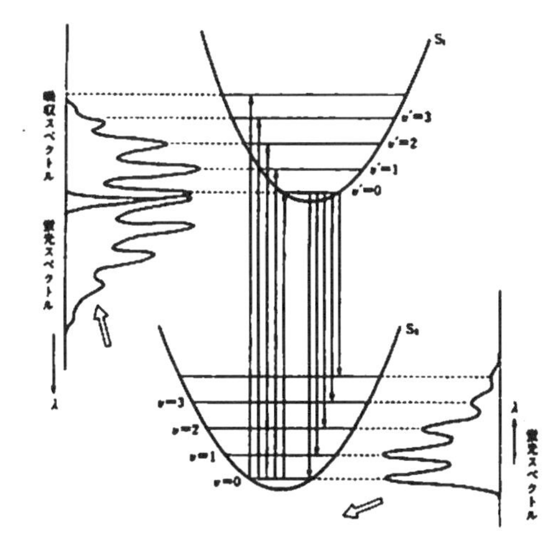

図-1.21　吸収スペクトルと蛍光スペクトルの鏡像関係

このように量子化学は，電子スペクトル，振動スペクトル，回転スペクトル，磁気共鳴スペクトル等の分子分光学の基礎，化学結合と分子構造，分子間の相互作用，励起状態の解明，化学反応等へと展開されている．

第１章　参考資料

1）ポーリング（関集三, 千原秀昭，桐山良一訳）(1962)：増訂一般化学（上），岩波書店

2）H.Eyring，J.Walter，G.E.Kimball（小谷正雄，富田和久訳）(1953)：量子化学，山口書店

3）Willy J.Masschelen（海賀信好訳）(2004)：紫外線による水処理と衛生管理，技報堂出版

4）北出健治，楠見善男（1959)：基本物理化学，産業図書

5）飯牟禮渚，岡田功（1958)：有機物理化学，産業図書

6）細矢治夫（1995)：量子化学，サイエンスライブラリ化学９，サイエンス社

7）物理学辞典編集委員会編（2000)：改訂版物理学辞典，培風館

8）長倉三郎，井口洋夫，江沢洋，岩村秀，佐藤文隆，久保亮五編（2002)：岩波理化学辞典第五版，岩波書店

9）文部省国立天文台編（2001)：理科年表，丸善

10）C.N.R Rao（中川正澄訳）(1973)：紫外・可視スペクトル（第２版），現代化学シリーズ 23，東京化学同人

11）伊藤道也（2000)：光と物質，財団法人放送大学教育振興会 7825

12）海賀信好，酒巻朋子，大瀧雅寛，世良保美，大谷喜一郎（2013)：水道におけるフルボ酸およびフルボ酸様有機物の蛍光分析による評価，水道協会雑誌，82（4）2-10

コラム❶　なぜ鳥の羽根は蛍光発現性なのか

1999年10月，バーゼル（スイス）で，オゾンの発見者シェーンバイン生誕200年記念のシンポジウムに参加し，大気オゾンについて勉強した．

南極上空にオゾンホールが拡大し，紫外線が地上に降り注ぐ．下にいる生物は紫外線を直接浴びて遺伝子が損傷され，死滅する．南極のペンギンが死滅すると心配に．

新聞記事で梅田事務所が，鶏の羽根から耐紫外線の材料を開発したとのことを知った．学生時代，でんぷんの放射線照射でお世話になった農林省食料研究所の梅田圭司氏が事務所を開設している．ご無沙汰を詫び訪問したところ，次々と資料を提出してくれた．廃棄物として処理している鶏の羽根をアルカリで溶かし精製することで新しい材料ができるとのこと．アルカリ溶液，粉末化したもの等，紫外線を照射すると蛍光を発する．人体に有害なUV–A，–B，–Cに関しても同じで，蛍光の波長が違う．

照射　　　　　　　　　　蛍光
UV-A（365 nm）⟶ピーク 450 nm + 750 nm
UV-B（312 nm）⟶ピーク 410 nm + 640 nm
UV-C（254 nm）⟶ピーク 370 nm + 680 nm

トリは紫外線の照射を受けても細胞内の遺伝子を損傷することなく，紫外線を吸収し他の波長の光として放出しているのである．南極のペンギンは心配ない．確かに紫外線を受ける大気上空，マナスルの山頂を越えるツルもいる．トリは紫外線対策の特別なタンパク質を体に組み込んでいる．考えてみると恐竜から進化した生物，人類とは違う．いかに人間が自動車で走ろうが，月や火星にロケットを飛ばし，太陽系外へ衛星を放っても，紫外線の影響からは逃れることはできない．

海賀信好：ヒト，トリ，カボチャ，日本医療・環境オゾン研究会会報，Vol.11, No.1, pp.15, 2004.
梅田圭司，名達義剛，坂井勝信，野上幸隆，須藤政彦：特許公報（B2），水溶性ケラチン誘導体及びその用途．

2. 物質について

2.1 有機合成による新規化合物の開発—純物質

筆者は写真フィルム会社，製薬会社で有機合成を専門としていた．フラスコ内に原料を入れ，溶剤中で強酸，強アルカリ，触媒等を用い，加熱して各種の有機化学反応を行う．その後，内容物から目的の化合物をベンゼン，エーテル，n-ヘキサン等の有機溶剤を用いて抽出する．抽出した溶液を乾燥剤で脱水ろ過し，濃縮してフラスコの底に濃縮物を残して放置し，時々ガラス棒やスパチュラでフラスコの底を擦って刺激を与える．冷所に放置すると，しばらくして結晶化が起こり純度の高い化合物が得られる．合成された化学物質が針状結晶，板状結晶等の美しい姿を見せる瞬間である．溶剤で洗い，再溶解，アルミナや粉末活性炭等で精製し，再び濃縮，再結晶化の工程でさらに純度を上げる．

次に結晶を乾燥後，細いガラス管の中に結晶を入れ，水銀温度計の水銀球の近くに固定し，シリコンオイル中でゆっくりと加熱して温度を上げる．化合物の持つ固有の融点で結晶が急に融解する．純度が高いと素早く融解し，純粋単一な物質であることを確認できる．さらに，この結晶の元素分析を行い，赤外吸収スペクトルから分子内の官能基を確認して新規の化合物の構造式が決定される．

純度が低いと，溶剤で抽出し濃縮しても結晶化せず，飴状，タール状になってしまう．高い収率を得るために化学反応効率を上げる必要がある．

有機合成は，もともと大量の原料から天然有機化合物を抽出分離し，構造を推定し，順次，人工的にその化合物を合成するので，経験と熟練を要した．ケクレが提案したベンゼン環（C_6H_6）の構造式（**図-1.14** 参照），飽和結合の両側に二重結合を持つ共役二重結合等の化学構造式を想像しながら，有機化合物の分子内で不飽和二重結合のπ電子がどちらの炭素原子に引き付けられ反応を起こしやすくなるかなどを想定し，次なる新規の化合物を合成する．フラスコ内で進める夢のある大人の積み木工程である．

少量の化合物での分離分析には，ペーパークロマトグラフィー（**図-2.1**）が利用されている，溶

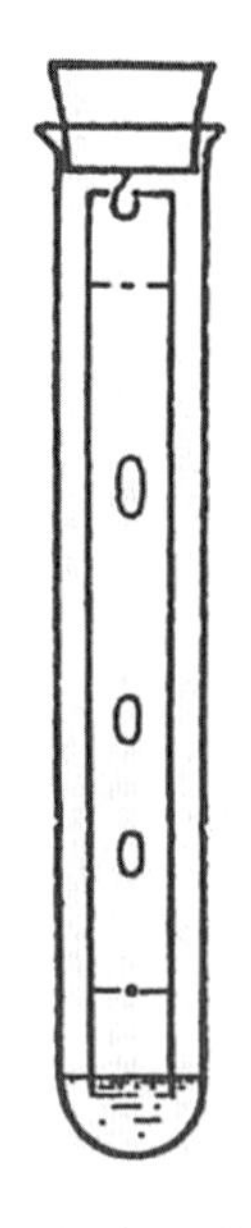

図-2.1 ペーパークロマトグラフィー

剤を展開させる縦方向だけでなく，縦に展開後に横にも展開する二次元展開法（**図-2.2**）あるいは一次と二次の展開溶剤を変化させスポットを分離する方法等が開発された．

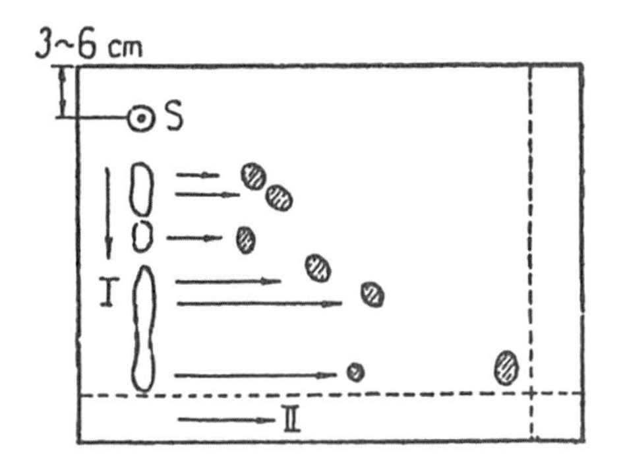

図-2.2　二次元展開法

ペーパークロマトグラフィーは，ろ紙に葉緑素を吸着させて分離し，これらが混合物であることを主張した植物学者のツウェットにより1944年に報告され，その後，分離技術の基本となっている．

ある程度の量の新規化合物を得るためには，アルミナ，珪藻土，アセチル化セルロース等を用いた薄層クロマトグラフィーが分離に利用された．溶剤で展開された後のスポット部分を掻き取れば，いとも簡単に精製された化合物が得られ，機器分析によってその特性を決めることができる．

2.2　生物の基本物質―天然高分子と合成高分子，分子量分布

生物は，細胞を持ち，その細胞は細胞膜で仕切られた構造物である，細胞は代謝機能を持ち，エネルギー代謝を行い，自己増殖ができる．その構造物は主にタンパク質，脂肪，炭水化物からなる．生物を構成する主元素は，C，H，O，N，S，Pである．

筆者の大学時は高分子化学が急速に展開していて，筆者の選択した研究も天然高分子であった．でんぷん粒子，単糖類グルコース（$C_6H_{12}O_6$）からの重合体で分子量5,000の一本鎖の高分子物質アミロース，分岐した分子量約300,000の巨大高分子物質アミロペクチン等の広い分子量分布を持った集合体を扱っていた．この分子量分布測定等に液体クロマトグラフィーの1種であるゲルクロマトグラフィー（**図-2.3**）を使っていた．

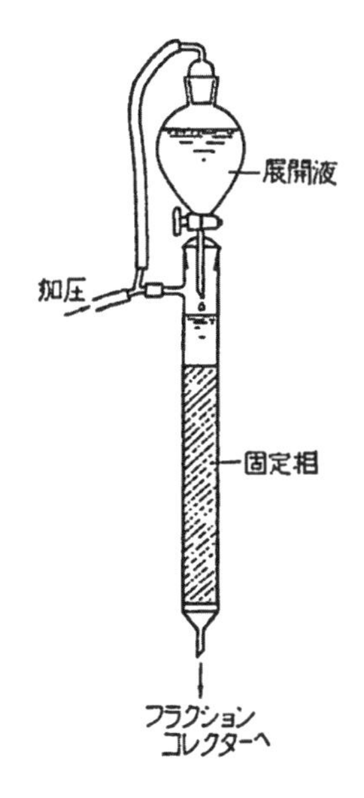

図-2.3　ゲルカラムの一例

天然高分子であるアミロースの電子線照射による分子量低下のパターンをクロマトグラム（**図-2.4**）に示す．

セファデックスゲルを用い，各試料を食塩水で展開し，その流出液をフェノール硫酸法で発色させ吸光度で求めたものである．アミロースはグルコースを構造単位として，電子線の照射を受け直鎖部分が切断され分子量分布は低分子側へ移行し，高分子のブルーデキストランとグルコースの間にすべて流出する．

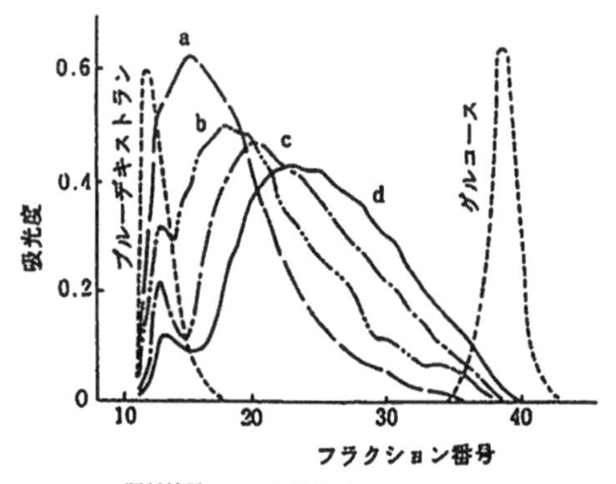

図-2.4 電子線照射アミロースの分子量低下

ゲルクロマトグラフィーは，カラムに蒸留水等の溶剤で膨潤させたゲルを充填させ，濃縮試料を上部に加え，溶剤等で展開する．カラムを流下する試料は，分子量の大きなものはゲルの内部まで浸透できず，ゲルとゲルの間を流れて一番速くカラムの最下部へ到達する．ところが，小さな分子は通過の際に接触するゲルの内部にいちいち浸透するので，カラム最下部へ到達するのが一番遅れる．カラムの下部から流出する液を一定容量のフラクションとして採取して並べ，その成分を調べると分布が得られる．一番初めに高分子量が一番後に低分子量の化合物が，分子量の大きさに従って並んだ分布がつくられる．

一方，電子線の照射を受け切断された部分にできるラジカルに対し，人間がつくり出したメチルメタアクリレートを接触させるとラジカル重合の反応が進み，ポリメチルメタアクリレートの合成高分子物質が天然高分子と枝分かれしてつくられる．

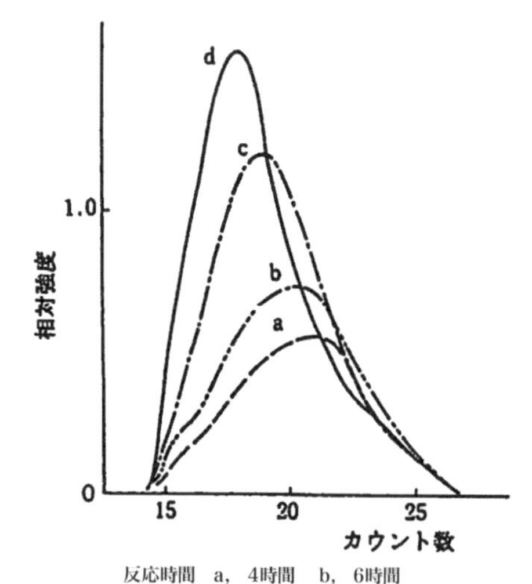

図-2.5 ポリメチルメタアクリレートの重合

ポリメチルメタアクリレートの直鎖高分子が時間とともに重合し成長する様子をでんぷんのラジカルグラフト重合から調べる．反応後の重合物を塩酸酸性ででんぷんを分解して，分離精製したポリメチルメタアクリレートを溶剤のテトラヒドロフランでポリスチレンゲルカラムに展開し，示差屈折計で分子量分布（**図-2.5**）を求める．分子量分布変化には，低分子から高分子へ分布が移動する様子，水溶液中の天然高分子，有機溶剤中の合成高分子の違いはあっても，直鎖高分子の分子量分布変化を示している．単量体から重合体への分類（**表-2.1**）と，メチルメタアクリレート（MMA）とポリメチルメタアクリレート（PMMA）の構造式を示す．

表-2.1　単量体から重合体へ

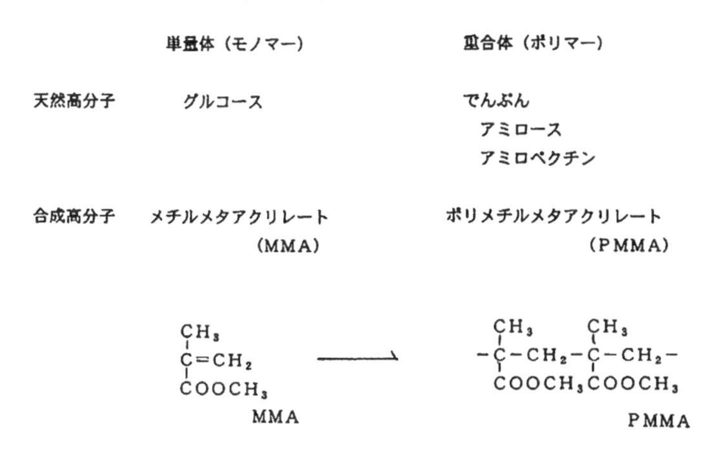

	単量体（モノマー）	重合体（ポリマー）
天然高分子	グルコース	でんぷん アミロース アミロペクチン
合成高分子	メチルメタアクリレート （MMA）	ポリメチルメタアクリレート （PMMA）

2.3　環境水のクロマトグラフィーによる分離・分析

環境水には，多種多様な化合物が溶解している可能性がある．筆者は，1973 年 12 月より工業技術院北海道工業開発試験所の池畑昭氏と共同研究を行っていた．当時，水処理関係の研究では，下水，排水の溶存有機物をゲルクロマトグラフィーで分画し，COD，TOC 等を検出して調べている．筆者らは下水二次処理水をオゾン処理し，その試料をゲルクロマトグラフィーで展開して各フラクションを蛍光分析で調べた．

豊平川下水処理場（札幌）の下水二次処理水を凝集沈殿，オゾン処理等後，各処理水を 40 ℃に加温してエバポレーターで減圧濃縮した．高温度で濃縮すると溶存有機物が熱変化を起こすため 40 ℃を選択している．

蒸発すると無機塩がフラスコ内面に生成するが，蒸発乾固する直前に濃縮を止め，濃縮液をメスシリンダーに移し，蒸留水でフラスコ内を洗浄し，希望の濃縮倍率に蒸留水で体積を合わせて濃縮試料を得た．次にカラムに蒸留水で膨潤させたゲルを充填させ，濃縮試料を上部に加え，蒸留水で展開し，カラムの下部から流出する液を一定量のフラクションとして採取し，その成分を調べて分布を確認した．

環境水や下水処理水には，幅広い分子量分布の各種有機物が存在するが，ゲルと分子の関係，ゲルに対する親和性，イオン交換性等の影響を受け流出する．これによってどの程度の分子量範囲が除去できるかを知ることができる．

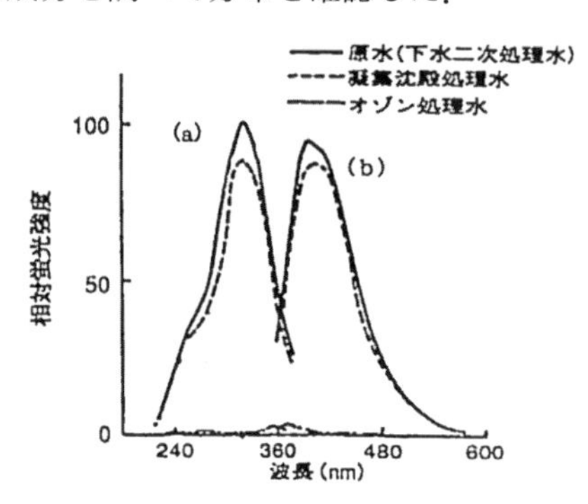

図-2.6　各処理水の励起蛍光スペクトル

下水二次処理水，凝集沈殿水の励起蛍光スペクトルを**図-2.6** に示す．スペクトルは鏡像の関係を示し，オゾン処理水については，脱色されて励起蛍光スペクトルも検出できないほどになる．全炭素（TC）濃度で求めたゲルクロマトグラムと，同じフラクションで蛍光強度を求めたゲルクロマトグラムを**図-2.7** に示す．蛍光強度の測定では，ゲルカラムから流出するフラクションに，TC で検出できない範囲部分に蛍光発現性物質が８つのピークで存在していることがわかった．

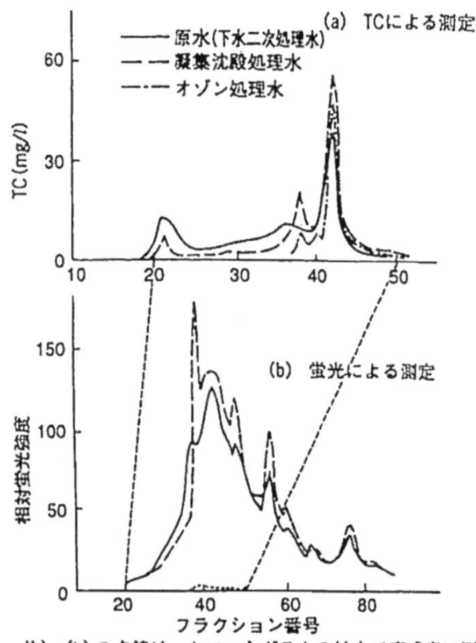

図-2.7　下水二次処理水，凝集沈殿，オゾン処理による変化

当時の蛍光分析装置は，設備として高価な大きな装置で，空調を効かせた一部屋に置かれていた．光源からオゾンが発生するためダクトで外部へ排出し，20℃の測定温度への調整がぎりぎりであった．既に 50 年近く前となるが，水質分析に関する蛍光強度の測定は，17 世紀半ば過ぎにおける顕微鏡による観察と同様の存

在ともいえた.

オゾン処理を行って処理条件を決めることになったが, 紫外吸収法によるオゾン濃度計のベースが安定せず, 結局はヨウ化カリウム溶液によるオゾン濃度測定となった. 当時はし尿処理場のし尿二次処理水の脱色ぐらいであったオゾン処理による水質変化をゲルクロマトグラフィーで調べ, 紫外吸収法の吸光度でクロマトグラムを求めた. しかし, TOC 分析等と違いクロマトグラムの面積からの規格化ができずにデータがまとまらず, 学会発表をとどまった. 測定が簡単な吸光度法に何か基本的な問題があったのである.

2.4 ベンツピレンを追求した先人たち

かつてロンドンの煙突掃除人, 煤で汚れる仕事を行う業者に陰嚢がんの発生率が高かった. 煤に含まれる発がん性物質が関係していた. このことに着目した日本の山極勝三郎がウサギの耳に毎日コールタールを塗り, 世界で初めて人工的にがんを発生させたことは有名である. コールタールに含まれる多環芳香族化合物が発がん性物質であった.

各学協会から転載の許可が得られたので, 蛍光分析に関する先人の研究結果を紹介する.

大気中の微量な汚染粉じん物質をフィルターで捕集し, クロマトグラフィーで分離する. 紫外線の照射でその存在を検出する. スパチュラでプレート上の蛍光スポットの吸着剤を掻き取り, 溶剤で抽出・精製し, スペクトルを測定して物質の同定を行う. 長い作業工程だが, 確実な研究結果を得ることができる.

科学はいかに証拠, エビデンスを集めるかである. 筆者の大学研究室で関係のあった労働省労働衛生研究所の松下秀鶴氏のグループでは, 多環芳香族化合物の分離分析を薄層クロマトグラフィーで行い, 鏡像の励起蛍光スペクトルを求めている. フィルターで捕集したタバコの煙や自動車排ガス, 汚染大気等に含まれる発がん性物質であるベンツピレン類で, 分離した微量の単一化合物を相手にした研究である. 分析関連の文献に発表されたベンゼン環5個の縮合したベンツピレンの構造を**図-2.8** に, 励起蛍光スペクトルを**図-2.9** に示す.

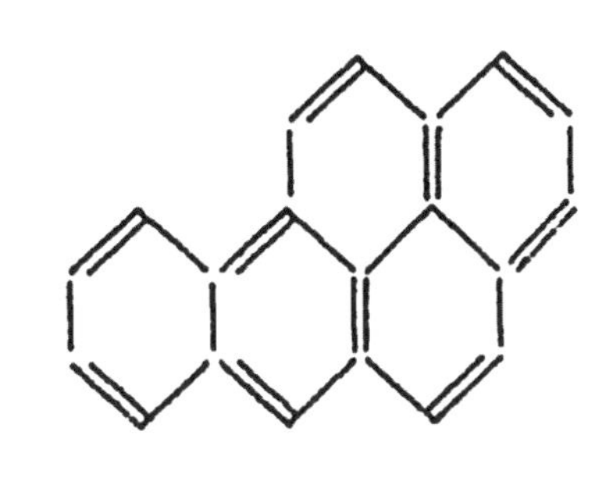

図-2.8 ベンツピレン

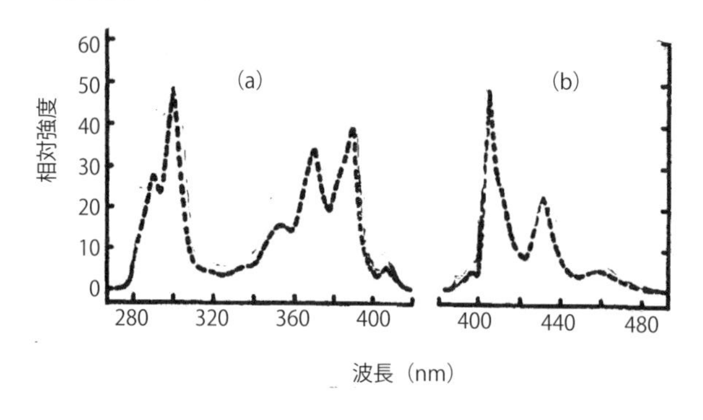

図-2.9　励起蛍光スペクトル　(a)励起　(b)蛍光

2.4.1　大気汚染，水質汚濁，公害国会

1960年代の日本では高度経済成長に伴って各種の公害問題が発生した．1970（昭和45）年11月開催の第64回臨時国会において大気汚染，水質汚濁，騒音等に対する公害対策基本法の改正案および関係14法案が提出され，すべてが可決成立した．

この時代，筆者は大学において月一度のゼミで，研究の途中結果を発表し議論していた．ゼミに参加していたものの，当時は特定物質の分離と同定にはあまり新鮮味を覚えなかった．しかし，今，当時の松下秀鶴氏のグループが積み上げてきた結果のエビデンスを本書に紹介する必要性を感じている．思い出ではなく，化学技術の進歩として解説する．

多くの国において，ベンツピレンは発がん物質として肺がん死亡率に関与している．特に都市の大気汚染物質として調査すべき重要な問題である．

ベンツピレンは，自動車の排ガス，コールタール，たばこの煙に極微量含まれ，発がん性が高く，国際純正応用化学連合（IUPAC）の命名法ではベンゾ（*a*）ピレンと呼ばれている．疑いのある多くの多環芳香族炭化水素を分離し，分析方法の確立が必要であった．薄層クロマトグラフィーを用いた分離が効果的である．

ベンゼン環に関連した化合物はベンツ，ベンゾで示し，英語，ドイツ語のBenz，Benzoと統一なく命名されてベンツと呼ばれる．音訳はベンゾが用いられている．

2.4.2　クロマトグラフィーによる分離

蛍光発現性の不飽和二重結合，共役二重結合を分子内に多く持つ多環芳香族炭化水素類の分離分析を説明する前に，クロマトグラフの原理を示す．

クロマトグラフは，固体または液体の固定相に液体または気体の移動相が利用され，それぞれ液体クロマトグラフ，ガスクロマトグラフである．分離機構によって吸着クロマトグラフ，分配クロマトグラフ，イオン交換クロマトグラフ，ゲルクロマトグラフの種類があり，固定相の違いでペーパークロマトグラフィー，カラムクロマトグラフィー，薄層クロマトグラフィーと全く違った装置となる．薄層クロマトグラフィーは，ガラス板のプレート上に吸着性の固定相を薄く均一に付け，プレート上で混合物を展開し分離を行う方法である．ペーパークロマトグラフィーに比べて薄層の厚み体積分だけ試料を多く操作することができる．

ここで紹介する論文では，プレート上の吸着性固定相はアルミナとアセチル化セルロースの２種，移動相はアルミナ上で一次元展開をn-ヘキサンとエーテル，アセチル化セルロース上で二次元展開をメタノールとエーテルと水との混合液が使用されている．展開の際の水蒸気圧によってスポットの移動に差が生じる場合は，プレートをガラス製あるいはプラスチック製の箱の中に収め，気相の条件を一定に保って利用する．

ペーパークロマトグラフィーでは固定相ろ紙の上に少量の混合物をスポットとして添加し，ろ紙の下部を移動相の水に付け，水がろ紙に吸い込まれ，ろ紙上を上昇する．これが水による展開である．水がろ紙の上部まで移動する間に，スポットに付けられた試料中の各物質のろ紙に対する吸着性によって移動に差が生じ，複数のスポットに分離される．もし，ろ紙に対する吸着性が移動相の水と同じ場合，展開してもスポットの試料は水の移動と一緒にろ紙上を動き，分離されない．反対にろ紙に対する吸着性が強く，水に対する溶解性がほとんどなければ，スポットは移動しない．このように，物質は固定相に対する吸着性，移動相に対する溶解性もしくは分配係数として固有の値を持っており分離される．ろ紙上に分離されたスポットは精製された状態であり，この部分から抽出すれば純度の高い物質が得られる．

2.4.3　東京の大気粉じん中の発がん物質

二次元の薄層クロマトグラフィーは多くの多環芳香族炭化水素を含む試料の分離に利用される．固定相には２種類の吸着性のアルミナとアセチル化セルロースが利用される．一次元展開は，アルミナ上でn-ヘキサン：エーテル（19：1）の溶剤，二次元展開はアセチル化セルロース上でメタノール：エーテル：水（4：4：1）の溶剤

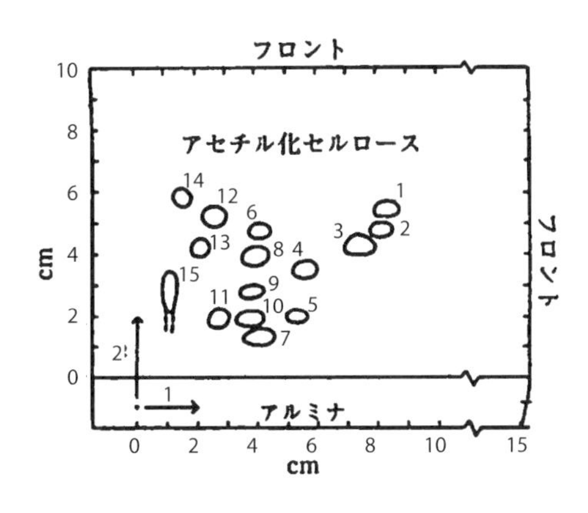

図-2.10　標準物質のクロマトグラム

である．

15種類の多環芳香族炭化水素の標準物質を用いて展開すると図-2.10のようなクロマトグラムが得られる．標準物質は，アントラセン，フェナントレン，ピレン，ベンツ（*a*）アントラセン，クリセン，ベンツ（*e*）ピレン，ベンツ（*a*）ピレン，ペリレン，ベンツ（*k*）フルオランセン，ベンツ（*b*）フルオランセン，アンタントレン，ベンツ（*g*，*h*，*i*）ペリレン，ジベンツ（*a*，*h*）アントラセン，コロネン，ジベンツ（*a*，*i*）ピレンで，各スポットに分離されている．

各標準物質の薄層クロマトグラフィーの一次元展開，二次元展開におけるRf値を表-2.2に示す．この値は，溶剤で展開した時の溶剤の最先端部に対して，プロットがどこまで移動したかの分率を示している．図-2.10の各スポット番号は表-2.2の物質番号に対応している．アルミナ上での展開では，乾燥するとスポットの移動は少なく，湿度が高くなると移動しやすくなるため，相対湿度を酢酸カリウム溶液で調節している．アセチル化セルロースでは3回繰返しの展開結果である．

1967年，東京の大気から得られた粉じんの真空昇華分離物の分析にこの方法が用いられている．ガラス繊維フィルターで集めた粉じん185.5 mgを図-2.11の減圧加熱昇華装置で，0.007 mmHg減圧下，300 ℃で約30分間昇華させる．昇華物は内径2 mmのチューブの内面に析出し，マイクロシリンジで180 μLのベンゼ

表-2.2 2次元薄層クロマトグラフィーにおける多環芳香族炭化水素のRf値

番号	物質	アルミナ			アセチル化セルロース		
		相対湿度			展開回数		
		20%	7%	49%	1	2	3
1	アントラセン	0.55	0.31	0.64	0.54	0.61	0.66
2	フェナントレン	0.54			0.48	0.56	0.60
3	ピレン	0.49	0.21	0.61	0.43	0.51	0.54
4	ベンツ（a）アントラセン	0.37	0.08	0.56	0.35	0.43	0.46
5	クリセン	0.35			0.20	0.26	0.29
6	ベンツ（e）ピレン	0.27			0.47	0.55	0.58
7	ベンツ（a）ピレン	0.27	0.04	0.51	0.13	0.18	0.20
8	ペリレン	0.26			0.39	0.47	0.50
9	ベンツ（k）フルオランセン	0.25			0.28	0.34	0.37
10	ベンツ（b）フルオランセン	0.25			0.19	0.25	0.28
11	アンタントレン	0.18			0.19	0.24	0.27
12	ベンツ（g,h,i）ペリレン	0.17	0.02	0.46	0.52	0.59	0.64
13	ジベンツ（a,h）アントラセン	0.14			0.42	0.50	0.53
14	コロネン	0.10			0.58	0.66	0.71
15	ジベンツ（a,i）ピレン	0.07	0.01	0.36	0.28	0.35	0.38

展開温度 18±2℃
アセチル化セルロースでの展開は、室温で10分乾燥後

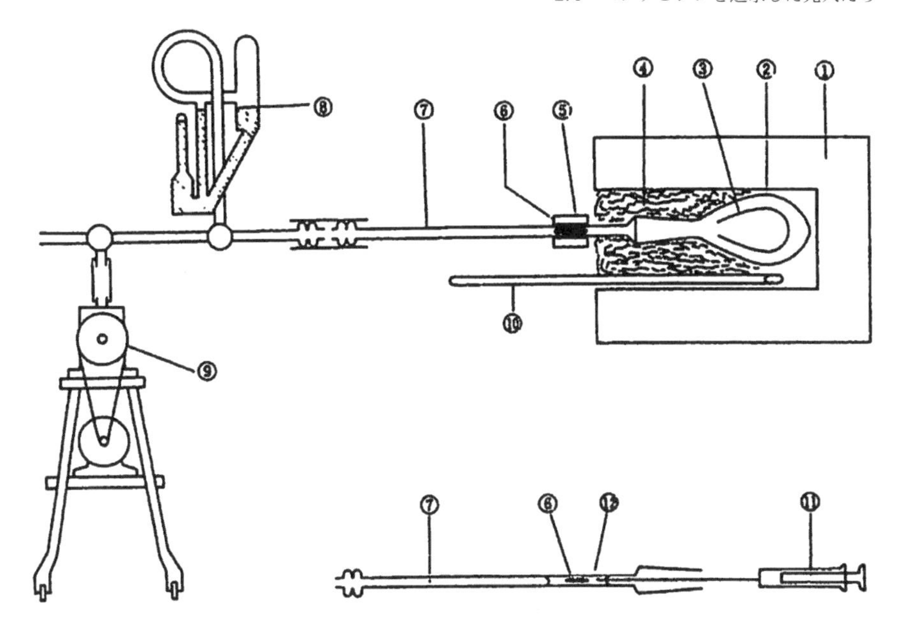

1　電気炉　2　ガラスフラスコ　3　汚染物質を集めたガラス繊維　4　ガラス繊維　5　クーラー　6　昇華物質の沈着　7　昇華管　8　マノメーター　9　ポンプ　10　温度計　11　マイクロシリンジ　12　ベンゼン

図-2.11　減圧加熱昇華装置

ンを加えて溶液とする．その 2 μL のベンゼン溶液を薄層クロマトグラフィーで 18±2 ℃の条件で展開する．

展開後，長波長紫外線，短波長紫外線を照射して 69 個のスポットが蛍光として検出された．図-2.12 に示すクロマトグラムである．Rf 値を求めると表-2.2 に示した 4 番ベンツ (*a*) アントラセン，5 番クリセン，7 番ベンツ (*a*) ピレン，8 番ペリレン，9 番ベンツ (*k*) フルオランセン，10 番ベンツ (*b*) フルオランセン，12 番ベンツ (*g*, *h*, *i*) ペリレンと 7 種のスポットが一致した．斜線付のスポットは短波長紫外線の照射により検出されている．

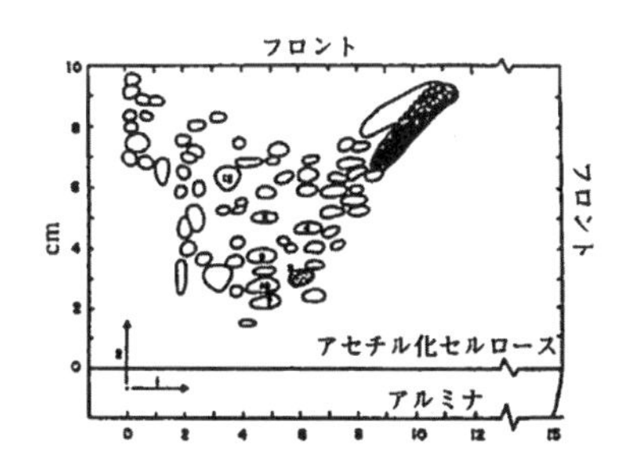

図-2.12　東京の空気中汚染物質のクロマトグラム

スポットの吸着剤からベンゼンを抽出液と

してスペクトルを測定した．**図-2.13** は，スポット 7 番のベンゼン溶液の励起蛍光スペクトルで，標準物質ベンツ（*a*）ピレンのベンゼン溶液とパターンが一致し，物質を同定できた．このように薄層クロマトグラフィーの利用で，ベンツ（*a*）ピレンを含む多くの多環芳香族炭化水素が純粋な状態で分離されていることが証明された．

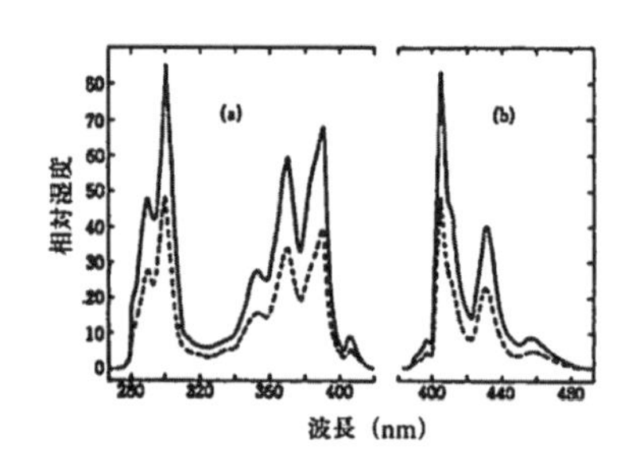

(a) 励起スペクトル　(b) 蛍光スペクトル
－－－－－スポット 7 のベンゼン溶液
・・・・ベンツ（a）ピレンのベンゼン溶液

図-2.13　スポット 7 の励起蛍光スペクトル

この方法は，ベンツピレンの最小検出量は 0.001 μg あるいはそれ以下で，分離の効果は高く，非常に高感度である．他の研究によれば，シリカゲルを用いた *n*-ヘキサン：*o*-ジクロロベンゼン：ピリジン（10：1：0.5）溶剤での一次元展開では最小検出量 0.007 μg 必要であることが示されている．

2.4.4　川崎市の大気粉じん中の発がん物質

筆者は東芝の浜川崎の工場に勤務したことがある．近年は当地には IT 産業が進出し見違えるようになっているが，かつてはコンビナートの煙突からの煙に加え，国道を大型トラックやタンクローリーが黒煙を吐きながら進み，道路まで黒く煤に汚れ，高度経済成長期の基盤となった工場地帯である．ここでは川崎市の大気汚染物質について触れる．

研究者の報告から大気汚染粉じん中には，200 ～ 400 種の物質が含まれていると推定されている．しかし，多環芳香族炭化水素の含量は少なく，分析には手法を十分検討する必要がある．濃縮した試料が多量にあれば，カラムクロマトグラフィーも利用できるが，試料を考慮し研究手法は薄層クロマトグラフィーの利用に移っている．1 回の薄層クロマトグラフィーで分離された多環芳香族炭化水素を分析するには感度の高い分析装置が必要である．蛍光分光光度計は比較的取扱いが簡易で，ごく微量の多環芳香族炭化水素の蛍光励起スペクトル測定ができる．

1967 年 2 月に捕集した大気中の汚染粉じん約 76 mg を，減圧加熱昇華装置で 0.001 mmHg，300 ℃で約 40 分間放置して昇華物を分離し，ベンゼン 75 μL に溶解させた試料を作成した．薄層クロマトグラフィーにより得られたクロマトグラムは**図-2.14** に示すように，少なくても 76 個もの蛍光スポットが確認された．薄層クロマトグラフィーは，アルミナとアセチル化セルロースによるプレート，相対湿度約20％で約20分間放置し，昇華物のベンゼン溶液4 μLをスポットに付け，一次元展開をアルミナ上15 cmを約35分で展開後，プレートを暗所で乾燥し，次に二次元展開をアセチル化セルロース上10 cmを約60分で行い，紫外線照射による蛍光スポットで検出している．

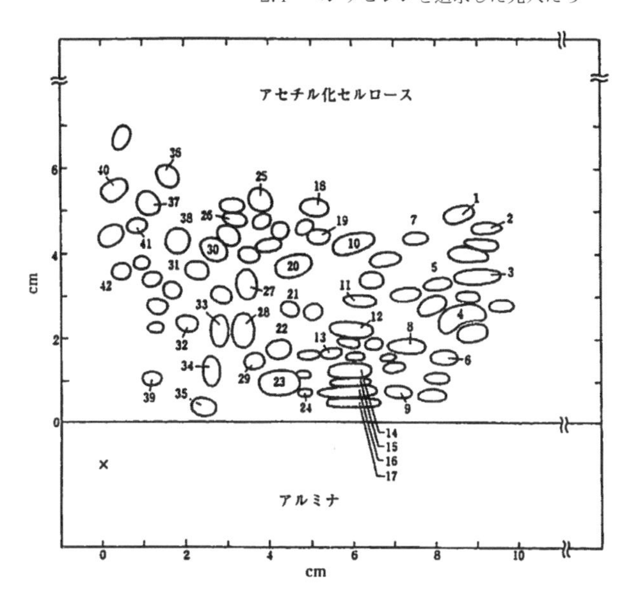

図-2.14　川崎の空気中汚染物質のクロマトグラム

ここから59個の各スポットから抽出液を作成し，励起，蛍光，吸収スペクトル等を測定した．同定のために標準物質61種の多環芳香族炭化水素，12種のアザヘテロ環式化合物のスペクトルと比較している．ここで用いた減圧加熱昇華法では，昇華物にパラフィン系炭化水素も含まれるが，パラフィン系炭化水素は非蛍光性であるので，クロマトグラムの蛍光スポットは，多環芳香族炭化水素だけと考えられる．

次に同定方法について順に説明する．スポットが単一物質の場合は容易に同定できる．励起波長を変化させて蛍光スペクトルを取り，次に蛍光波長を変化させて励起スペクトルを測定し，同一パターンであれば単一の物質と確認できる．その理由は，蛍光物質はその物質特有な蛍光励起スペクトルを有し，これらのスペクトルパターンは励起光の波長，蛍光の波長を変えても変化しないからである．ここに蛍光分析法の特徴がある．

クロマトグラムから得た59個のスポット抽出液のスペクトルを測定すると，そのうち蛍光スペクトルから16個，励起スペクトルから15個の合計31個が単一物質であると確認されている．その良い例を**図-2.15**のスポット17番のベンツ（*a*）

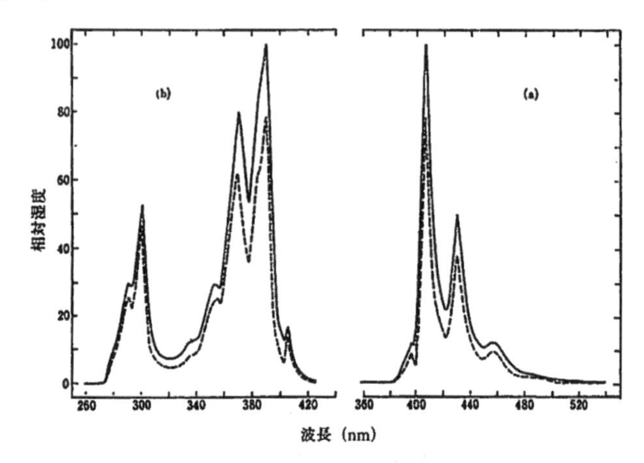

(a) 蛍光スペクトル　(b) 励起スペクトル
ーーーースポット 17 のベンゼン溶液
・・・・ベンツ (a) ピレンのベンゼン溶液
(＊図 4 の励起スペクトルのパターンが違うのは、測定機器による違い)

図-2.15　スポット 17 とベンツ (a)ピレンの励起蛍光スペクトル

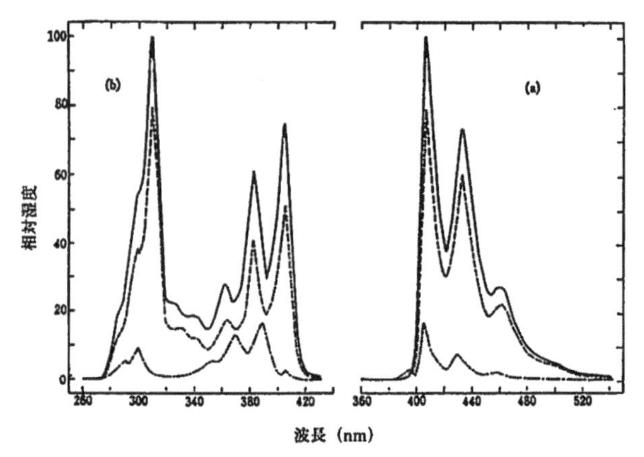

(a) 蛍光スペクトル　(b) 励起スペクトル
ーーーーースポット 14 のベンゼン溶液
・・・・・ベンツ (k) フルオランセンのベンゼン溶液
ーー・ーーベンツ (a) ピレンのベンゼン溶液

図-2.16　スポット 14 とベンツ(k) フルオランセンとベンツ(a) ピレン溶液の励起蛍光スペクトル

ピレンで示す．スポット抽出液と標準物質の蛍光スペクトルと励起スペクトルパターンはよく一致していることがわかる．

励起スペクトルから判断できるケースとしてスポット 14 番を**図-2.16** に示す．蛍光スペクトルでは，ベンツ（*k*）フルオランセンとベンツ（*a*）ピレンにも見えるが，励起スペクトルを見ると，ベンツ（*k*）フルオランセンであることがわかる．

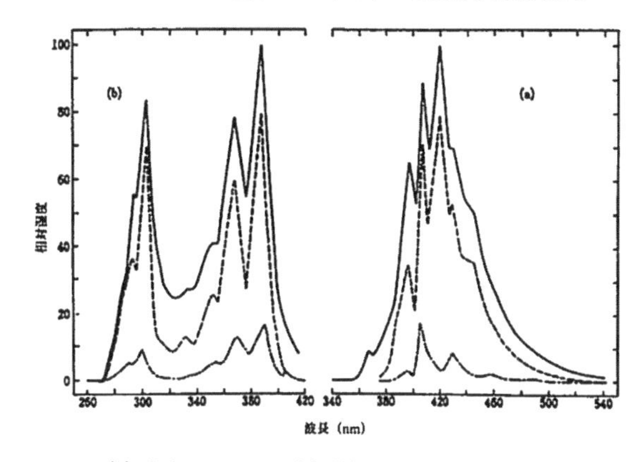

図-2.17　スポット 20 とベンツ(*g*, *h*, *i*) ペリレンとベンツ(*a*) ピレン溶液の励起蛍光スペクトル

その逆で**図-2.17** に示すスポット 20 番は，励起スペクトルではベンツ（*g*, *h*, *i*）ペリレンあるいはベンツ（*a*）ピレンに見えるが，蛍光スペクトルを見ると，ベンツ（*g*, *h*, *i*）ペリレンと同定される．

スポット抽出液に 2 種の蛍光物質が含まれているケースでは，まず蛍光スペク

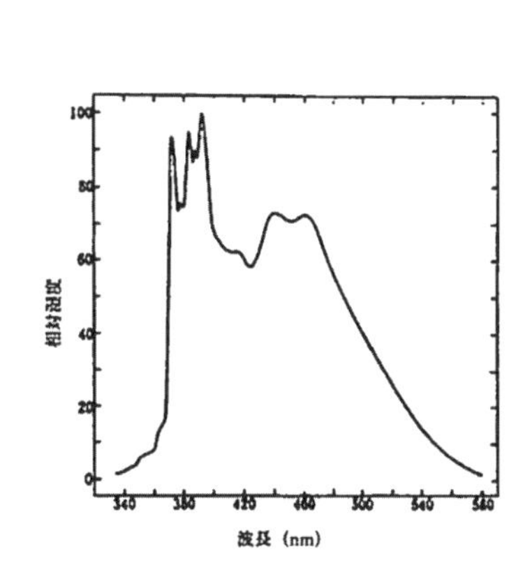

図-2.18　スポット 4 のベンゼン溶液の蛍光スペクトル（蛍光波長 322 nm）

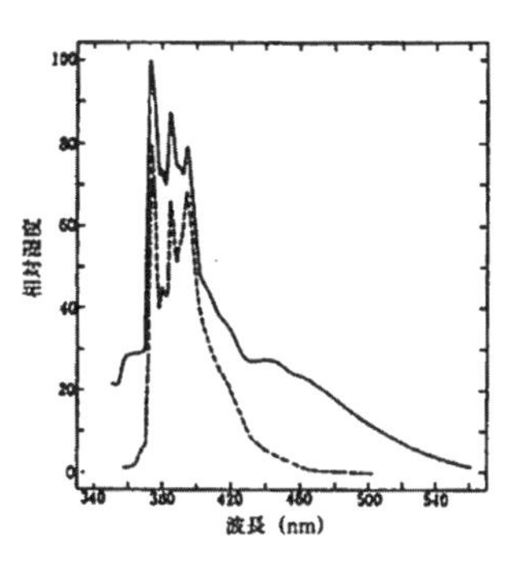

図-2.19　スポット 4 とピレン溶液の励起スペクトル（蛍光波長 396 nm）

トルのパターンから判断する．励起波長，蛍光波長を適当に選び，各蛍光成分を強調したい蛍光スペクトル，励起スペクトルを求め，標準物質と比較して同定すればよい．スポット4番を**図-2.18**の蛍光スペクトルに示す．322 nmで励起させているが，2種類の重なったスペクトルのようである．蛍光波長396 nmで励起スペクトルを求めると**図-2.19**となり，蛍光波長440 nmでの励起スペクトルは**図-2.20**となる．これらは標準物質ピレンとフルオランセンとよく一致している．励起波長331 nmと268 nmに対応する蛍光スペクトルによって**図-2.21**のピレン，**図-2.22**のフルオランセンと確認でき，これよりスポット4番は2種類の物質から構成されていたことがわかる．

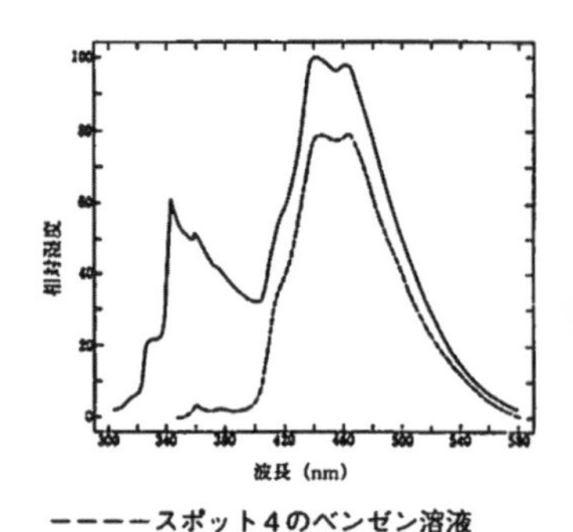

図-2.20 スポット4とフルオランセン溶液の励起スペクトル（蛍光波長440 nm）

蛍光励起スペクトル測定から同定された結果を**表-2.3**に示す．19種の多環芳香族炭化水素と1種のアザヘテロ環式化合物で，スポット4番とスポット27番には

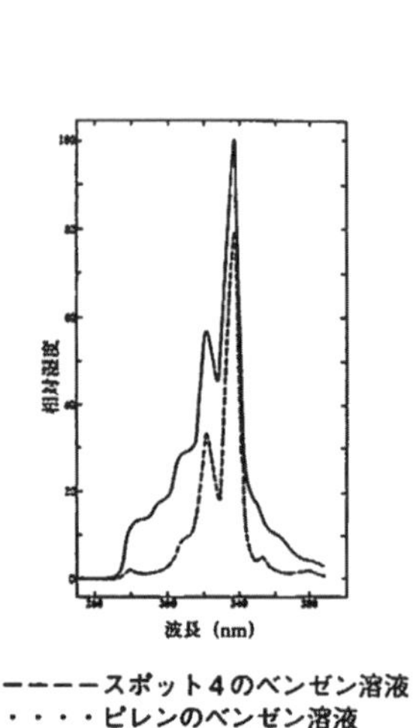

図-2.21 スポット4とピレン溶液の蛍光スペクトル（蛍光波長331 nm）

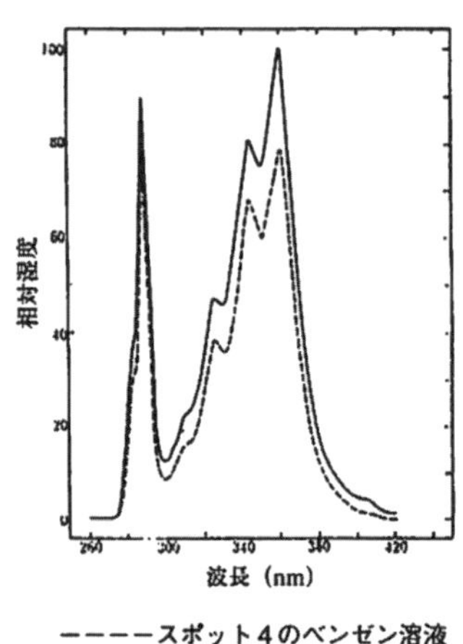

図-2.22 スポット4とフルオランセン溶液の蛍光スペクトル（蛍光波長268 nm）

表-2.3　蛍光励起スペクトルから確認された物質

スポット番号		特性ピーク波長（nm）								化合物
2	F	330	338							5, 12-ジヒドロテトラセン
	E	280	287	304	325					
4	F	360	375	380	386	390	395	408	420	ピレン
	E	307	321	337	332					
4	F	414	442	464						フルオランセン
	E	282	288	308	324	343	360			
8	F	388	410	434	461					ベンツ (a) アントラセン
	E	281	292	318	332	346	362			
9	F	364	383	403	425					クリセン
	E	286	299	310	323	343				
11	F	380	389	397	409					ベンツ (e) ピレン
	E	284	293	308	322	335	363			
12	F	444	473	505						ペリレン
	E	368	390	411	438					
14	F	407	433	460	495					ベンツ (k) フルオランセン
	E	286	299	310	327	341	363	382	404	
16	F	409	432	456						ベンツ (b) フルオランセン
	E	282	294	302	331	369				
17	F	396	405	429	456	485				ベンツ (a) ピレン
	E	290	300	334	369	383	405			
20	F	399	409	421	432	447				ベンツ (g,h,i) ペリレン
	E	292	303	332	349	363	385	407		
21	F	389	410	434						ベンツ (c) アクリジン
	E	283	345	362	382					
24	F	436	464	497						アンタントレン
	E	298	309	363	385	407	422	432		
25	F	428	435	447	458	476	485	508		コロネン
	E	304	324	340						
27	F	379	389	400	422	447				ピセン
	E	286	301	313	328					
27	F	478	511	548						テトラセン
	E	394	416	443	471					
29	F	398	420	446	474					ベンツ (b) クリセン
	E	291	305	332	349	364	370	380	390	
33	F	413	429	440	467					トリベンツ (a, e, i) ピレン
	E	296	309	327	346	364	383			
34	F	434	448	461	494					ジベンツ (a, i) ピレン
	E	295	328	352	372	394				
35	F	456	484	522						ジベンツ (a, h) ピレン
	E	288	300	312	400	423	430			

クロマトグラム図-2.14 のスポット
F：蛍光　　E：励起　ベンゼン溶液

表-2.4　蛍光スペクトルから確認された物質

スポット番号		特性ピーク波長（nm）						化合物
3	F	380	399	422				3-メチルピレン
	E	—						
3	F	344	339	377				7H-ベンツ（c）フルオレン
	E	—						
5	F	422	450	481				ベンツ（m,n,o）フルオランセン
	E	—						
10	F	408	432	462	487			13H-ナフソ（2,3-b）フルオレン
	E	297	307	339	358	378	401	
22	F	368	377	387	397	409		11H-ナフソ（2,1-a）フルオレン
	E	282	296	316	343	359		

クロマトグラム図-2.14 のスポット　F：蛍光　E：励起　ベンゼン溶液

表-2.5 励起スペクトルから確認された物質

スポット番号		特性ピーク波長（nm）							化合物
15	E	280	293	306	316	330	344	362	ベンツ（j）フルオランセン
		372	381						
	F	—							
23	E	292	304	316	343	363	379	386	インデノ（1,2,3・cd）ピレン
		409	419	433	451	462			
	F	473	504						
30	E	287	297	311	324	356	379	399	トリベンツ（a,c,j）テトラセン
	F	409	433	461					
35	E	276	286	304	320	332	351	372	ベンツ（g）クリセン
	F	377	387	398	407	421			
38	E	279	321	339	352	379			1,2,3,5,6,7 - ヘキサヒドロトリアングレン
	F	382	403						
38	E	288	296	320	336	365	391	413	ナフソ（2,3 - k）フルオランセン
		437							
	F	450	476	514					

クロマトグラム図-2.14 のスポット　吸収スペクトルの比較による同定
F：蛍光　E：励起　ベンゼン溶液

2種が混在していた．

蛍光スペクトル測定から同定できた物質を表-2.4 に示す．3種の多環芳香族炭化水素を認め，スポット 10 番は 13H-ナフソ（2，3-*b*）フルオレン，スポット 22 番は 11H-ナフソ（2，1-*a*）フルオレンと文献によるスペクトルとの比較で同定で

表-2.6 未同定物質の特性ピーク波長

スポット番号	特性ピーク波長（nm） 蛍光						励起							
1	400	424	447				309	322	338	354	373	393		
6	379	387	397	407	419		278	287	301	310	319	340	356	376
7	367	391	415	439			291	308	319	330	342	354	365	
13	487	523					330	358	377	412	437	465		
18	367	386	402				288	300	321	333	346	362		
19	402	411	422	433			289	300	344	362	386			
21	398	424	450				298	314	330	354	370	394		
25	382	404	423	444			288	300	339	361	378			
28	464	493	522				408	432	464					
31	396	406	418	430	444		295	326	346	369	392			
32	404	415	427	440	455		291	304	350	368	389			
33	442	470	503				382	406	432					
34	384	397	416				345	366	384					
36	394	408	421	431	441		348	356	369	381	393			
37	370	379	389	398	407		318	327	333	343	353	366		
38	358	370	382	391	406	421	300	305	325	337	357	360		
39	394	409					277	287	299	318	337	348	378	
40	332	343	358	377			278	288	298	318	337			
40	380	391	408	431			282	321	356	376				
41	360	377	395	425	461		301	309	326	342	361			
42	355	373	393	418			276	292	301	317	331	349		
42	420	441	465				375	393	416					

クロマトグラム図-2.14 のスポット　ベンゼン溶液

きた．

励起スペクトル測定から同定できた物質を**表-2.5** に示す．6 種の多環芳香族炭化水素の存在が認められる．

未同定のスポットのうち，20 個のスポット抽出液からは明らかに蛍光励起スペクトルを確認でき，その各ピーク波長を**表-2.6** に示す．スポット 40 番とスポット 42 番には 2 種が混在し，文献による情報不足や標準物質等の入手困難により 22 種が同定できなかった．

吸収スペクトル測定から同定できる例を**図-2.23** に示す．スポット 17 番の n-ヘキサン溶液の吸収スペクトルは，標準物質ベンツ（a）ピレンの n-ヘキサン溶液とピーク波長およびピーク強度比がよく一致している．この方式で同定したスポット番号と物質名を**表-2.7** に示した．吸収スペクトル用の試料では，薄層プレート上のスポットで 7 枚分が必要であった．

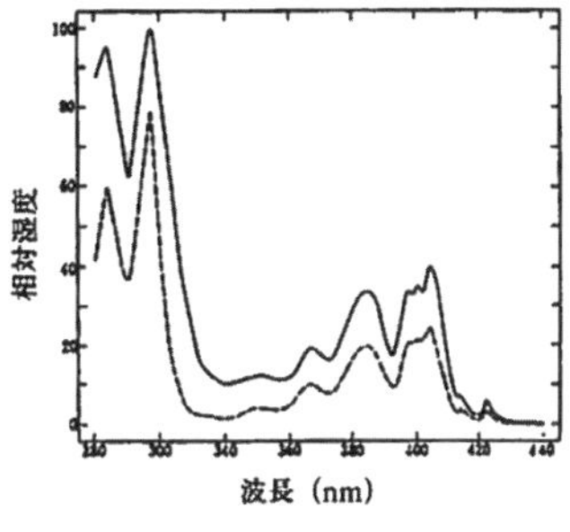

－－－－スポット 17 の n- ヘキサン溶液
・・・・ベンツ（a）ピレンの n- ヘキサン溶液

図-2.23　スポット 17 とベンツ(a) ピレン溶液の吸収スペクトル

以上，クロマトグラムの 76 スポットから 59 スポットを抽出し，単一物質 31 種

表-2.7　吸収スペクトルから確認された物質

スポット番号	特性ピーク波長（nm）							化合物
4	262.5	272.5	305.5	319.0	330.0	335.0	351.5	ピレン
4	262.5	272.5	275.5	282.0	287.0	351.5	358.0	フルオランセン
8	267.5	277.0	288.0	296.5	299.0	324.5	341.5	ベンツ（a）アントラセン
	358.0	364.0						
9	285.5	296.0	309.0	323.0†††				クリセン
11	267.0	277.5	288.5	304.5	316.0	320.0	327.0	ベンツ（e）ピレン
	331.0							
12	385.0	406.5	411.0	429.0	434.0			ペリレン
14	267.5	283.0	296.5	307.5	321.5	360.0	371.0	ベンツ（k）フルオランセン
	379.0	384.0	392.5	401.0				
15	282.5	293.0	307.0	318.0	332.0	364.0	382.0	ベンツ（j）フルオランセン
16	276.5	282.0	288.5	292.5	301.5	333.5	341.5	ベンツ（b）フルオランセン
	350.0	357.5	368.0					
17	265.5	273.0	284.0	297.0	330.0	346.5	364.0	ベンツ（a）ピレン
	379.0	381.0	384.5	394.0	403.0			
20	275.0	287.5	299.0	312.0	324.0	329.0	345.0	ベンツ（g,h,i）ペリレン
	363.0	379.0	384.0					
23	291.0	303.0	315.5	343.5	359.0	377.5	385.5	インデノ（1,2,3 - c,d）ピレン
	403.0	410.0	428.5	432.5				
26	293.0	305.0	316.5	326.5	336.5	341.5	347.5	コロネン
	355.0†††							

クロマトグラム図-2.14 のスポット
スポット 9 と 26 は n–ヘキサン溶液，他はベンゼン溶液

1）5,12-ジヒドロテトラセン　2）3-メチルピレン　3）7H-ベンツ（c）フルオレン　4）ピレン　5）フルオランセン　6）ベンツ（m,n,o）フルオランセン　7）ベンツ（a）アントラセン　8）クリセン　9）13H-ナフソ（2,3-b）フルオレン　10）ベンツ（e）ピレン　11）ペリレン　12）ベンツ（k）フルオランセン　13）ベンツ（j）フルオランセン　14）ベンツ（b）フルオランセン　15）ベンツ（a）ピレン　16）ベンツ（g,h,i）ペリレン　17）ベンツ（c）アクリジン　18）11H-ナフソ（2,1-a）フルオレン　19）インデノ（1,2,3-c,d）ピレン　20）アンタントレン　21）コロネン　22）ピセン　23）テトラセン　24）ベンツ（b）クリセン　25）トリベンツ（a,c,j）テトラセン　26）トリベンツ（a,e,i）ピレン　27）ジベンツ（a,i）ピレン　28）ジベンツ（a,h）ピレン　29）ベンツ（g）クリセン　30）1,2,3,5,6,7-ヘキサヒドロトリアングレン　31）ナフソ（2,3-k）フルオランセン

図-2.24　汚染大気から存在の確認された化合物の構造式

の確認，残った20スポットは明確に励起蛍光スペクトルを示したが，混在を合めた22種が同定できなかったため，合計53種の物質が分離できた．確認された化合物の構造式を**図-2.24**に示す．

2.4.5　発がん性

検出された物質の発がん性を文献から調べた．発がん性が強いものは，ベンツ(*a*)アントラセン，クリセン，ベンツ（*e*）ピレン，ベンツ（*j*）フルオランセン，ベンツ（*b*）フルオランセン，ベンツ（*a*）ピレン，ベンツ（*g*，*h*，*i*）ペリレン，ベンツ（*c*）アクリジン，インデノ（1，2，3-*c.d*）ピレン，ピセン，ジベンツ（*a*，*i*）ピレン，ジベンツ（*a*，*h*）ピレン，ベンツ（*g*）クリセンの13種，発がん性のないものは，7H-ベンツ（*c*）フルオレン，ピレン，フルオランセン，ベンツ（*m*，*n*，*o*）フルオランセン，13H-ナフソ（2，3-*b*）フルオレン，ペリレン，ベンツ（*k*）フルオランセン，アンタントレン，コロネン，テトラセン，ペンツ（*b*）クリセンの11種，発がん性の不明確のものは，5，12-ジヒドロテトラセン，3-メチルピレン，11H-ナフソ（2，1-*a*）フルオレン，トリベンツ（*a*，*c*，*j*）テトラセン，トリベンツ（*a*，*e*，*i*）ピレン，1，2，3，5，6，7-ヘキサヒドロトリアングレン，ナフソ（2，3-*k*）フルオランセンの7種である．

特に発がん性の強いベンツ（*a*）ピレンに注目すれば，大掛かりな減圧加熱昇華装置でなく，溶剤テトラヒドロフランを用いた20分程度の超音波抽出法が簡易分析として利用できる．

2.4.6　化学物質

化学物質は，原子，分子および分子の集合体や高分子重合体のような，独立かつ純粋な物質である．化学反応を起こさせることにより得られる化合物のことで，現在，世に存在する化学物質は何十万種とあり，市場で広く出回っているものだけでも数万がある．化学物質は固体，液体，気体，ミスト等の状態でわれわれの周りに存在し，人体に入り健康に被害をもたらすことがある．例えば，鉛，ヒ素，PCB，メチルアルコール等である．混合物や不純物が多いものは化学物質から除外される．

昭和45年4月の水質汚濁に係わる環境基準では，人の健康に関わる環境基準として，シアン，メチル水銀，カドミウム，鉛，クロム（6価），砒素が決められた．生活環境に係わる河川の環境基準として，類型としてAA，A，B，C，D，Eがあり，pHの範囲と生物化学的酸素要求量（BOD），浮遊物質量（SS），溶存酸素量（DO）

の基準値，利用目的の適応性は水道１級，自然環境保全，水道２級～３級，水産１級～３級，工業用水１級～２級，農業用水，工業用水３級，環境保全とある．化学の分野からすると何とも不思議な分類であるが，各省からの調整の結果であり今日も基本となっている．

近年，ガスクロマトグラフ質量分析の技術進歩により，抽出や分離さえできれば，どんな化合物でも検出できるようになってきた．2004 年，ドイツ水道・ガス技術協会研究所のキューン所長を訪問した時，ライン川の河川水から確認された化合物として，網状，鎮状の高分子化合物の構造式が壁に貼り出されていた．こんな高分子化合物は生理作用もないと思ったが，有機物の分析技術がかなり進んでいると実感した．

ベンゼン環の数が増えれば，グラファイトのように固体で黒色となる．天然高分子でベンゼン環を含むものとしては，木材中のリグニンがフェニルプロパンを構造単位とした巨大な分子をつくり上げている．木材からセルロースである紙を分離するためにアルカリ水溶液でリグニンを黒液として溶かし出している．生体高分子のタンパク質等にもベンゼン環を含むものがあり，これらは腐植物質，さらに炭化して石炭等に変化する．木材のリグニン，石炭，コールタール，腐植物質等の化学的には切断された部分しか論じられていないが，有機物質として多量に地球上に存在している．

水中に溶解するこれら物質は多環芳香族炭化水素の単体よりさらに分子量は大きくなり，分子内に水酸基，カルボニル基等も多く含むフルボ酸あるいはフルボ酸様有機物となり，感度の高い蛍光分析で検出できる．腐植物質は農業面から肥料として扱われてきた．大きな分子量分布を持つ構造式が不明確なものとして広く存在している．単一物質であれば確認しやすく追求することになるが，腐植物質はあまりにも多様で，明確にならない状態だが，その存在を蛍光分析で追及できる．

＜多環芳香族化合物について＞

これほど多くの多環芳香族化合物は発ガン性化学物質として取り扱うことは難しい．歴史的には，多環芳香族化合物の合成は 1920 年代からドイツの有機合成科学者のクラーク博士が有名である．「化学物質コピーマート，クラール博士と私：貴重な試料を受け取って」井口洋夫（2002.7.1）には，ドイツから英国，スペイン，日本へ多環芳香族化合物が届いたエピソードが紹介されている．

多環芳香族化合物の電気伝導度測定に取り組んでいた 1940 年代に，ドイツの有機合成科学者クラール博士は，戦争により英国へ移り，そこへ文献の別刷りを求めたところ袋一杯の資料が送られてきた．同僚の多環芳香族染料合成の研究者である半田隆・青木淳治両博士と歓喜をもって受け取った．その後，余生をスペインで過ごされたクラーク博士は亡くなられ，夫人から「残した多環芳香族化合物を，あなたに差し上げるのが主人の気持ちだった」と．1988年にスペインを訪問し，クラーク試料を受け取って日本へとある．先人たちの苦労を記録に残したい．

第２章　参考資料

1）井本稔（1964）：有機電子論，共立全書55，共立出版
2）飯牟禮渚，岡田功（1958）：有機物理化学，産業図書
3）不飽和結合の定量化（1959）：社団法人有機合成化学協会編，有機化学ハンドブック，株式会社技報堂
4）金子元三，荻野一善（1968）：高分子科学，共立全書156，共立出版
5）松下秀鶴（1967）：ケイ光分析法の公害研究への応用ー大気汚染物質中の多環芳香族炭化水素分析を中心としてー，分析機器，5（11）14
6）Hidetsuru Matsushita and Yasutomo Suzuki（1969）：Two-dimension Dual-band Thin-layer Chromatographic Separation of Polynuclear Hydrocarbons,Bull.Chem. Soc.Japan，42（2）460-464
7）松下秀鶴，江角凱夫，山田都夫（1970）：大気汚染粉じん中に含まれる多環芳香族炭化水素の同定，分析化学，19（7）951-966
8）松下秀鶴，嵐谷奎一，半田隆（1976）：超音波抽出法を用いた大気浮遊粉じん中のベンゾ（a）ピレンの簡易微量分析法，分析化学，25（4）263-268
9）海賀信好，石井忠浩（2000）：水処理における溶存有機物の分子量分画について，水処理技術，41（2）5-9
10）山辺正顕（2006）：研究成果の社会への還元ー産業化をめざす研究論ー，化学と工業，59（10）1049-1050

コラム❷ 分子量分布パターン

以前，オゾン処理の研究で，東京都金町浄水場の江戸川の原水をろ紙（孔径 1 μm）でろ過した試料を用い，凝集剤 PAC，粉末活性炭，塩素を添加したそれぞれの分子量分布変化を蛍光検出高速液体クロマトグラフィー（HPLC，励起波長 345 nm，蛍光波長 425 nm）で測定している．結果は図のとおりである．図中のⅠ，Ⅱ，Ⅲ，Ⅳは流出時間による分子量区分である．凝集剤 PAC 添加により分子量の大きいものから，粉末活性炭添加により分子量の小さいものから吸着除去される．また，塩素添加は分子量の大きさにあまり関係せず反応し，蛍光発現性を低下させている．なお，クロマトグラフィーは紫外部吸収ではなく，蛍光検出を用いる．

筆者らは，先にライン川の伏流水と地下水を原水としたデュッセルドルフ(ドイツ)でオゾン処理，砂ろ過，活性炭の処理を行っている水道を調査している．また，その下流で同様な処理を行っているビィットラール浄水場で，各浄水処理工程水の水質を DOC と蛍光強度で測定した．蛍光強度によって高感度で浄水処理の効果が確認できた．

日本の浄水処理工程水には塩素処理による残留塩素が含まれる．残留塩素濃度は，採水，運搬，冷蔵保存により多少変化する．酸化剤を含まない原水試料は，冷蔵保存で数ヶ月間も蛍光強度値は変化しないが，残留塩素がある場合はゆっくりと蛍光強度は減少する．

特に採水から運搬までの時間がかかって蛍光強度が低下する場合，採水時にチオ硫酸ナトリウムを添加して残留塩素による変化を停止する必要がある．

残留塩素は，浄水の消毒にとって重要である．ただし，残留塩素による蛍光強度の減少が給水配管内で起こると，フルボ酸の塩素化によるトリハロメタン等消毒副生成物の増加，配管内壁のバイオフィルム生成で心配される AOC の増加につながることが考えられ，さらなる調査が必要となる．

浄水処理のオゾン処理に関した蛍光分析の利用は，水質分析の TOC，UV 等と比較でき，蛍光分析が感度的に利用しやすいと考えられる．また，蛍光分析は高度浄水処理を導入した東京都水道局でオゾン処理制御システムに導入が検討されるなど世界で初めての試みが行われつつある．このように蛍光分析の特徴の一つである透過光を用いないため濁質の影響を受け難いことが示されている．埼玉県の浄水場では，以下の報告で，濁度 100 度の原水でも蛍光強度の 85％の値が得られることを現場の原水で示している．

福島久，長井潔，森田久男，本庄隆成：蛍光光度法を用いた高濁度時における消毒副生物前駆物質の調査，平成 19 年度日本水道協会関東地方支部水質研究発表会講演集 pp.19-21, 2007

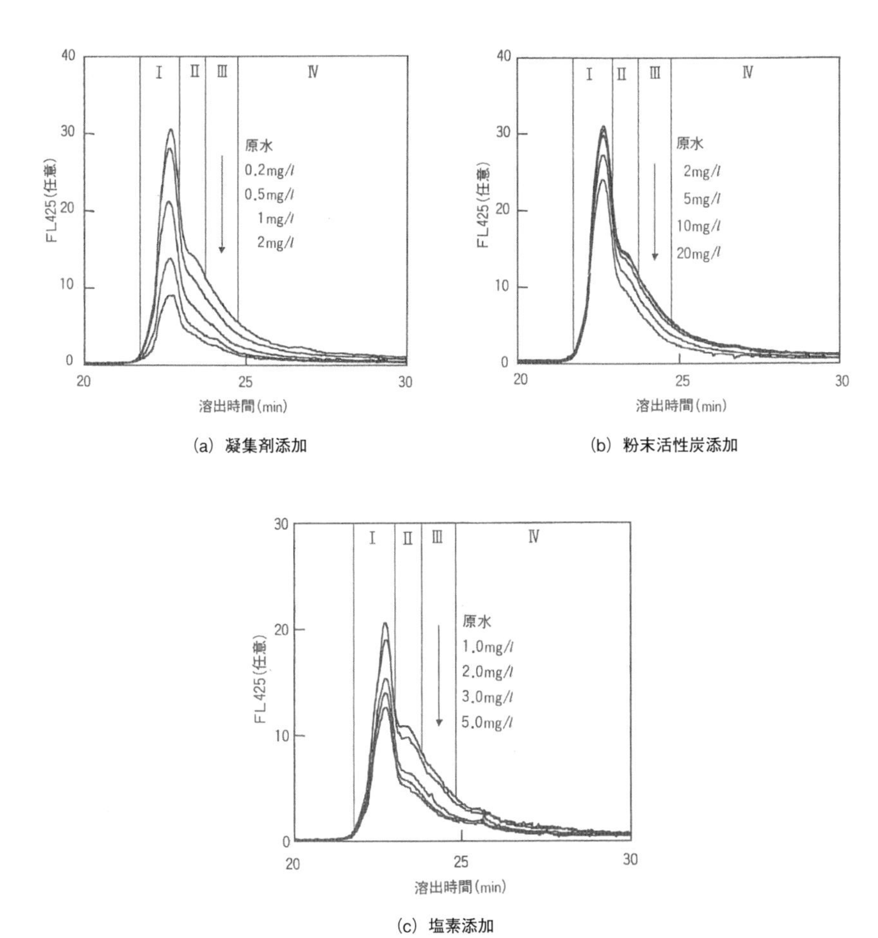

(a) 凝集剤添加

(b) 粉末活性炭添加

(c) 塩素添加

図-1 ろ過原水の処理 60 min 後のクロマトグラムの変化

(溶出時間は I が 21.5 ～ 22.7 min, II が 22.7 ～ 23.5 min, III が 23.5 ～ 24.5 min, IV が 24.5 min 以降)

コラム③ ロークの文献関連

1974年発表されたFormation of Haloforms during Chlorination of Natural Waters (J.Water Treat.Exam.,Vol.23, pp.234–243,1974.) には，今，読み直しても衝撃的な証拠を並べられている．河川水と塩素処理された河川水では，ヘッドスペースガスクロマトグラフィー, マススペクトロメトリー法の微量化学分析によってクロマトグラムが描ける．論文にはクロマトグラムが２枚，一つは河川水，もう一つは塩素処理された河川水であり，クロロホルム，ブロモジクロロメタン，ブロモクロロメタン，ブロモホルムの４つのピークが明らかに生じている．

水中にある自然由来の腐植物とのブレークポイント法による塩素処理に伴うハロフロム反応によって生じる．河川水にあるハロホルム前駆物質の塩素処理は，生理学上の観点から注意しなければならないとの趣旨である．

しかし，腐植物については，詳細には述べられていない．フミン酸の分子構造を引用し，モデル化合物として多価フェノールのピロガロール，フロログルシノール，カテコール，植物由来のポリフェノールのヘスペリジン，フロリジン，さらに泥炭ピート抽出物の塩素化を行い反応の追試している．ハロフロム反応については，蒸留水に臭化ナトリウム，アセトン，塩素を試料にして２時間後にヘッドスペース法よりガス中に４種の化合物を確認している．

① ピロガロール　ベンゼンの1,2,3位の水素がヒドロキシル基に置換した有機化合物．３価フェノールで，焦性没食子酸とも呼ぶ．

② フロログルシノール　医薬品や爆薬の合成に使われる有機化合物．フェノール型の1,3,5-トリヒドロキシベンゼンと，ケトン型の1,3,5-シクロヘキサトリオン（フロログルシン）の２種の互変異性体が存在し，化学平衡の関係．多官能性であることから有機合成の中間体として便利である．

③ カテコール　フェノール類の一種で，ベンゼン環上のオルト位に２個のヒドロキシ基を有する有機化合物．ポリフェノールに含まれる構造として知られる．ピロカテコールとも呼ばれる．

④ ヘスペリジン　温州ミカンやハッサク，ダイダイ等の果皮および薄皮に多く含まれるフラバノン配糖体（フラボノイド）．ポリフェノールの一種．ビタミンPと呼ばれるビタミン様物質の一部．植物の防御に関与していると考えられている．In vitroの実験では抗酸化物質として働く．ヘスペレチン，糖部分はβ-ルチノース（6-O-α-L-ラムノシル-D-β-グルコース）である．

⑤ フロリジン　ジヒドロカルコンの一種で，フロレチンとグルコースがグルコシド結合でつながった2'-グルコシドフロレチン．小腸や腎臓に存在する糖輸送体を強力に競争阻害．セイヨウナシ，リンゴ，サクランボ等の植物の樹皮に含まれ，強い苦みを持つ．カーネーションの花びらの色にも関係．

ピロガロール

1,3,5-トリヒドロキシベンゼン　　1,3,5-シクロヘキサトリオン

カテコール

ヘスペリジン

フロリジン

コラム④ ウルシオールの構造分析

ウルシオールの構造分析で知られる眞島利行は，ドイツに留学し有機物の分析を学んでいる．世界の研究者と競合しない日本独特の漆をテーマに選び，天然物の構造解析に成功している．ウルシオールの構造（**図-1**）が炭素数 15 のアルキル側鎖を持つカテコール誘導体の混合物であることを決定した．

この際，オゾンを用いて不飽和二重結合を酸化させ，その生成物から漆成分の構造式を求めている．ドイツから輸入し，多くの化学者に利用されたジーメンス型オゾン発生器が日本の化学遺産として認定され永久保存されている．**図-2** のようなデシケーターのようにぶ厚いガラス容器で，その中に置かれた電極で放電し，冷却水を流してオゾンを得ていた．おおよその寸方は，高さ 28 cm，奥行き 16 cm ぐらい，放電管は 10 本である．

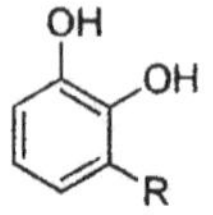

OH
OH
R

R =
$-(CH_2)_{14}CH_3$
$-(CH_2)_7CH=CH(CH_2)_5CH_3$
$-(CH_2)_7CH=CH(CH_2)_4CH=CH_2$
$-(CH_2)_7CH=CHCH_2CH=CHCH=CHCH_3$
$-(CH_2)_7CH=CHCH_2CH=CHCH_2CH=CH_2$

図-1 ウルシオールの化学構造式

図-2 ドイツから輸入され多く利用されたオゾン発生器（提供：大阪大学）

久保孝史，江口太郎：眞島利行ウルシオール研究関連資料，化学と工業，Vol.65-7. pp.534-535. 2012
海賀信好：オゾン博物館，オゾンニュース 95 号，p.17，日本オゾン協会，2015. 8

3．フルボ酸

3.1 フルボ酸とは

水の惑星地球には，多様な生態系の中で多種多様の生物が生存している．太陽光線を受け，緑色植物が生育し，それを食べる草食動物，またそれを食べる肉食動物がいる．生物である以上，死して死骸を残す．それら死骸は地球上では蓄積することはなく，分解して消失する．

酵素による作用，微生物による代謝等によって分解し，その分解物は，生物の栄養源として吸収される．この繰返しが，絶え間ない営みとして続いている．

土壌は，岩石の風化による小さな無機物粒子の粘土と生物の死骸の腐植による有機物から構成されている．粘土と有機物が適度に存在して複合体の土壌ができ，土壌微生物の働きで植物の成長する肥料ができる．隙間のある通水，通気性の良い土壌は土壌微生物にとって重要である．粘土と砂からだけでは土はできない．農業界では，堆肥 100 kg で土中にできる腐植の量は約 10 kg といわれている．

環境水に含まれる生物代謝による有機物，地球上の生物を構成するタンパク質，脂肪，炭水化物を有機化学の観点で調べてみると，なんとタンパク質はα-アミノ酸 20 種の結合によってつくられていて，化学的には光学異性体が 2 つ存在するはずであるが，実際には L 型しか存在しない．次に脂肪は，生物の増殖過程から炭素の数は 2 個ずつ増え炭素数は偶数となる．さらに炭水化物は，天然に存在する有機化合物の中で最も量が多く，植物の光合成で生成する．構成単位の化合物であるグルコースも光学異性体が 2 種になるはずであるが，D-グルコースのみである．地球上のほとんどの生物が増殖過程でこれほど限定された物質で構成されているのは驚くばかりである．さらに 2016 年のノーベル医学生理学賞を受賞した大隅良典によるオートファジーの仕組み，顕微鏡で酵母の観察から発見した細胞内のタンパク質リサイクルの仕組みは，壊しながら，その部品で自分自身を組み立てる．まさに限られた条件で生き残るための究極のシステムである．

フルボ酸の研究は，これまで土壌の分野，肥料の分野で進められてきた．腐植物質は，土壌学では腐植酸，地球化学ではフミン酸と呼ばれている．水道関係では，腐植物質，フミン質，フミン酸，フルボ酸等の区分があいまいである．

土壌学では有機物の抽出時の操作上の違いによって 3 つに分類されている．例えば土壌からアルカリ水溶液によって有機物を抽出，これを酸性にして沈殿する成分をフミン酸，沈殿しないで液中に残る成分をフルボ酸と呼んでいる．アルカリ水溶液によって抽出されない有機物をフューミンとしている．

国際腐植物質学会では，フミン酸とフルボ酸を水中から分離精製する方法で以下のように定義している．環境水を塩酸でpH2に調整し，XAD-8樹脂に吸着させ，それをアルカリ水溶液で溶出して，再び塩酸でpH2に調整して，XAD-8樹脂に吸着し，アルカリ水溶液で溶出させる．その溶出液を塩酸でpH1に調整して沈殿したものをフミン酸と呼び，その上澄みをXAD-8樹脂に吸着させアルカリ水溶液で溶出し，次に陽イオン交換樹脂を通して流出したものを凍結乾燥し得られたものをフルボ酸と呼ぶ．

pHに関係なく水に溶けるフルボ酸，これらはベンゼン環1個のサリチル酸，メチルサリチル酸，3-ヒドロキシ安息香酸等に，ベンゼン環2個のものとしてβ-ナフトール，クマリンおよびその誘導体，キサンテン，フラボンやイソフラボン，ハイドロキシクマリン等，これらは波長400～500 nmに蛍光発光を持つ性質があることが知られている．

これまで蛍光発現性から調べたフルボ酸に関する研究では，フミン酸と比較した淀川底泥から分離したフルボ酸の励起蛍光スペクトルがある．

三次元蛍光スペクトルでは，**図-3.1**の日本腐植物質学会の標準試料である段戸と井之頭のフミン酸とフルボ酸に関して蛍光等高線図が示されている．フルボ酸では励起波長305～310 nmで蛍光波長430 nmに大きなピークがあり，フミン酸では，2～5つの分散された小さなピークであることが示されている．

鍾乳洞の石筍（石灰石）から得られた蛍光発現性物質に関して，国際腐植物質学会の標準フルボ酸，フミン酸を各々100 ppmで三次元蛍光スペクトルで測定した．フルボ酸では，励起波長350 nmで，蛍光波長450 nmでピークが大きく現れる．フミン酸では，より長波長の475 nmで励起し，500 nmで蛍光が現れる．励起蛍光スペクトルのピーク位置がフミン酸とフルボ酸では，大きく違うことを示し，**図-3.2**のようにフルボ酸であると同定している．

フルボ酸の構造は，元素分析，官能基分析，NMR分析によって提案されており，その構造式とされているものは数多くある．平均的に提案されているものを**図-3.3～3.6**に示す．

フルボ酸は，明確な化合物として識別されていない物質の総称で，多様な有機化合物の混合物である．そのため起源となる土壌の種類により化学的な性質は大きく異なる．フルボ酸は，常に再現性の悪さを伴い，性質も広い範囲における分布が示されている．フルボ酸の構造体，分子量，分析法は確立していない．官能基分析では，カルボキシル基，フェノール性水酸基，カルボニル基，アルコール性水酸基等，

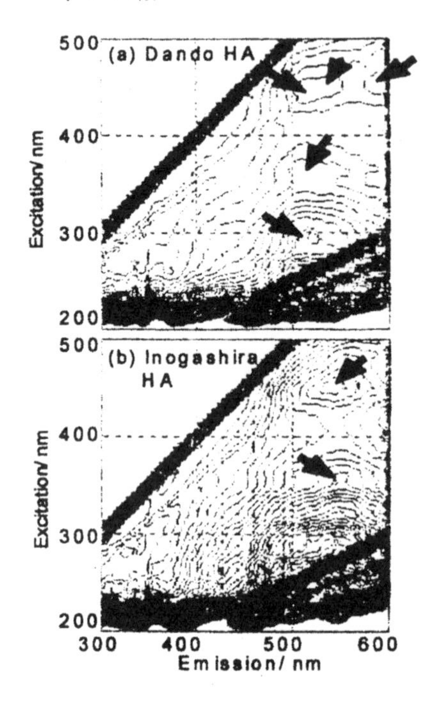

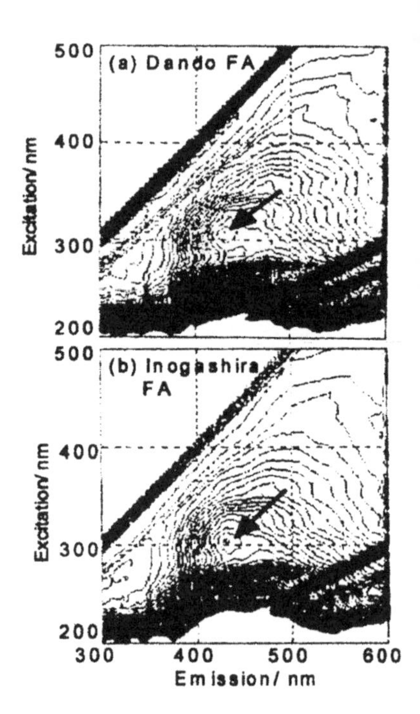

図-3.1 フミン酸とフルボ酸に関する標準試料の蛍光等高線図
(左上：段戸フミン酸　左下：井之頭フミン酸　右上：段戸フルボ酸　右下：井之頭フルボ酸)

樹脂への吸着性等による化学的性質で調査されている．

動植物の死骸からつくられる腐植物質，例えば，桜と蔦の枯葉の違い，堆肥中に入れられた猫の死骸とカラスの死骸の違いから，当然，生成されるものは違ってくる．これらが研究の対象である．

蛍光分析法は，物理化学的に特定の光を当てフルボ酸の化学的な構造の中で光を吸収し，励起し，基底状態に戻る際，光として放出する蛍光を捕らえる方法である，フルボ酸の分子内の光で励起する蛍光発現性部分，つまり不飽和二重結合，共役二重結合から情報を得るもので，分光分析計を用いるが，少量の試料で無試薬かつ迅速に測定することができる．これらを理解して腐植物に関した研究が行われている．筆者等の研究でも，これまで励起波長，蛍光波長はピーク位置で決めていたが，河川水では 320 nm で励起し，380 ～ 550 nm で蛍光スペクトルを描かせて，340 nm の強度で求めている．

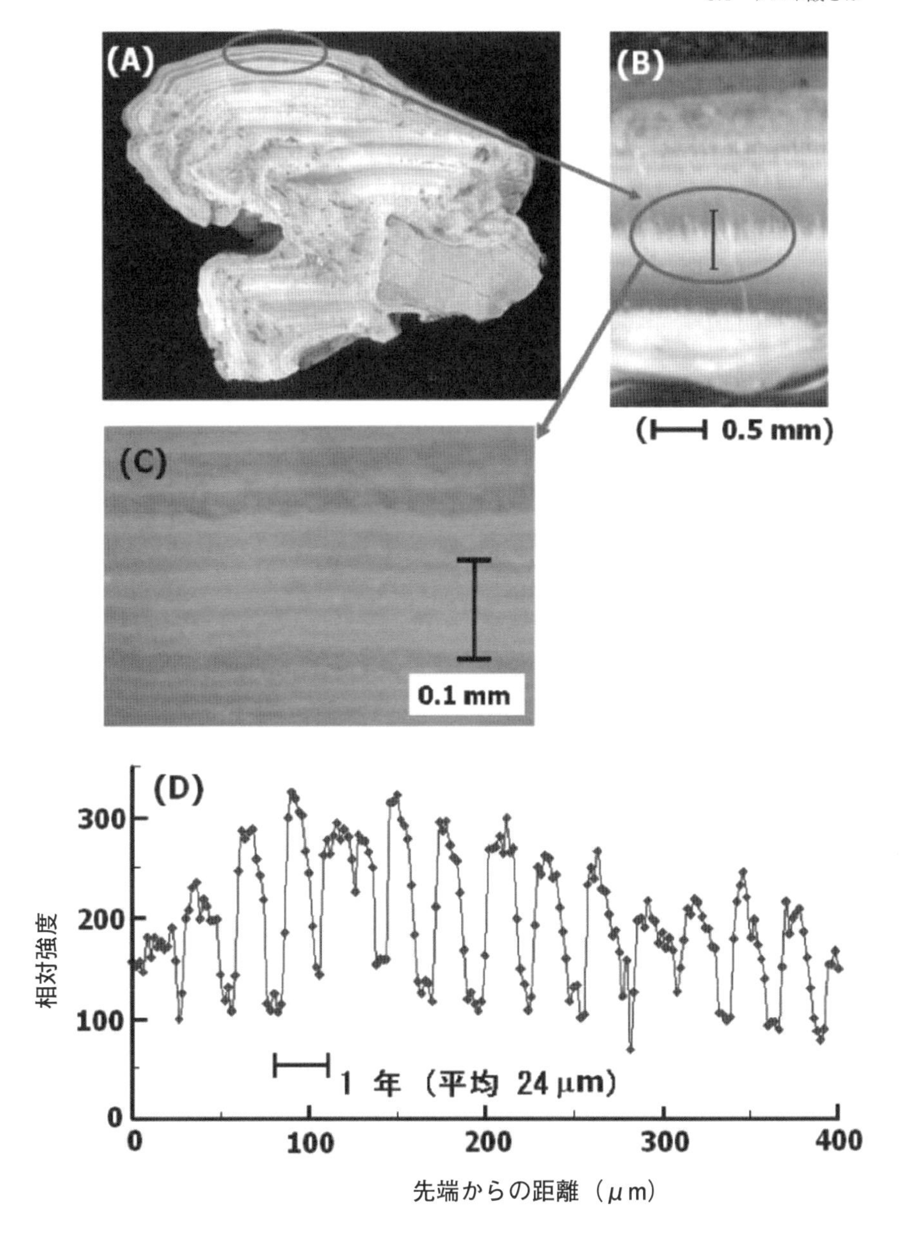

図-3.2　鍾乳洞石筍の蛍光年縞

鍾乳洞の石筍の切断面（A）から薄片（B）として紫外線をあてると，薄黄緑色の縞模様が顕微鏡で観察される（C）．2 μm ずつ試料をずらせながら蛍光強度を求めたのが (D) である．石筍の中のフルボ酸は年縞として観察されている．

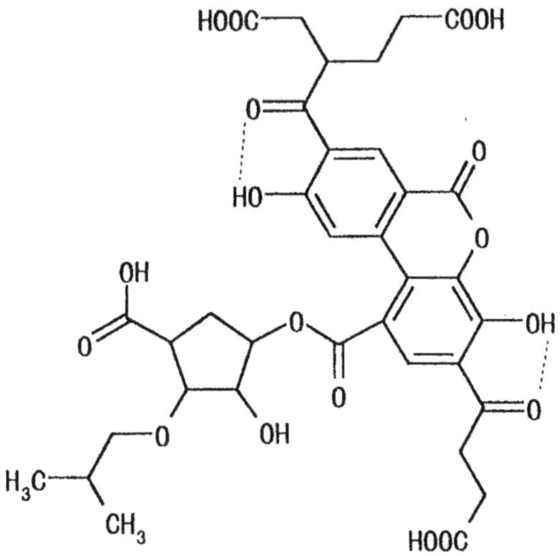

図-3.3　スワニー河川水中のフルボ酸の構造式

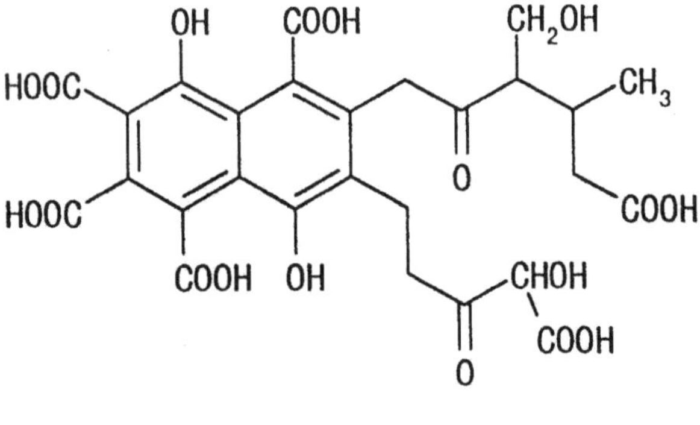

図-3.4　Buffle により提案されたフルボ酸の構造式

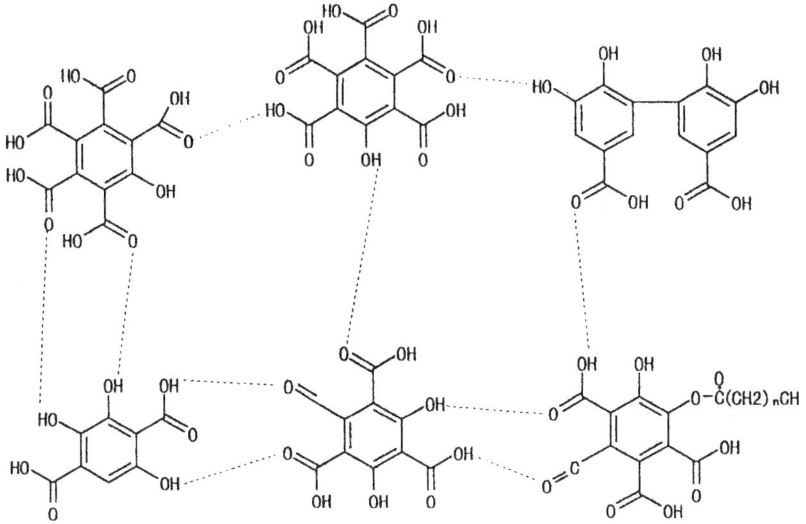

図-3.5　Schnitzer により提案されたフルボ酸の構造式

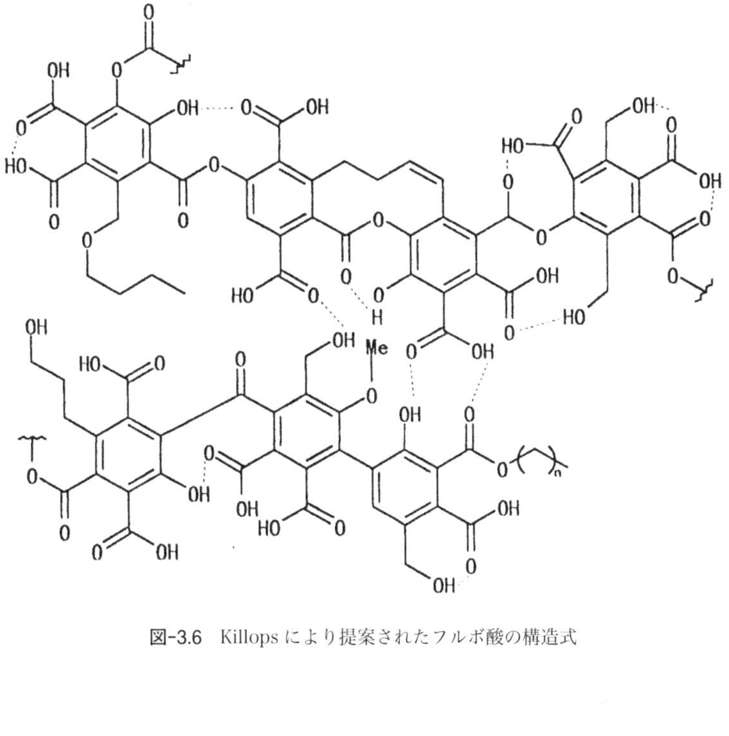

図-3.6　Killops により提案されたフルボ酸の構造式

3.2 フルボ酸はどこから—河川，植物，土壌，樹冠雨，森林

フルボ酸は富士山の山頂にも飛んでくるし，鍾乳洞の石筍にも閉じ込められている．皇居外苑濠でも，そして太陽光線の当たる庭先の水槽にもアオコが発生する．調べてみると，標準フルボ酸と同様な蛍光スペクトルが得られる．皇居外苑濠の2006年7，9，12月と2007年2月の4回にわたる分析結果は**図-3.7**のようにばらついたものになっている．

河川の流れについて調べると，日本の主要河川，ヨーロッパのライン川でも，上流から下流に向けて，フルボ酸の蛍光強度が高くなる．しかし，北アメリカ最大のミシシッピ川では，なぜか上流が高く，中流下流でほぼ同じ強度になっている（**図-3.8**）．蛍光強度とDOCの関係は，3つの河川とも同じ比率である．

筆者はNPO活動の一環として，ドイツの浄水システムからヒントを得て都会における屋上水耕栽培装置（実用新案登録第3180704号）を開発し，東南アジアに

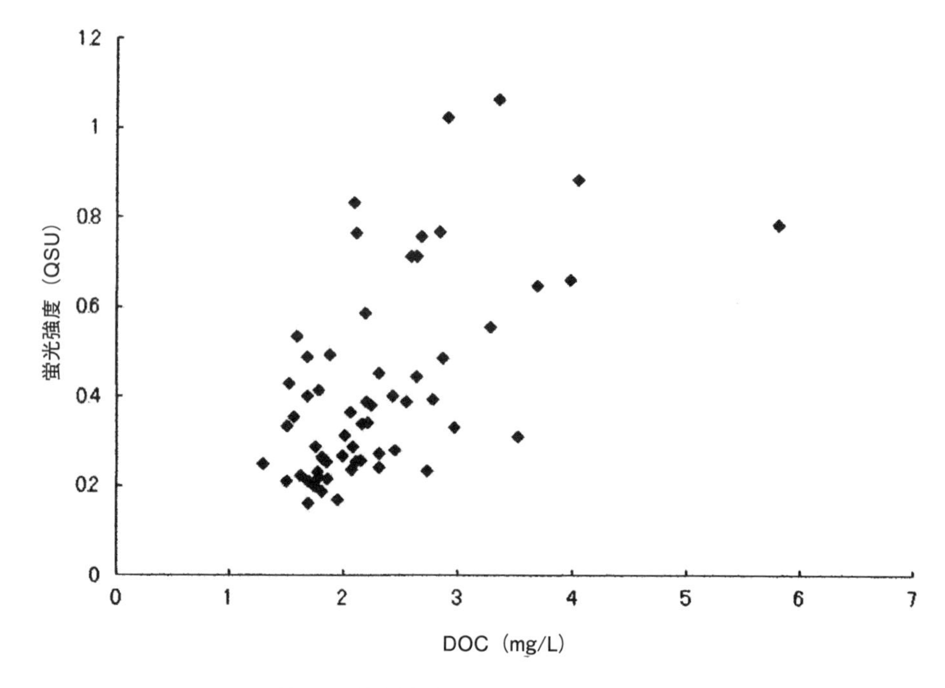

図-3.7 皇居外苑濠水のDOCと蛍光強度の関係

採水場所：弁慶橋，市ヶ谷，飯田橋，牛ヶ淵，清水濠，大手濠，桔梗濠，蛤濠，和田倉濠，馬場先濠，日比谷濠，凱旋濠，桜田濠，半蔵濠，千鳥ヶ淵

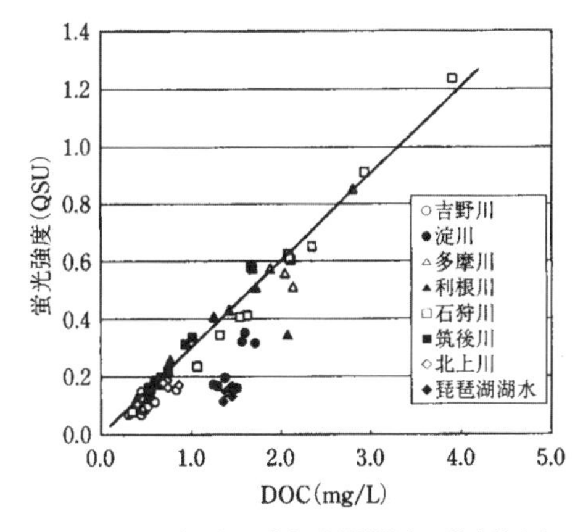

日本の河川水と琵琶湖湖水の蛍光強度とDOCの関係(2001年12月～2004年12月)

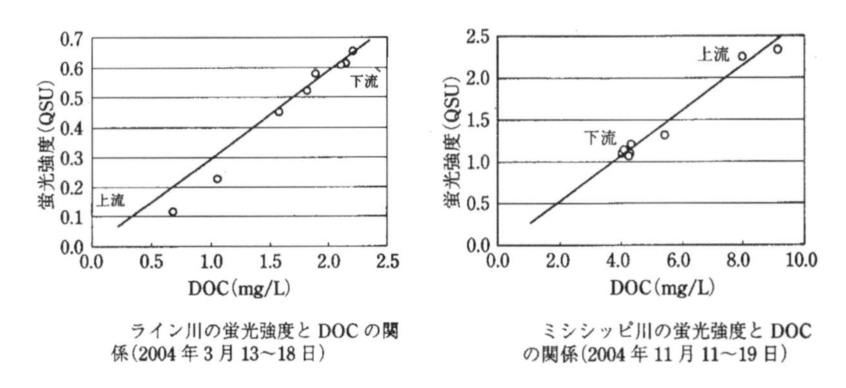

ライン川の蛍光強度とDOCの関係(2004年3月13～18日)

ミシシッピ川の蛍光強度とDOCの関係(2004年11月11～19日)

図-3.8 日本の主要河川水，ヨーロッパのライン川河川水，北米最大のミシシッピ川河川水

自生するエン菜をきず菜®と命名し，無農薬で新鮮夏野菜を大量に栽培している．応援してくれた区役所の担当者が一部を水盆風に試験的に役所内部で卓上栽培していたところ不思議な現象を確認した．

成長に伴って茎の下部にできた葉が枯れると，水面で消化され成長の肥料になってしまうとのことである．葉に含まれる酵素が働き，自分の成長の肥料として無駄なく利用しているのである．肥料の追加もなく冬までに60 cmにも成長したのである．

生鮮野菜として屋上で栽培しているきず菜の収穫残渣も水中で嫌気性の状態に置

くと，酵素反応によってどろどろの粘液となる．この粘液の蛍光スペクトルを求めると，フルボ酸と同様の波長範囲に現れる．腐植，腐敗の前段の現象である．

植物からの溶出物質，枯葉溶出液ときず菜腐植液の蛍光スペクトルを**図-3.9**に示す．琵琶湖湖水から精製された標準フルボ酸のスペクトルも示す．

標準フルボ酸のピーク波長は430 nm，枯葉（蔦）着色水ときず菜腐植液の蛍光スペクトルのピーク波長は440 nmである．これまでに環境水で検出されたフルボ酸とは異なる組成であることがわかった．この着色は枯れ葉からの抽出物質によるものと考えられ，環境水中に一般的に溶存しているフルボ酸は，このような抽出物質が微生物学的に変質したものと考えられる．したがって，蛍光スペクトルのピーク波長が430 nm付近からどの程度外れているかにより，対象試料がフルボ酸の基となる植物由来物質の混入から，どのぐらい経過したものかを把握できる指標となると考えられる．

土壌中のフルボ酸の存在を確かめるため，プラスチックのコニカルチューブ，薬匙により土壌を採取した．土壌から水によって抽出された溶存有機物の蛍光スペク

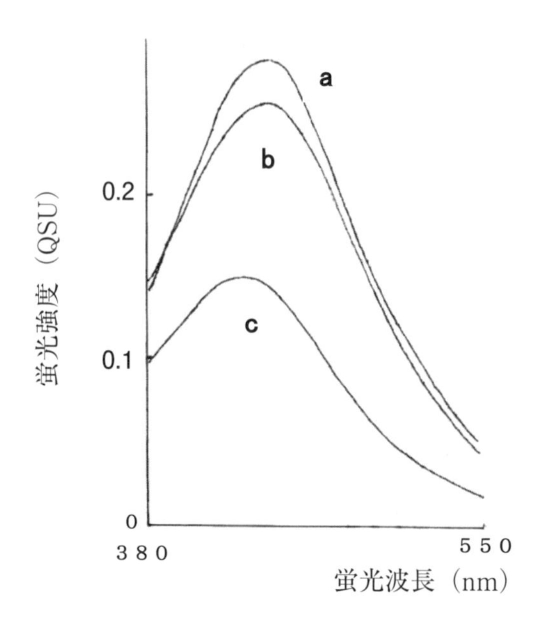

a, 蔦の枯葉　b, きず菜腐植液　c, 琵琶湖水からのフルボ酸（6 mg／L）

図-3.9　植物からの溶出物と標準フルボ酸のスペクトル

トルを測定した．土壌はいろいろな異物を含み，含水率も違い，試験方法を決めなければならない．試料は表面より深さ 1 cm ぐらいの土壌を約 10 cm^3 採取，紙の上に広げ薬匙で塊を潰し，ピンセットで 3 mm 以上の小石，枯葉片，木片，根毛，種，線虫等の異物を除去して土壌を調整した．50 mL のコニカルチューブに Milli-Q 水 40 mL を採り，調整した土壌 8 cm^3 を沈め常温にて 15 日間放置，上澄みを 0.2 μm メンブレンフィルターでろ過し蛍光スペクトルを測定した．蛍光強度の強いものについては Milli-Q 水で 10 倍に希釈し，再度測定して蛍光スペクトルを得た．

東京都の中野区と羽村市小作町の各土壌抽出物の水溶液の蛍光スペクトルを**図-3.10** に示す．蛍光強度の高い試料は Milli-Q 水で 10 倍に希釈し**図-3.11** に示す．

ピーク位置 430 nm の標準フルボ酸と類似したスペクトルが得られる．関東ローム層にはフルボ酸はほとんどなく，大きな樹木の下にはフルボ酸は少ない．関東ローム層は，アサガオの種を植え付けても芽は出ないし，竹の根も張っていかない．いわゆる赤土は母岩であって土壌ではない．畑の土も大きく異なる．すべての試料から検出され，地上はフルボ酸でいっぱいである．どうも土壌との接触で 430 nm へ移動するようである．これらの腐植物は，かな

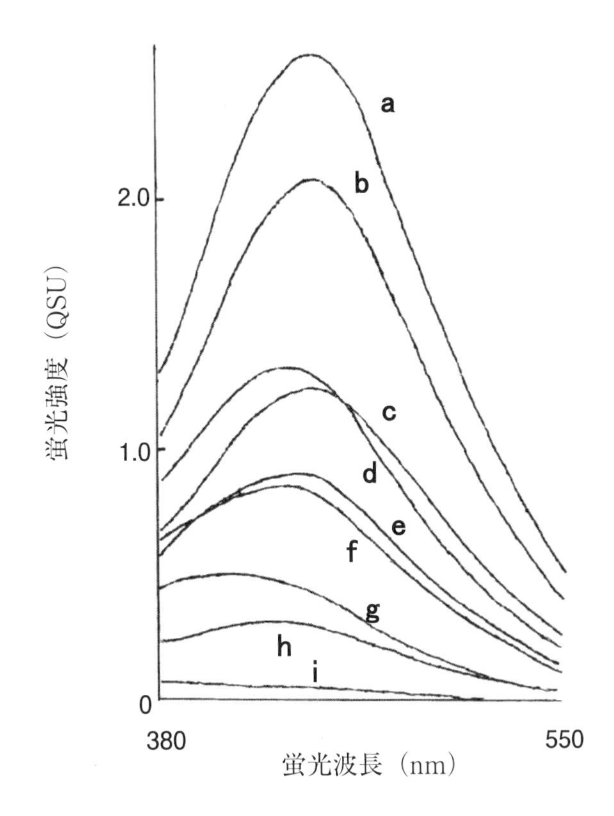

図-3.10　土壌からの抽出物の蛍光スペクトル

a．江古田住宅街土壌-1　b．江古田の森の土壌-1　c．江古田住宅街土壌-2
d．小作台崖下土壌-1　e．丸山塚公園土壌　f．小作町の畑の土壌-1
g．江古田の森の土壌-2　h．しらかば児童公園土壌
i．江古田の森の土壌-3（工事中の関東ローム層）

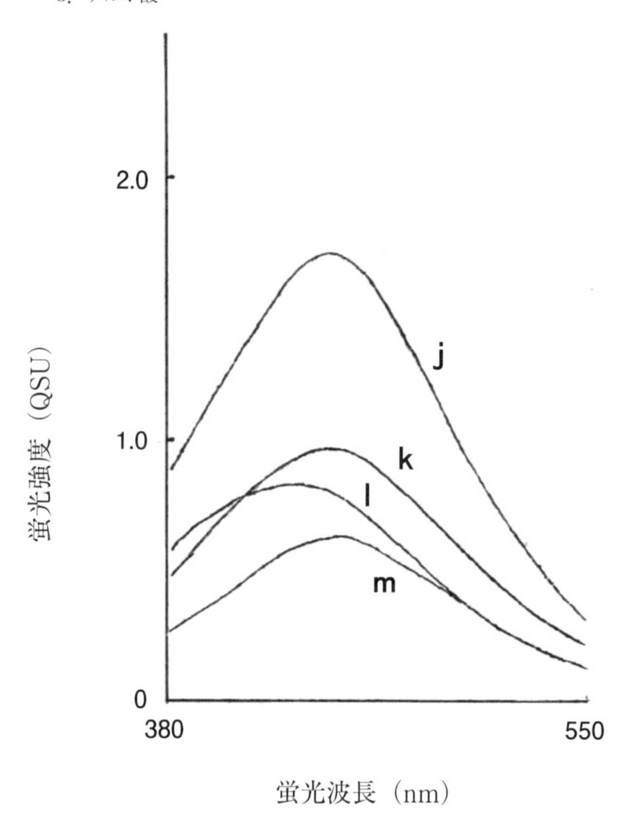

図-3.11　土壌からの抽出物の蛍光スペクトル（10倍希釈）
j. 江古田の森の土壌-4　k. 小作台崖の土壌　l. 小作町の畑の土壌-2
m. 小作台崖下土壌-2

りの吸着性を持って土の表面を降水等で移動しているようである．

なお，世界各地の土壌，泥炭，コンポスト，下水汚泥から分離精製した各種のフミン酸，フルボ酸の励起スペクトルと蛍光スペクトルを調べたSenesiらの報告によると，その由来によって蛍光スペクトルのピーク位置が異なり，フミン酸はフルボ酸より長波長にピークを持つこと，土壌，水中から分離したフルボ酸の蛍光スペクトルは，波長360 nmの励起で，最大蛍光波長は436～465 nm範囲にあることを示している．

3月下旬に晴天が2週間続いた後の降雨時に柑橘系の樹木の幹に伝う樹幹流水を採水し蛍光スペクトルを調べた．試料の採取は，ビニール袋をテープで幹に止め樹幹流水を採取した．

樹冠は太陽光線を直接受け，植物の最も成長しやすい部分であり，ここに降る雨を樹冠雨と呼んでいる．雨が空中のチリやホコリを取り込み樹冠に達し，葉の表面を流れる時に葉から出る各種の物質，枝に付着したチリやホコリも洗い流し，さらに幹に生息する苔類や種々の微生物の代謝分解物も洗い流し，樹幹流となり地上に流れる．蛍光スペクトルを**図-3.12**に示す．ピーク位置も高波長側に二山の重なりとなり443 nmに大きなピークが見られる．土壌採取で大きな木の下でフルボ酸は検出されない理由は，流れが幹に伝わり土壌へ浸み込むためであった．

これは研究であり，探求でもある．自然界にこんなに広く分布し，不飽和二重結合を持ち蛍光を発する有機化合物，それも共役二重結合，植物の葉っぱに含まれる葉緑素等が関係しているのではないだろうか．

ドイツ，ハンブルグの街の樹木は苔で覆われている．歩いていると日本にはない風景，樹木が苔で緑色になっていて不思議な光景になる．光，水分，都市の排気ガスが苔の成長に適しているのである．お茶の水女子大学の構内にも，樹木と建物の位置関係，窓ガラスから常に太陽光線が反射されている樹木の側面には苔が生えている．ガラスで反射された光でも苔の成長に適している．

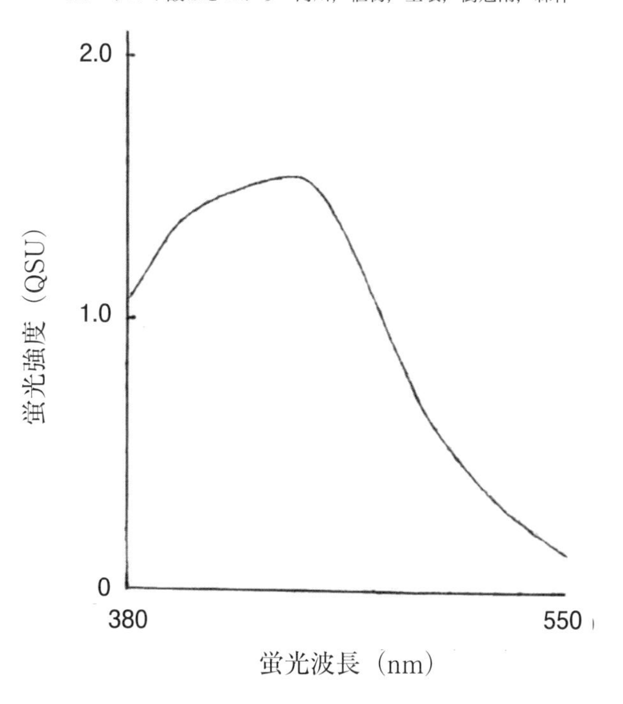

図-3.12　樹幹流の蛍光スペクトル　柑橘類の幹より採取

植物では太陽光線を受け成長に必要なクロロフィルが知られている．その化学構造式を見ても不飽和二重結合，共役二重結合をもちフルボ酸の前駆物質と考えられる．アマゾン川源流部ペルーのマヌ川の河川水は黒褐色に濁って，日本の河川，ライン川とは異なり，森林地帯の影響を強く受けているものと考えられる．

第３章　参考資料

1）前田正男，松尾嘉郎（2009）：土壌の基礎知識，（社）農山漁村文化協会，第 69 刷
2）篠塚則子（1993）：フミン物質と環境，生産研究，45（7）

3）石渡良志（1995）：水中フミン物質への正しい理解を，水環境学会誌，18（4）251
4）藤嶽暢英，山本修一（2004）：腐植物質の分析手法と構造特性の解析，水環境学会誌，27（2）86–91
5）長尾誠也（2000）：腐植物質標準試料の3次元蛍光分析，日本腐植物質研究会，第16回講演会要旨集，pp.27–28
6）吉村和久（2014）：カルストと鍾乳石の科学，化学と工業，67（5）419–421
7）Kousuke Kurisaki and Kazuhisa Yoshimura（2008）：Novel Dating Method for Speleothems with Microscopic Fluorescent Annual Layers,ANALYTICAL SCIENCES JANURY，24pp.93–98
8）U.S. Geological Survey Staff（1989）：Humic Substance in the Suwannee River, Georgia; Interactions, Properties, and Proposed Structures，87–557
9）J.A.E.Buffle（1977）：Les Substances Humiques et leurs Interactions avec les Ions Mineraux，in Conference Proceeding de la Commission Hydrologie Appliguee de l`A.G.H.T.M., l`Universite d`Orsay，pp.3–10
10）M.Schnitzer（1978）：Humic Substances :Chemistry and Reaction，in M. Schnitzer and S.U.Khan, Eds., Soil Organic Matter，Elsevier，New York，pp.1–64
11）S.D.Killokps,V.J.Killops（1993）：Organic Geochemistry，p.97
12）泰千里（2009）：日本一の観測塔，研究拠点としての富士山の可能性：化学と工業，62（8）877–881
13）海賀信好，世良保美，黒川紀章（2007）：皇居外苑濠の水質と景観，日本景観学会誌 KEIKAN，8（1）24–25
14）高橋基之，海賀信好，須藤隆一（2003）：河川水中フルボ酸様有機物の蛍光励起スペクトル解析と評価，水環境学会誌，26（3）153–158
15）海賀信好，世良保美，高橋基之，須藤隆一（2003）：蛍光分析の河川水評価への展開，第11回衛生工学シンポジウム論文集，pp.163–166 北海道大学衛生工学会
16）高橋基之，海賀信好，河村清史（2004）：蛍光分析法による環境水中溶存有機物の計測，水環境学会誌，27（11）721–726
17）高橋基之（2007）：蛍光分光測定法による河川水の溶存有機物の計測と汚濁評価に関する研究，埼玉大学大学院理工学研究科学位論文
18）海賀信好（2008）：オゾンと水処理，25. 日本と世界の河川水，pp.189-202，技報堂出版
19）海賀信好（2014）：水環境を考える．現場からの報告（32）—都会の屋上に植物工場が完成—，産業と環境，43（8）37–38
20）N.Senesi，M.Teodore，M.Provenzano，B.Allard，H.Boren，A,Grimvall（1989）：Lectures Note in Earth Sciences, p.63，Springer–Verlag
21）N.Senesi, M.Teodore, M.Provenzano, G.Brunett（1991）：Soil Sci.152，p.259
22）海賀信好（2009）：水環境を考える．現場からの報告（2）—エルベ川から独立したハン

ブルクの水道—，産業と環境，38（11）51-52
23）藤原英司（1975）：世界の自然を守る，岩波新書
24）渡邉彰，藤嶽暢英，長尾誠也編，日本腐植物質学会監修（2007）：腐植物質分析ハンドブック，標準試料を例にして，三恵社

コラム⑤ 森林流域からの溶存有機物 DOC の流出─西田継先生より

森林流域から河川に流入する水に有機物がどの程度含まれているかは，水環境の研究にとって重要である．

山梨大学工学部は，森林流域からの溶存有機物 DOC の流出量について，山梨県北部の森林の流域面積の異なる 2 地点で長期的な研究をしている．秩父山系の西端に位置し，標高 1,175 ～ 1,555 m を県の南北に流れる塩川の上流部で，植生はミズナラ，シラカバ，カラマツ，モミが優先し，人間活動のない所の基岩は花崗岩である．10 ～ 11 月にかけて落葉期となり，12 月下旬～ 4 月上旬頃までは雪で覆われる．

蛍光強度と DOC は比例関係にある．流量と DOC の変化を追及すると，濁度 70 以上において DOC 値に修正をかけることで精度が上がる．各降雨時における DOC と蛍光強度の経時変化を用いることがよい．

DOC 流出量の代表的な推定方法として流量回帰法がある．蛍光分析を用いた方が高い精度で推定できる可能性があるとのこと．

L-Q 法による DOC 負荷量と蛍光強度による負荷量と蛍光強度による負荷量の比較と題して，流量は，雨量と水位を 10 分間隔で測定し，水位・流量曲線を用いて計算し，蛍光強度と濁度は河川水中に設置した多派長蛍光光度計（JFE 製）により 10 分間隔で測定している．河川水の採水は隔週で，降雨観測中は一時間毎に行ない，DOC なども測定している．

しかし，蛍光強度は，フルボ酸の三次元スペクトルの図から外れたクロロフィル対応の励起波長 375 ～ 590 nm，蛍光波長 640 nm で測定されていた．

蓮見修平，江端一徳，西田継：森林流域における溶存有機炭素の流出負荷量を推定するための回帰モデルの改良，第 51 回環境工学研究フォーラム，山梨大学，2014,12,20

2015 年に蛍光分析用の試料を送付していただいた．試料の履歴は不明であるが，10 試料の蛍光スペクトル分析結果を図に示す．相対蛍光強度が違うが，蛍光強度が高いとピーク波長は 444 nm，低いと 442 nm となり，平均 443 nm ぐらいで，ほとんど同じスペクトルパターンである．土壌等との接触も少なく鋭いピークを示している．フルボ酸の波長を用いればより精度が上がることを提案できる．

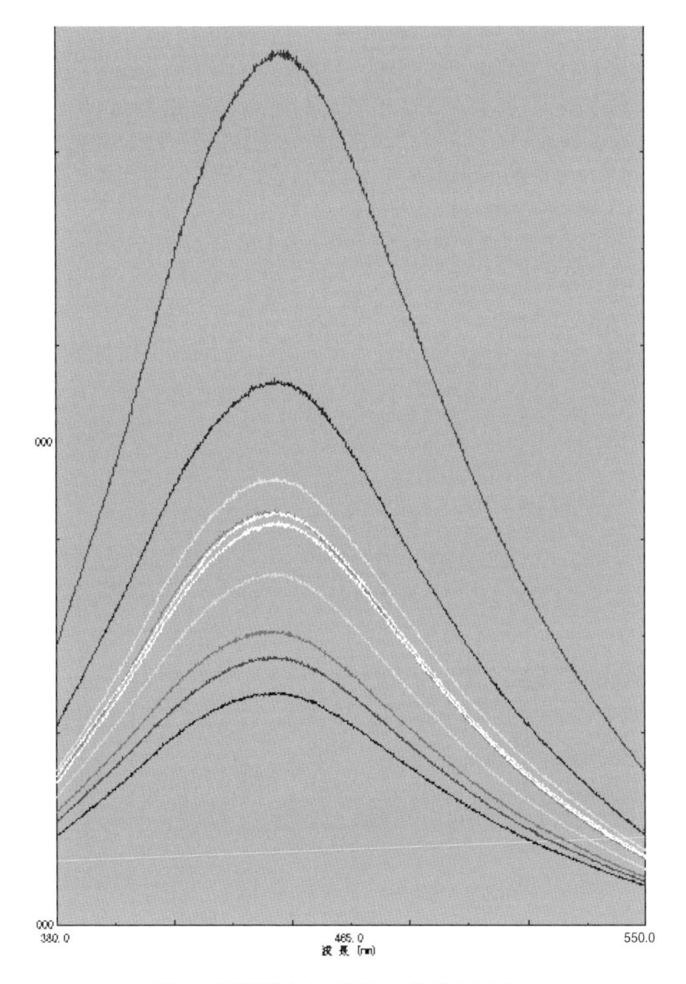

図-1　森林流域からの流出水の蛍光スペクトル

コラム⑥　山岳森林域からの炭素流出―山田俊郎先生より

北大にて開催された第 23 回衛生工学シンポジウムにて岐阜大学の山田先生が「山岳森林域からの炭素流出」と題しての発表を行った．岐阜県の山岳の森林から炭素がどの程度流出しているのかを，小枝，落ち葉，濁質，溶存性有機物に分けて調査している．

森林からの流出水を蛍光分析のため少量，試料として送っていただいた．試料は，上流から下流に向けて 1 ～ 4 で，採水日は 2015 年 11 月 5 日～ 2016 年 1 月 7 日，メンブレン GF ／ B ろ過後の DOC（mg/L）は 0.267，0.252，0.268，0.218 である．蛍光スペクトルは，市販のボトル水エビアンと比較のうえ図に示す．DOC と蛍光強度は比例しないが，ピーク波長は 433 nm から 437 nm へ移動し，一般の河川水と同様なスペクトル変化であり，土壌からの各種のフルボ酸も混合しているものと考えられる．

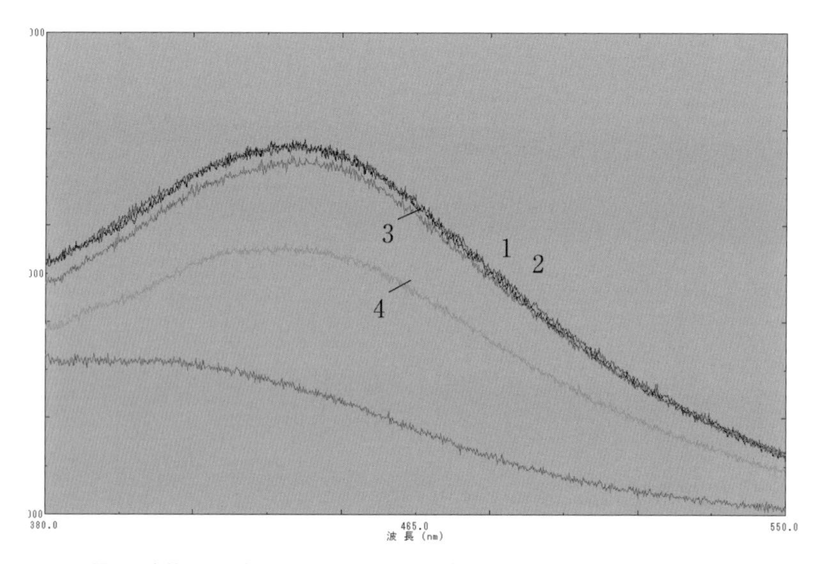

図-1　森林からの流出水の蛍光スペクトル（市販のボトル水エビアンとの比較）

山田俊郎：山岳森林域からの炭素流出，第 23 回衛生工学シンポジウム，北海道大学，2015.11.12

4. 全国の河川—蛍光分析でわかること

4.1　江戸川，多摩川，大淀川，相模川，柿田川

4.1.1　江戸川

(1)　河川水の採水と分析

東京都の水道水源となっている江戸川河川水を千葉県松戸市側より約1月間，毎日午後2時以後に採水し，ポリエチレン容器で大学の研究室に持ち帰り，その日のうちにろ紙（孔径1 μm）で吸引ろ過した．一部はメンブレンフィルター（孔径0.45 μm）でろ過した．それぞれろ過水は冷暗所に保管した．

蛍光強度は日立製作所製MFP-4型分光蛍光光度計で測定した．セルは4面透明石英10 mmセルで，励起波長345 nmの蛍光スペクトルと蛍光波長425 nmの励起スペクトルを求めた．相対強度は，50 μg／Lの硫酸キニーネ0.1 N硫酸溶液を基準とし，同一の励起波長，蛍光波長における蛍光強度を100とした．

紫外吸収スペクトルの測定は島津製作所製UV-2101PC型紫外可視分光光度計を用いた．石英10 mmセルを用い，紫外吸収スペクトルと吸光度を測定した．

(2) 河川水中の溶存有機物の確認

江戸川の河川水は，降雨，天候等の影響を受けて水質は変化していた．蛍光強度と吸光度の変化を1 μmと0.45 μmのろ過水を比較し**図-4.1**に示す．(a) は波長425nmでの蛍光強度，(b) は波長260nmでの吸光度である．

これら河川水に含まれる溶存有機物質は，河川流域の森林，田畑，底泥から土壌腐植物質のフミン酸，フルボ酸が溶出しているものと考えられる．この試料を国際腐植物質学会のフルボ酸精製法（神戸大学，藤嶽研究室の協力を得て）で調べたところ，98％がXAD-8とXAD-4樹脂カラムに吸着され，溶存有機物はフルボ酸と確認された．

(3) 濁質の影響

濁質の影響評価では，1 μmと0.45 μmのろ過水の蛍光強度および0.45 μmのろ過水の吸光度は約1ヶ月間ほぼ同様に変動しているが，8月後半の降雨後に1 μmのろ過水の吸光度が大きな値を示した．大雨により高濁度の河川水となり，ろ紙を通過した微粒子の散乱によるものと考えられる．1 μmのろ過水に赤色のレーザー光線を横から当てるとチンダル現象でコロイドの存在がはっきりと観察され，蛍光強度の方が濁質の影響を受けにくいことが示された．

(4) 紫外吸収スペクトルと蛍光強度測定との比較

0.45 μmのろ過水の代表的な6日分の試料の紫外吸収スペクトルを**図-4.2**に示

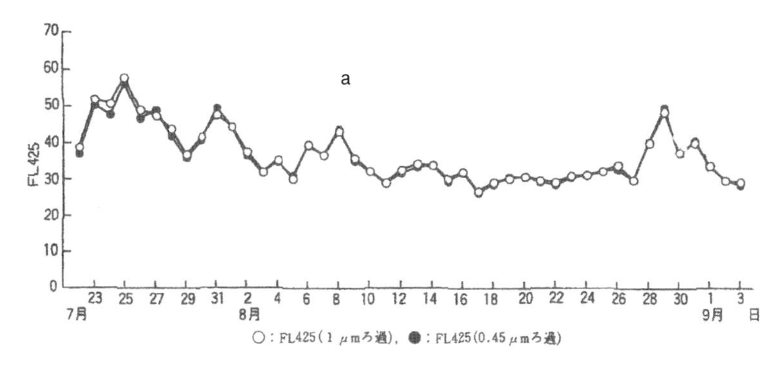

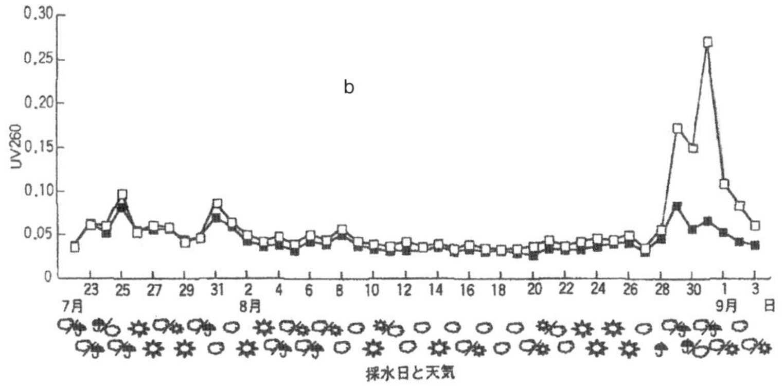

図-4.1　江戸川河川水の蛍光強度と吸光度の変化（1998 年 7 ～ 9 月）

す．

波長 260nm から長波長になるに従い吸光度は小さくなり，特別な吸収ピークは確認されなかった．このことから河川水中に特定な吸収物質が多量には存在しないことがわかった．吸光度を用いて河川水中の溶存有機物を測定する場合，**図-4.2** の紫外吸収スペクトルが示すとおり，蛍光分析の励起波長に相当する UV345 より短波長の UV260 は吸収が大きく，同一波長の光透過性による吸光度測定では比較的高い感度で測定できる．

しかし，10 mm セルの測定では，河川水の吸光度は 0.03 程度，浄化された水道水の吸光度はさらに低く 0.02 前後の値となる．ランバート・ベールの法則の誤差関数であるトワイマン・ローシャンの曲線に基づいて誤差を見積もると，吸光度 0.02 では約 20 % となる．このように吸光度の低い試料では信頼性は低く，十分な吸光度を得るには光路の長いセルを必要とする．しかし，試料の容量が多くなるため濁質による散乱を十分考慮に入れなくてはならない．

一方，蛍光分析は異なる波長を用い，スペクトルの吸収は小さくとも，波長 345 nm の入射光で励起させ，長波長の可視部波長 425 nm の蛍光を測定するため誤差が少なくなる．また，測定系の光散乱（レイリー散乱）等は波長の 4 乗に反比例するため，使用長波は長波長の方が良くなり，それだけ高い感度で測定ができる．蛍光分析は 10 mm セルを用いても，その相対蛍光強度には直線性があり，浄化された試料の分析に適している．

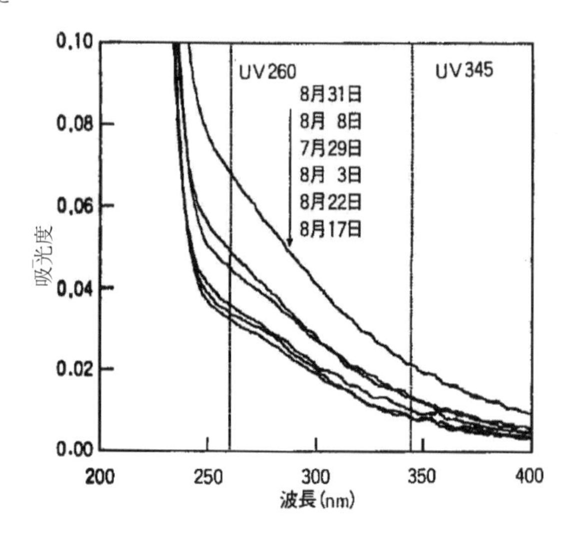

図-4.2　江戸川河川水の紫外吸収スペクトル

4.1.2　多摩川

(1)　蛍光分析のデータ

筆者をはじめとする研究者たちは，高感度の蛍光分析，高速液体クロマトグラフィー（HPLC）を駆使し，河川水を評価してきている．

本項では，東京都と神奈川県の境を流れる多摩川における流入水である下水処理放流水のオゾン処理を前提に，蛍光強度，励起スペクトル，蛍光スペクトル，クロマトグラムの変化を示している．

多摩川は東京の水道水源である．奥多摩湖からの流れは羽村堰でほぼ全量取水され，河川維持のため上流から下流にかけて最少 2 m^3／s の放流を行っている．羽村堰後の流れには，都市河川の支流からの流入，さらに都市の下排水，排水樋管，下水処理場等から多くの排水が流入し BOD を増加させている．多摩川へ処理水を放流する下水処理場は現在全 6 箇所である．

a.　測定方法

試料は採水地点の流心からポリビンで約 200 mL を採水し，研究室に持ち帰り，直ちに 0.45 μm のメンブレンフィルターでろ過し，冷蔵保管した．オゾン処理に用いる試料は，採水した河川水を同様にフィルターでろ過後，冷蔵保管した．四面石英 10 mm セルに試料を入れ，励起波長 345 nm の蛍光スペクトルと蛍光波長 425 nm の励起スペクトルを求めた．

HPLC は TSKgel-G3000SWXL（東ソー製）の水系ゲルろ過充填カラムを使用し，励起波長 345 nm，蛍光波長 425 nm で検出した．溶離液は 0.2 mol の硫酸ナトリウム溶液を 0.5 mL／min で流し，試料注入量は 0.1 mL とした．カラムの使用においては初期に標準フルボ酸溶液を流し，クロマトグラムを比較できるよう任意のスケールを設定した．

オゾン処理は，オゾン酸化ビンにろ過した河川水 100 mL を入れて必要なオゾン化ガスを添加し，直ちに 10 min 振とうして反応させた．オゾン添加量が 0.1 ～ 4 mg／L になるようオゾン濃度 20 mg／L の酸素原料オゾン化ガスを用いた．反応はすべて常温で行った．

b.　蛍光強度変化

地点（**図-4.3**）から 1996 年に 4 回，1997 年に 3 回採水した．上流から下流に向けての励起スペクトル，蛍光スペクトルを**図-4.4** に示す．奥多摩，和田橋，羽村大橋，睦橋，拝島橋の試料には溶存有機物とは無関係なラマン散乱が励起スペクトル 370 nm，蛍光スペクトル 400 nm 付近に鋭いピークが認められる．日野橋から下流の試料には溶存有機物からの強いスペクトルが出現し，ラマン散乱は認められない．励起スペクトルは 332 ～ 346 nm に，蛍光スペクトルは 432 ～ 440 nm

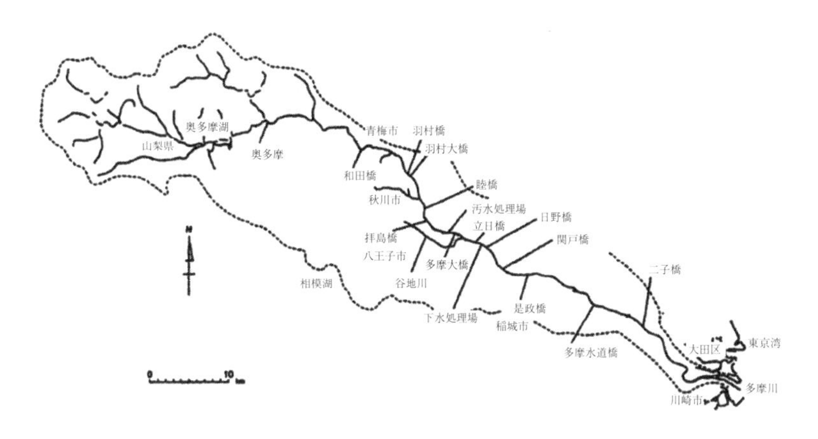

図-4.3　多摩川河川水採水地点

に極大値を持つことが確認できる．標準フルボ酸を蒸留水に溶解した溶液の励起スペクトル，蛍光スペクトルを**図-4.5**に示す．励起スペクトルは短波長の321 nm，蛍光スペクトルは長波長の451 nmに極大値を持っている．これまでの河川水，浄水処理工程水，水道水の蛍光分析では，励起スペクトルでは345 nm，蛍光スペクトルでは425 nm付近に極大値を持っている．フルボ酸濃度と蛍光波長425 nmの強度の検量線を作成すると，蛍光強度からフルボ酸濃度を求められる．

励起スペクトル，蛍光スペクトルは，標準フルボ酸と比較すると，極大の位置は多少移動する．フルボ酸は発生源によって様々に存在し混合しているが，蛍光発現性物質はフルボ酸を主体としている．

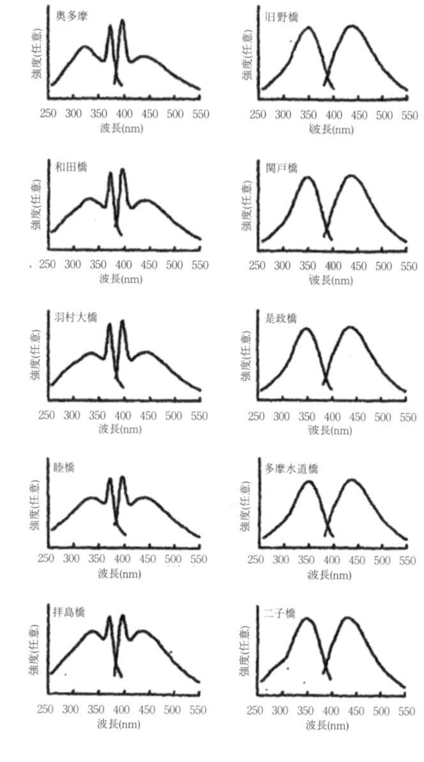

図-4.4 多摩川河川水の励起蛍光スペクトル

1996年の採水試料の相対蛍光強度変化を**図-4.6**に示す．採水日に関係なく，拝島橋～日野橋間では，急激な蛍光強度の上昇が確認できる．原因としては，流入支流の影響，下水処理場からの放流水の影響が大きい．立日橋の採水試料も加えた1997年測定の結果を**図-4.7**に示す．奥多摩～拝島橋までと，それ以後の採水地点では水質に大きな違いがあることが判明した．

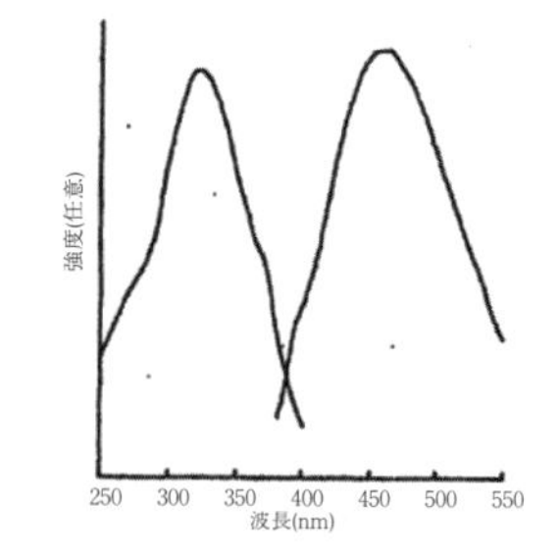

図-4.5 標準フルボ酸溶液の励起スペクトル，蛍光スペクトル

東京都，建設省（現国土交通省）による多摩川の流量と水質データの1996年度平均値を**表-4.1**に，1997年度平均値を**表-4.2**に示す．BODで決められる環境基準の河川類型では，拝島橋はA，その他はCで，BOD値，COD値から水質の違いを判定できる．また，蛍光強度測定結果がこれらの違いを明確に示している．

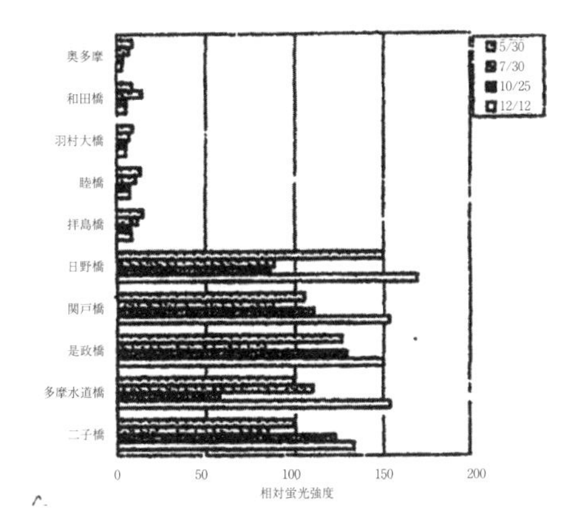

図-4.6　各採水地点における蛍光強度の変化(1996 年)

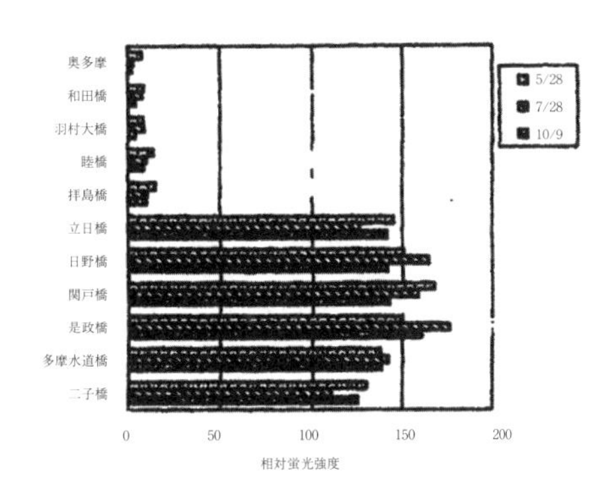

図-4.7　各採水地点における蛍光強度の変化(1997 年)

表-4.1　多摩川の流量と水質データ（1996 年）

場　所	河川類型	流　量 (m³/s)	水　温 (℃)	pH	BOD (mg/ℓ)	COD (mg/ℓ)
拝島橋	A	2.78	14.4	8.1	0.9	2.3
日野橋	C	3.96	16.7	7.7	3.3	6.1
関戸橋	C	7.14	17.3	7.6	3.9	5.9
是政橋	C	8.06	17.7	7.6	3.9	6.2
多摩水道橋	C	9.87	17.6	7.3	5.3	7.6

表-4.2　多摩川の流量と水質データ（1997 年）

場　所	河川類型	流　量 (m³/s)	水　温 (℃)	pH	BOD (mg/ℓ)	COD (mg/ℓ)
拝島橋	A	4.96	15.6	8.1	1.0	1.7
日野橋	C	5.97	17.2	7.8	1.8	4.1
関戸橋	C	9.47	18.5	7.6	2.3	4.3
是政橋	C	10.65	18.8	7.7	2.1	4.6
多摩水道橋	C	13.32	18.8	7.5	2.6	5.7

c. 下水処理水のスペクトル

拝島橋～日野橋間において蛍光強度の増加が見られたため，区間を細分化して採水し，立日橋付近で流入する谷地川，拝島橋～多摩大橋間で流入する下水処理水，立日橋～日野橋間で流入する下水処理水について蛍光測定を行った．その結果，多摩川では谷地川の合流以前に蛍光強度が大きく，水量の少ない谷地川が本流の蛍光強度を急激に上昇させるほどの汚染源とは考えられない．拝島橋～日野橋間の蛍光強度変化を**図-4.8** に示す．2 箇所の下水処理水の相対蛍光強度はいずれも 300 を超えており，非常に高濃度の蛍光強度を与える物質が混入していることがわかる．また，**図-4.9** に示すように励起スペクトル，蛍光スペクトルの比較を行った結果，拝島橋では励起波長 335 nm，蛍光波長 438 nm であるのに対して，日野橋以降の下流では励起波長 343 ～ 346 nm，蛍光波長 432 ～ 434 nm に移動している．下水処理水の流入が明らかに水質変化をもたらしている．蛍光強度を著しく増加させる物質に季節変化はなく，ほぼ年間を通じてかなりの量が放流されている．

採水地点における試料の HPLC クロマトグラムを比較すると，日野橋を境に変

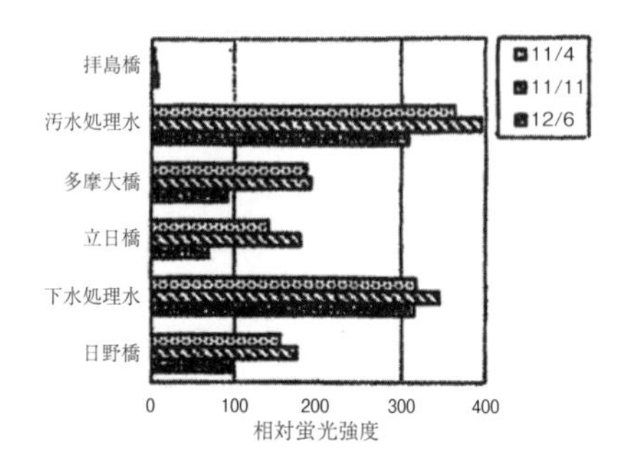

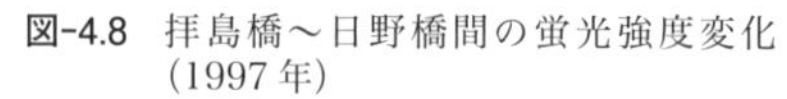

図-4.8　拝島橋～日野橋間の蛍光強度変化（1997 年）

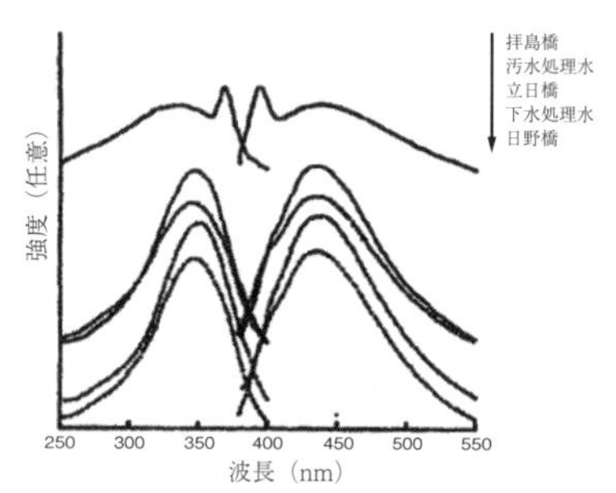

図-4.9　拝島橋～日野橋間の励起スペクトル，蛍光スペクトル（1997 年）

化が大きく，とりわけ相対蛍光強度が著しく増大している（**図-4.10**）．拝島橋では検出されていない 23.5，25，27 min 付近のピークが立日橋，日野橋では出現していた．この 3 つのピークは下水処理水にも観察されており，この処理水の混入が水質を大きく変化させていたことがわかる．蛍光強度測定と HPLC 測定を組み合わせることで，河川水中の特定溶存有機物の流入部を推定することも可能となった．

d.　下水処理水のオゾン処理効果

多摩川の水中蛍光発現性物質のフルボ酸は，下水処理水が高い発生源となっている．そこで，下水処理水のオゾン処理を行い，蛍光強度変化，HPLC クロマトグラム変化を調べた．

オゾン処理における蛍光強度変化を**図-4.11** に示す．オゾン添加量 0.1 ～ 0.2 mg／L の時に大きな減少が認められ，0.4 ～ 0.6 mg／L では減少量は少なくなる．添加量が 4 mg／L まで蛍光を減少させていることがわかる．オゾン処理の効果は大きく，溶存有機物の不飽和結合の酸化分解にオゾンが関わり，現象的には着色排水のオゾン脱色と同じ化学反応によるものと考えられ，結果として消光される．通常の脱色と比較すると消光の方が早く起きている．

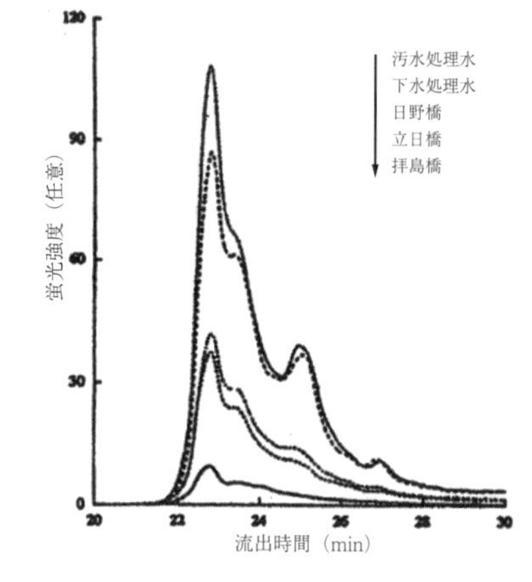

図-4.10　各採水地点におけるクロマトグラムの変化

オゾン処理に伴う励起スペクトル，蛍光ス

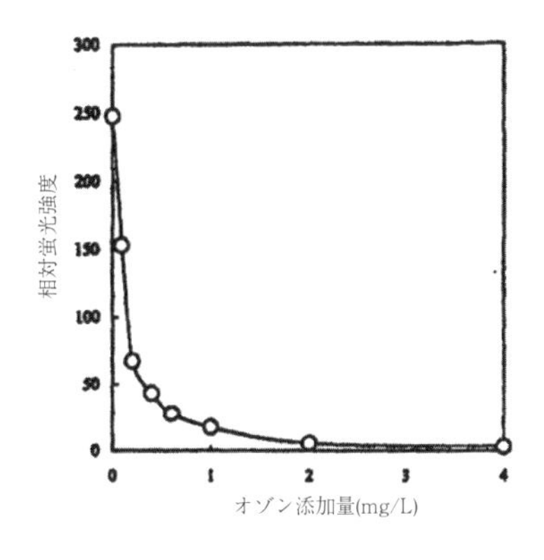

図-4.11　下水処理水のオゾン処理による蛍光強度変化

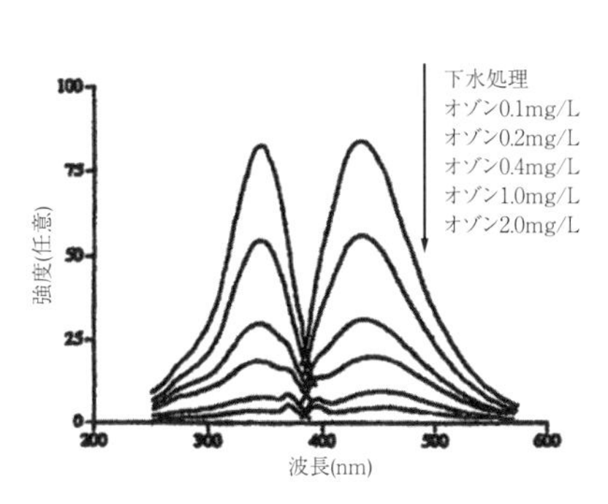

図-4.12　下水処理水のオゾン処理による励起スペクトル，蛍光スペクトルの変化

ペクトルの変化を**図-4.12**に示す．下水処理水の励起スペクトル，蛍光スペクトルはオゾンとの反応によって確実に減少し，オゾン添加量1.0 mg／Lでは，水質のきれいな試料に認められたラマン散乱が観察され，蛍光発現性物質に関しては上流域の自然の河川水と同様と判断できる．

オゾン処理によるHPLCクロマトグラムの変化を**図-4.13**に示す．物質同定は行っていないが，下水処理水に含まれる27～28 minの比較的低分子量の物質，あるいはカラム吸着性の高い溶存有機物がオゾン酸化を受けて25 minのピーク減少と共に消失した，最大のピークの肩に現れていた23.5 minのピークもなくなり，オゾン添加量2.0 mg／Lでは拝島橋の試料とほぼ同じクロマトグラムとなっている．下水処理水には，人為的なフルボ酸以外に洗剤の蛍光増白剤が多く含まれていることが知られている．オゾン処理により酸化され，蛍光発現性，発色性が失われる．生物難分解性有機物がアルデヒド，カルボン酸，ケトン等の生物分解性の物質に変換し，生物処理等との組合せにより水質そのものを浄化することができる．オゾン酸化は，溶存有機物の酸化除去を促進するので，下水処理工程への導入も期待される．

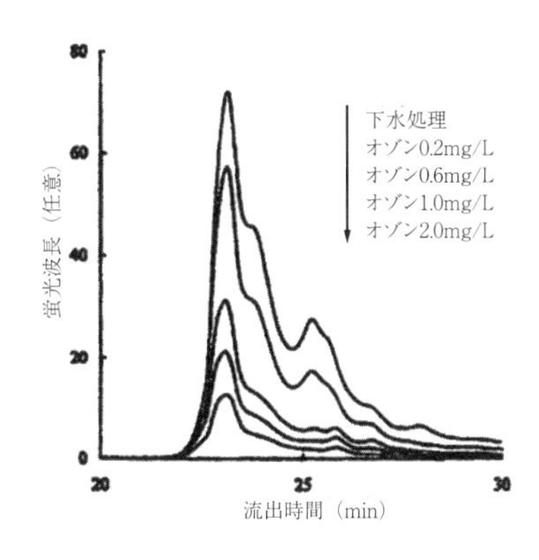

図-4.13　下水処理水のオゾン処理によるクロマトグラム変化

e. 考察

公共域用水の水質分析はBOD値，COD値で行われ，主に溶存有機物を酸化した際の必要酸素量で表示される．時間と手間がかかり，時々刻々と変化する水質をリアルタイムで監視できない．水質監視の立場から溶存有機物の変動全体を短時間に把握する方法が必要である．蛍光分析では，環境水に幅広く含まれるフルボ酸の存在に着目し，多摩川の上流から下流に向けての水質変化を迅速に少量で高感度に測定できることを示している．蛍光強度の変化は，環境基準の河川類型AとCを区分するBOD値，COD値の測定値に対応し，蛍光分析の有効性を示している．また，下水処理水に対するオゾン酸化の効果は著しく，その蛍光発現性を大きく減少させる．

現場設置用の無試薬，無接触の連続測定可能な蛍光分析装置が開発され，環境水にも利用できるようになっている．今後，フルボ酸に着目した環境水の分析が各地で展開されることに期待する．

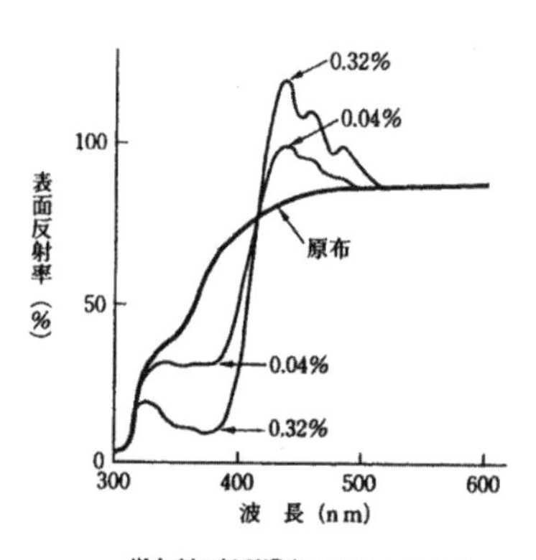

図-4.14 原布と蛍光増白処理布の反射スペクトル

(2) 蛍光増白剤の影響

家庭からの洗濯排水には，家庭用洗剤の蛍光増白剤（Fluorescente whitening agents：FWA）が含まれている．蛍光増白剤は，太陽光線の紫外部の光を吸収し，長波長の可視部へ光を放出し，**図-4.14**のように見た目に白くなったと感じさせる合成化学品である．

神奈川県による河川水および河川底泥に残留するFWA調査において，COD値および紫外吸光度より蛍光分析が高感度，微量測定が可能であるとして，神奈川県の境川，鶴見川，多摩川を観察している．**図-4.15**に励起スペクトル，蛍光スペクトルを示す．薄層クロマトグラフ，高速液体クロマトグラ

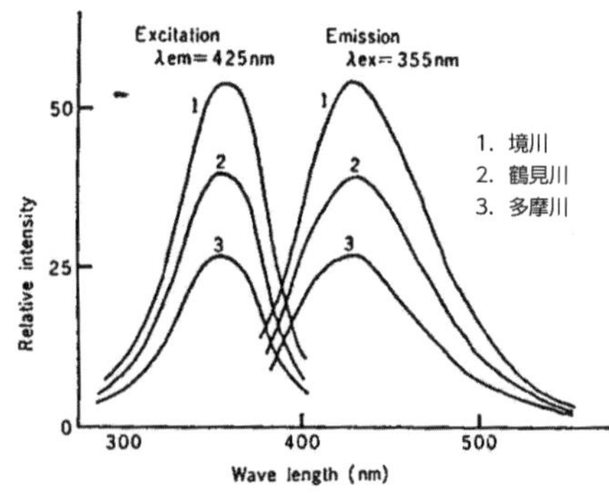

図-4.15 河川水の励起スペクトル，蛍光スペクトル（励起波長λ em 425nm/蛍光波長λ em 355nm）

フを用い，6種類のFWAから，試料から検出されたFWAは合成洗剤に用いられている2種類と確認されている．

多摩川の全採水地点を拝島橋から下流に向けて日野橋，是政橋，多摩水道橋，二子橋で2001年12月26日の晴天時に採水した．その水質データを**図-4.16**に示す．是政橋で高い値となっている．

a. 分析方法，試料

分析項目は次のとおりである．原水は色度，濁度，全リン，全窒素について環境水の分析手法で，ろ過水は蛍光スペクトルと励起スペクトルの分析，溶存有機炭素(DOC) 測定，イオンクロマトグラフィー測定で行った．

標準試料は，自然由来溶存有機物として標準フルボ酸，FWAの標準物質としてジスチリルビフェニル系の4.4`-bis (2-sulfostyryl) biphenyl (DSBP) を使用した．

河川水および増白剤を含む洗剤を添加した溶液，標準フルボ酸溶液等をビーカーに入れ，ラップをして太陽光線下に曝した．フルボ酸自体も多少光分解を起こしているが，1～2時間で蛍光強度の低下は明らかで，洗剤中のFWAの存在が確認できた（**図-4.17**）．

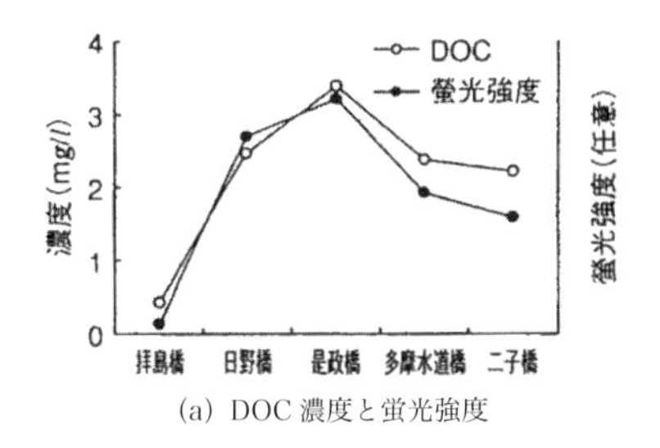

(a) DOC濃度と蛍光強度

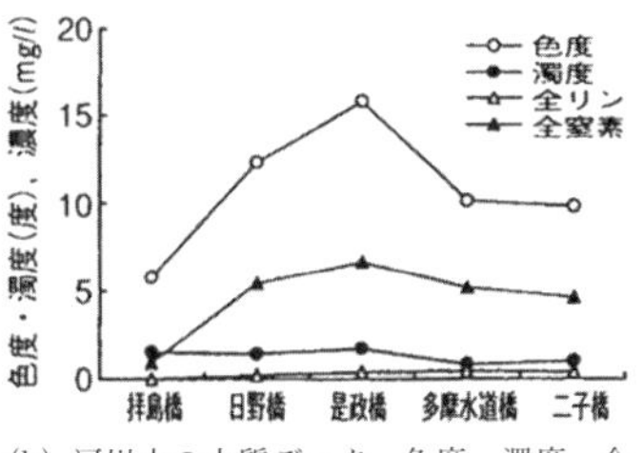

(b) 河川水の水質データ　色度，濁度，全リン，全窒素

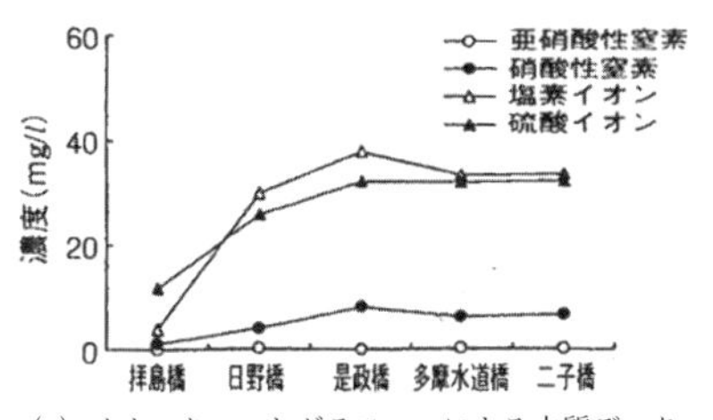

(c) イオンクロマトグラフィーによる水質データ　亜硝酸性窒素，硝酸性窒素，塩化物イオン，硫酸イオン

図-4.16　拝島橋～二子橋の水質データ

蛍光分析装置の補正を行い，励起スペクトルに注目しスペクトル解析を行い，FWAの共存する試料からスペクトル的に分離する方式を採用した．

上流～下流，標準フルボ酸，洗剤Aの励起スペクトル，蛍光スペクトルを**図-4.18**に示す．励起スペクトルに大きな差が認められる．洗剤も測定してみたところA, B, Cの3社にDSBPが認められた（**図-4.19**）．

太陽光線に4時間曝した試料のスペクトル変化を**図-4.20**に示す．

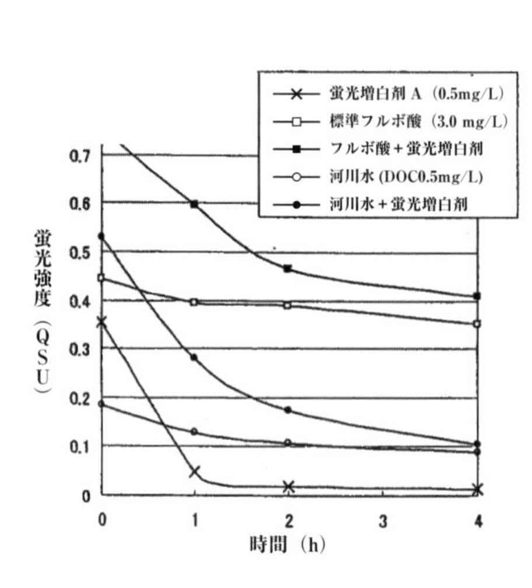

図-4.17 太陽光照射による蛍光強度の変化（λ_{ex}345 nm ／ λ_{em}430 nm）

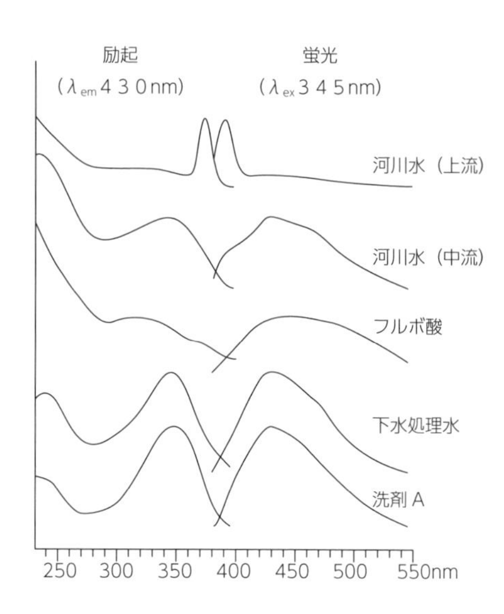

図-4.18 河川水と比較試料の補正した励起スペクトルと蛍光スペクトル

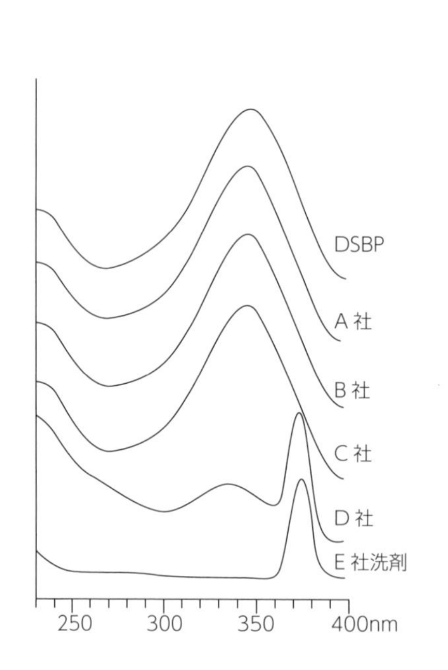

図-4.19 蛍光波長λ_{em}430 nm における洗剤と DSBP の励起スペクトル

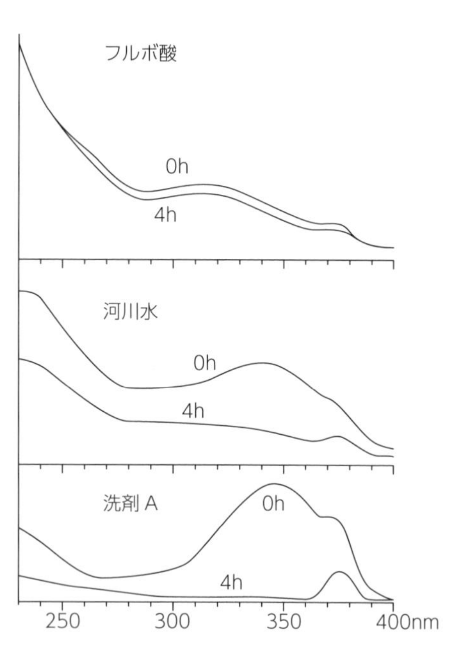

図-4.20 4時間太陽光照射の前後のλ_{em}430 nm における励起スペクトルの変化

b. 実験結果

太陽光照射によりFWAを分解し，その後のスペクトルからフルボ酸の蛍光を求めることができた．しかし，**図-4.17，4.20**で示したように対照試料のフルボ酸もわずかに蛍光強度が減少したため，河川水においても同様にフルボ酸由来の蛍光強度の減少が懸念された．溶存有機物やフルボ酸は光分解しヒドロキシラジカルを生成することが確かめられており，FWAのみを選択的に光分解することは困難と考えられる．そこでFWAによるピークが確認できる430 nmにおける励起スペクトルの解析により，フルボ酸とFWAのスペクトル分離を試みた．

DSBP標準溶液の励起スペクトルを**図-4.21（a）**に示す．解析ではDSBPのピーク345 nmとフルボ酸のピーク320 nmおよびラマン散乱の影響を受けない360 nmの蛍光強度を対象とした．各波長とも両項目は正比例しており，345 nmと320 nmおよび345 nmと360 nmの蛍光強度差（a，b）も同様に比例することから，その比は濃度に依存せず一定（α）となる．

$$\frac{\text{F.I.}\ (\lambda_{ex}\,345\ \text{nm}) - \text{F.I.}\ (\lambda_{ex}\,360\ \text{nm})}{\text{F.I.}\ (\lambda_{ex}\,345\ \text{nm}) - \text{F.I.}\ (\lambda_{ex}\,320\ \text{nm})} = \frac{b}{a} = \alpha\ (\text{一定})$$

図-4.21（b）にはFWAを含む河川水の励起スペクトルの実線を，また，この試料に含まれるフルボ酸のスペクトルを**図-4.20**の光照射試験結果を基に想定して破

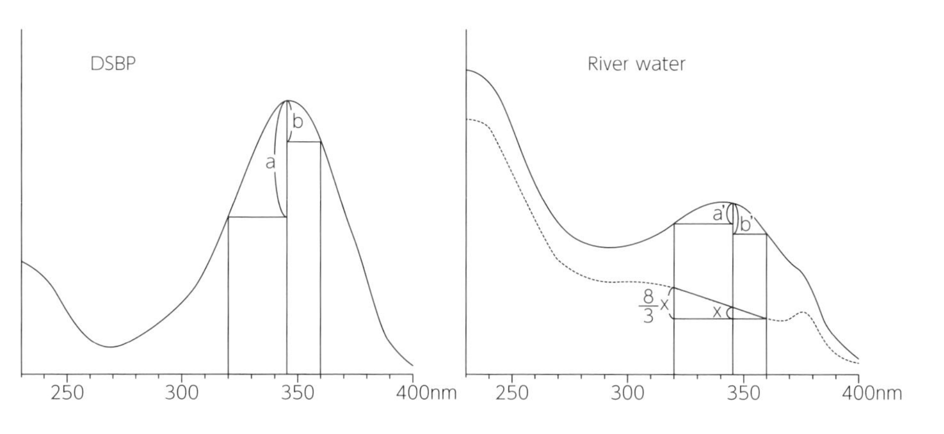

(a) DSBP標準溶液の励起スペクトル　(b) FWAを含む河川水の励起スペクトル

図-4.21　DSBP標準溶液とFWAを含む河川水の励起スペクトル解析

線で示した．この実線と破線の差がFWAによる蛍光に相当しており，各波長のそれぞれの蛍光強度は加成性が成り立つものと仮定した．破線のフルボ酸のスペクトルは320 nmから360 nmまでほぼ直線的に蛍光強度を減少することから，この範囲を直線とみなしてベースライン補正を行うことでFWAによる蛍光を推計した．そこでフルボ酸由来の345 nmと360 nmの蛍光強度差をxとし，実測値から求められる345 nmと320 nmおよび345 nmと360 nmの蛍光強度差をそれぞれa‘およびb‘とすると，FWAによる蛍光強度差（a，b）およびその比は次のとおりとなる．

$$a = a' + 8/3x - x$$
$$b = b' - x$$
$$b/a = (b' - x) / (a' + 5/3x) = \alpha \text{（一定）}$$

ここで，αはDSBP標準溶液の結果から0.336，さらにa'，b'を上式に代入してx，a，bをそれぞれ求めることができる．次に，このaの値に同様に一定比率をかけることでFWAによる320，345，360 nmの蛍光強度を推計でき，これらの蛍光強度を実測値から除くことで各波長におけるフルボ酸由来の蛍光強度を求めることが可能となった．

つまり河川水の蛍光スペクトルは，FWAによる影響を受けているため，従来用いていた最大ピーク345 nmより，フルボ酸固有の320 nmのピークを用いてスペクトル解析を行えば，FWAの主成分DSBPの濃度がフルボ酸等の他の溶存有機物と分離して推定できることになる．

さらに，FWAの寄与分を除いた蛍光強度は，自然由来，下排水由来のフルボ酸とみなすことができる．

c. 考察

多摩川河川水の水質分析と補正した励起スペクトルの解析を行った結果，中流の河川水中にはFWAがDSBP換算で1～3 μg/Lの範囲で存在していた．FWAを分離したフルボ酸の蛍光強度をDOCで除したところ，日野橋から二子橋までほぼ一定比率となり，多摩川へ流入している下水処理場からの溶存有機物は，ほぼ同じ蛍光強度を示していることがわかった．

ここでは，FWAの存在量を励起スペクトルの解析から求めるため，分析中の光分解をそれほど考慮することなく測定ができる．また，イオンクロマトグラフィーを並行して行うことにより，河川表流水の水質変化を少量で高感度に的確に把握できる．

4.1.3　大淀川

(1)　水質評価

宮崎市を流れ，広い流域面積を持つ1級河川大淀川水域において，各種水質データの蓄積のため調査した．大淀川は，上流部で都市排水，畜産排水，農業排水の影響を受け，中流部には発電用ダムがあり，下流部で浄水の原水を取水している特殊な状況にある．

現場での採水事情，気象変動による異常降雨，基礎分析項目の検討等いくつかの問題点はあるが，蛍光強度の測定結果を中心に述べる．

(2)　調査と実験

大淀川は，西南の都城市，西の小林市からの都市排水を集め，長さ107 km，本流と支流の合計932.4 km，九州では筑後川に次いで大きな流域面積2,230 km^2 を持ち，宮崎平野から西の日向灘に流れている．

大淀川は本流の水源を鹿児島県に発し，霧島山系等の都城盆地の水を集めて宮崎平野に出た後，北からの1級河川本庄川が合流している．本庄川は上流に稜南ダム（小野湖）を持つ別名稜南川で，水源の森として貴重な日本一の照葉樹林を持つ綾町を流れ，さらに上流に稜北ダム（古賀根橋ダム）を持つ稜北川と合流後，大淀川に合流する．西に位置する1級河川城之下川も小林盆地の水を集めた岩瀬川に合流し大淀川へ流れる．発電用として造られた岩瀬ダムは，面積413 haの野尻湖である．大淀川の本流には，大淀川第一ダムと大淀川第二ダムがある．大淀川は宮崎市の重要な水道水源で，下流に位置する下北方浄水場（給水能力100,000 m^3／d），富吉浄水場(同72,500 m^3／d)より1日平均約120,000 m^3 の水道水（他に地下水11,000 m^3／dを含む）が市内へ供給されている．調査における採水地点は，支流まで含めて図-4.22に示した16箇所である．主に橋の上から

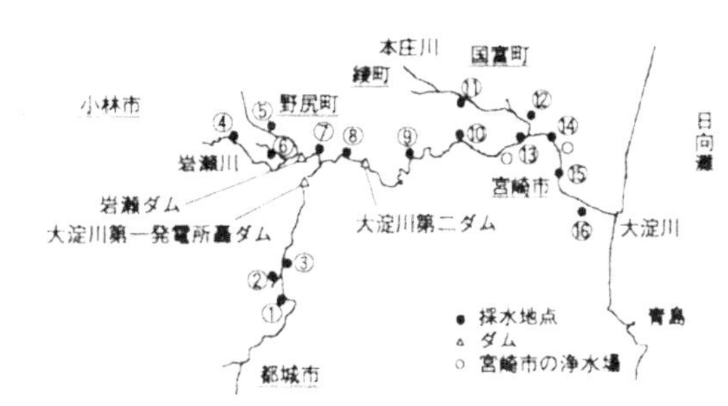

①天神橋，②鶴崎橋，③桶渡橋，④二間橋，⑤大王橋，⑥城之下橋，⑦竹元
⑧沖之尾狭大橋，⑨柚木崎橋，⑩大の丸橋，⑪本庄橋，⑫柳瀬橋，⑬有田橋
⑭相生橋，⑮高崎大橋，⑯大淀大橋

図-4.22　調査における採水地点

流心で採水した．第1次調査は2005年7月19～20日，10月13～14日，第2次調査は2005年12月22日，2006年4月22日，7月31日である．

採水と同時にpH，溶存酸素等を記録し，実験室において細菌学的調査としてふん便性大腸菌群数と腸球菌数，および天然エストロゲンの17β-エストラジオール（E2）について測定し，人畜起源の排水による影響を調べた．また，一部の試料については0.45 μmフィルターでろ過し，冷蔵運搬し，塩化物イオン，硝酸イオン，硫酸イオン，鉄分，蛍光強度，DOCを分析した．

ふん便性大腸菌群数はMF法，mFC培地を，腸球菌数はMF法，AC改良培地を用いた．E2はELISA法，E2用キット（日本エンバイロケミカルズ㈱製）を用いて測定した．無機イオン分析は，イオンクロマトグラフィーによって塩化物イオン，硝酸イオン，硫酸イオンの濃度を求めた．鉄分の分析は，試料に濃硝酸を1％硝酸溶液になるように添加し，フレームレス原子吸光光度法により測定した．励起スペクトル，蛍光スペクトルの補正は，附属の補正プログラムで実施した．試料を石英1 cmセルに入れ，励起スペクトル，蛍光スペクトルはスリット幅10 nm，ホトマル電圧700 V，スキャンスピード300 nm／min，レスポンス0.04 sの条件で測定した．試料の標準物質として標準フルボ酸を使用し，ピークが認められる励起波長320 nm，蛍光波長430 nmで蛍光強度を求めた．蛍光強度は50 μg／L硫酸キニーネ0.1 N硫酸溶液の励起波長345 nm，蛍光波長430 nmの蛍光強度を1QSUとした相対強度で示した．DOC分析は，試料5 mLに塩酸（1＋1）を50 μL添加し，3 minの脱気後，自動設定の試料注入（106 μL）で測定した．

分析方法比較のための紫外吸光度UV_{260}は，試料を石英1cmセルに入れ，超純水を対照に吸収波長260 nm，スリット幅2.0 nmにおける吸光度を測定した．

(3) 結果

野山を越え支流も含めて広範囲に採水したため，分析結果をグラフには表現しにくく地図上に表示して評価する．大淀川に関してはふん便性大腸菌群数，腸球菌数，硝酸イオン，蛍光強度に特徴的な現象が認められる．

上流の採水地点の①天神橋はのどかな田園の中にあるが，水質を調べると重度に汚染されていることがわかる．中流の⑧沖之尾峡大橋では，ダム砂を取る浚渫船が水をかき回し，採水に影響が及ぶほど湖底から茶褐色の濁水が巻き上げられていた．下流の⑯大淀大橋では潮の満ち引きで大きな違いが出る．

7月と10月のふん便性大腸菌群数を**図-4.23**に示す．上流では高い値で，畜産排水，浄化槽放流水の影響が考えられる．次に7月と10月の腸球菌数を**図-4.24**

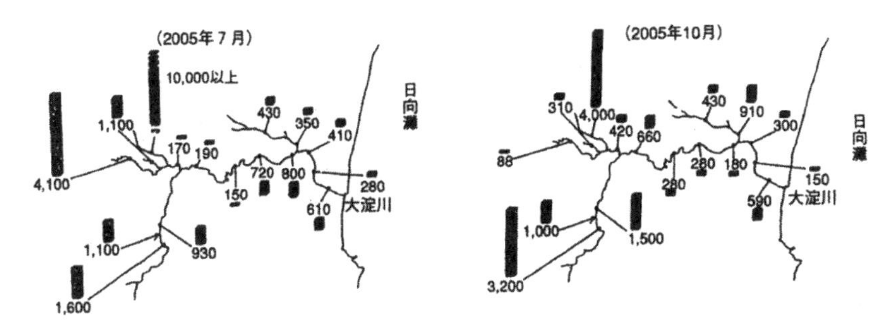

図-4.23　7 月と 10 月のふん便性大腸菌群数

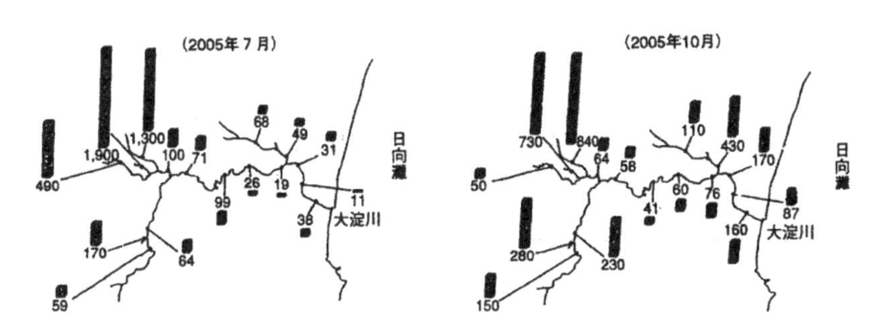

図-4.24　7 月と 10 月の腸球菌数

に示した．やはり上流の値が特に高い．E2 の分析結果は，7 月では，最高が④二間橋で 0.631 ng／L，次が①天神橋で 0.336 ng／L，大淀川の下流⑬有田橋以降は，0.152 ～ 0.176 ng／L の範囲であった．10 月は，同じく最高が④二間橋で 0.297 ng／L，次が⑤大王橋で 0.250 ng／L，⑬有田橋以降は，0.123 ～ 0.156 ng／L の範囲であった．

2005 年 9 月には大型台風 14 号が記録的な豪雨をもたらし，9 月 3 日から 7 日まで降り続いた雨量は，宮崎県内各地で過去最大を記録した．9 月 3 日からの総雨量は所により 1,000 mm を超す記録的な大雨となった．フィールド研究にとって，事前に 12 月～ 3 月の間での地域の降水量の調査が必要であることがわかる．

無機イオンの分析結果を**図-4.25** に示した．硝酸イオンは上流地区に高い値が認められ，7 月と比較すると，台風の豪雨により全水域が洗浄された後の 10 月の方が高い値となっている．宮崎県は，農業，畜産等によって地区全体が富栄養化した状態で，地下水に蓄積されていた硝酸イオンが雨によって押し出されたものと考えられる．なお，森林地区からも硝酸イオンが流れ出てくることが示されており，本庄川での増加は自然界の現象として捉えられるかもしれない．

フルボ酸等に起因する蛍光強度についての調査結果を**図-4.26**に示した．ⓐでは，大淀川本流の上流にある天神橋では0.27と比較的高く，支流の木之川内川と合流後の③樋渡橋，⑧沖之尾峡大橋，⑨柚木崎橋，⑩大の丸橋，⑬有田橋は0.21～0.23の値を示し，森林都市の綾町から流れる本庄川の水によって希釈され0.16～0.17で日向灘へ流れている．小林市からの流れを受ける岩瀬川，戸崎川，城之下川等は，蛍光強度にばらつきが見られる．ⓑでは，台風通過後の10月では7月と同様本流において①天神橋が高く，0.16～0.21の範囲で流れ，本状側下流の0.21と合流し0.21～0.23の範囲で流れている．

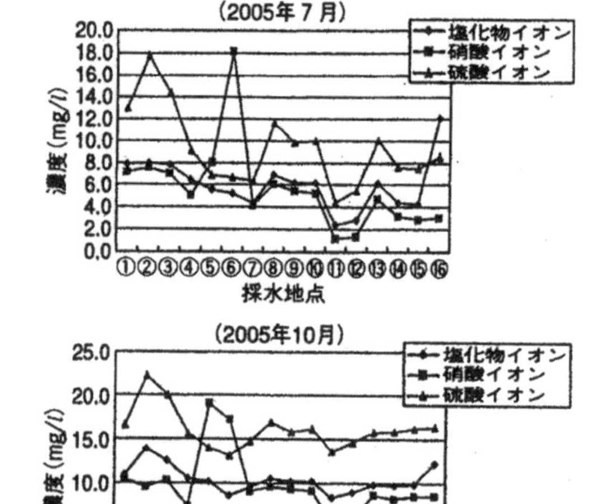

図-4.25　無機イオンの分析結果

上流には値の高い地点が認められる．記録的な雨による洗浄後にもかかわらず7月のパターンと似ており，他の7河川には見られない状況である．ⓒでは，降水量の少なくなった12月は0.20～0.06の範囲，ⓓでは4月は0.3～0.09の範囲となっている．

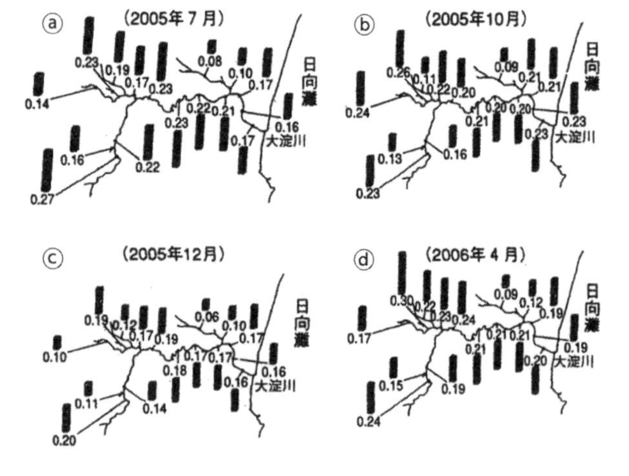

図-4.26　蛍光強度（QSU）についての調査結果

蛍光強度の測定値をまとめて**図-4.27**に示した．

①天神橋と⑥城之下橋が高く，⑪本庄橋と⑫柳瀬橋（10月は高い値があったが）が低いこと，年間を通して本庄川での蛍光強度が低いことがわかる．

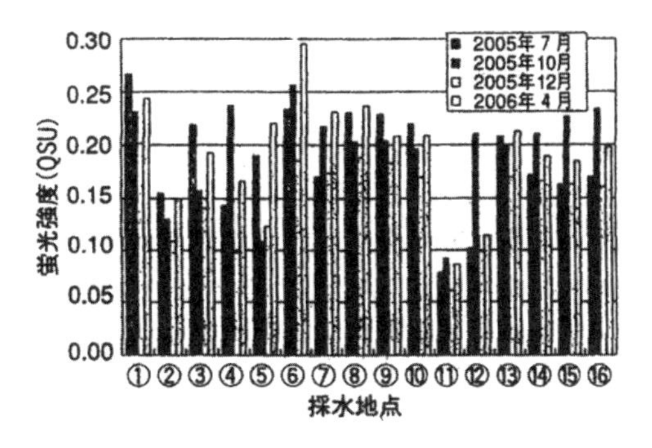

図-4.27　蛍光強度の測定値

溶存有機物値としてDOC値を**図-4.28**に示した．7月は，支流の⑤大王橋に3.26 mg／L，⑩大の丸橋に大きな値16.4 mg／Lが認められる．10月は，④二間橋に2.1 mg／L，12月は，①天神橋に2.11 mg／L，⑩大の丸橋に2.11 mg／L，⑭相生橋に1.97 mg／Lの値が目立つ．降水量の少ない4月は，0.68～0.40 mg／Lと比較的安定した水質である．

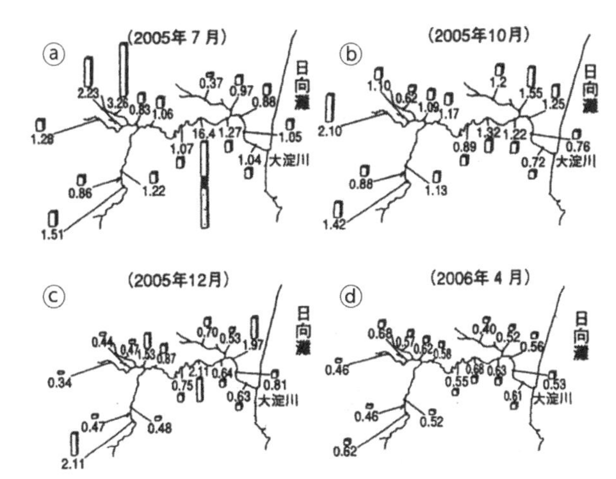

図-4.28　溶存有機物値としてDOC値

DOC濃度値の変化を**図-4.29**にまとめた．①天神橋以外に，季節的に④二間橋，⑤大王橋，⑥城之下橋，⑩大の丸橋で高いDOC値が目立つ結果である．支流では，DOC値は大きく変動し，本流部分でも突然DOC値の高くなる地点があるが，管理の不備な工場排水等の放流によるものと考えられる．

蛍光強度とDOC値とを比較すると，DOC値に比べ蛍光強度は季節的変動が小さく，工場排水等の影響を受けにくいことがわかる．

次に，実験室で分析の結果と比較する．フルボ酸の分析では，スワニー川（アメリカ）の分析の結果で，検出限界は0.02 mg／Lまでと報告されている．一方，DOCの検出限界は1mg／L以下まで可能であるが，前処理や装置の誤差の影響を受けやすい．紫外吸光度では，波長254 nmにおける測定において吸光度は0.005

1／cm が限界とされている．

蛍光分析の精度については，標準フルボ酸溶液（0.5 mg／L）および DOC 濃度の低い埼玉県の河川水を用い，繰返し測定により DOC と紫外吸光度について比較している．

標準フルボ酸溶液については，10 回の繰返し測定における各分析法の定量下限を比較したものを**表-4.3** に示す．相対標準偏差は，蛍光分析が 0.28 % と非常に小さく，DOC8.5 %，紫外吸光度 UV_{260} 9.7 % と大きい．フルボ酸溶液の定量下限については，蛍光強度は 0.014 QSU，DOC は 0.43 mg／L，紫外吸光度 UV_{260} は 0.49　1／cm となっている．

河川水について 10 回の繰返し測定の結果を**表-4.4** に示す．相対標準偏差は，蛍光分析 0.26 %，DOC 2.58 %，紫外吸光度 UV_{260} 4.62 % で，標準フルボ酸溶液と同様濃度では，蛍光分析の精度が高いことがわかる．

測定の際の励起スペクトル，DOC のチャート，紫外部吸収のスペクトルを**図-4.30** に示す．励起スペクトルが非常に明瞭でノイズを含まないのに対し，DOC のチャート，紫外部吸収のスペクトルでは小さなノイズが見られる．

その次に蛍光強度と DOC の関係に

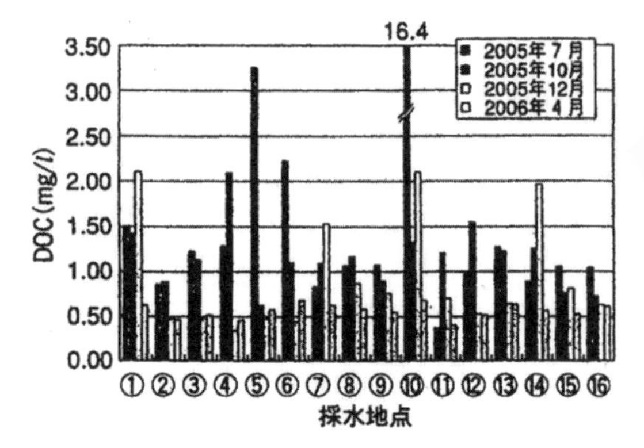

図-4.29　DOC 濃度値の変化

表-4.3　フルボ酸溶液（0.5 mg／L）による各計測法の定量下限の比較

計測法	蛍光強度 (QSU)	DOC (mg/L)	紫外吸光度 UV_{260} (1/cm)
平均	0.091	0.242	0.0091
標準偏差 σ	0.00026	0.0206	0.000886
相対標準偏差(%)	0.28	8.5	9.7
各計測法による定量下限(mg/l)	0.014	0.43	0.49

注 1）測定回数：10 回
2）定量下限：10 σ のフルボ酸溶液換算濃度
3）蛍光法：λ_{ex}320 nm，λ_{em}430 nm における相対蛍光強度

表-4.4　河川水による各計測法の定量下限の比較

計測法	蛍光強度 (QSU)	DOC (mg/L)	紫外吸光度 UV_{260} (1/cm)
平均	0.069	0.342	0.0106
標準偏差 σ	0.00018	0.0088	0.00049
相対標準偏差(%)	0.26	2.58	4.62
定量下限	0.0018	0.088	0.0049
DOC換算定量下限(mg/l)	(0.0088)	0.088	(0.16)

注 1）測定回数：10 回
2）定量下限：10 σ のフルボ酸溶液換算濃度
3）蛍光法：λ_{ex}320 nm，λ_{em}430 nm における相対蛍光強度
4）DOC 換算定量下限：蛍光法および UV_{260} で計測される値は，DOC 溶液と比例し，加成性が成り立つもの仮定した値

ついて調べた．これまで日本の主要河川水の調査から，蛍光強度とDOCの関係は蛍光強度／DOCが0.3で，上流と下流域での値を**図-4.31**で評価した．①天神橋，②鶴崎橋，③樋渡橋を上流，⑮宮崎大橋，⑯大淀大橋を下流として示した．下流では希釈により水質が安定しているため他の河川データの点線に近づくが，上流では大きく崩れており，定期的な水質分析を実施しても全く意味のない状況である．蛍光強度に関係しないDOC成分には糖，アルコール，有機酸等の多くの有機物があり，これらの成分は生物分解性のため河川を流れる途中で浄化される．しかし，動植物から生成したフルボ酸は，生物難分解性のため河川水中で比較的安定に存在する．このためフルボ酸を高感度に測定できる蛍光強度は，河川の定常的な水質の判断に有効である．

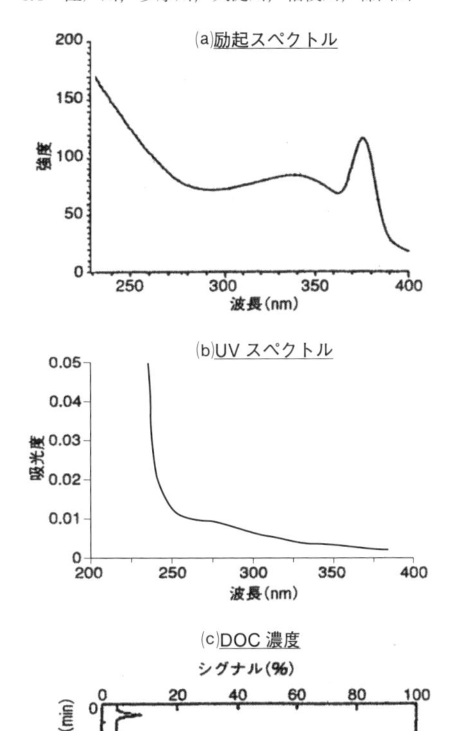

図-4.30　励起スペクトル，紫外部吸収スペクトル，DOC濃度による河川水の計測結果の比較（河川水DOC濃度0.4 mg／L）

他の日本の主要河川と違い，大淀川は，本庄川を除いて上流から下流まで同じように有機物汚染を受けやすく，汚染の少ない上流域は存在しなかった．なお，河川水の蛍光強度は，自然由来フルボ酸，あるいは下排水由来フルボ酸の蛍光発現性で，塩素添加による浄水処理でトリハロメタン等の消毒副生成物の生成に高い相関性があることを確認できる．消毒副生成物の生成は，化学的に分子内の不飽和構造，特に分子内の共役二重結合を持つ

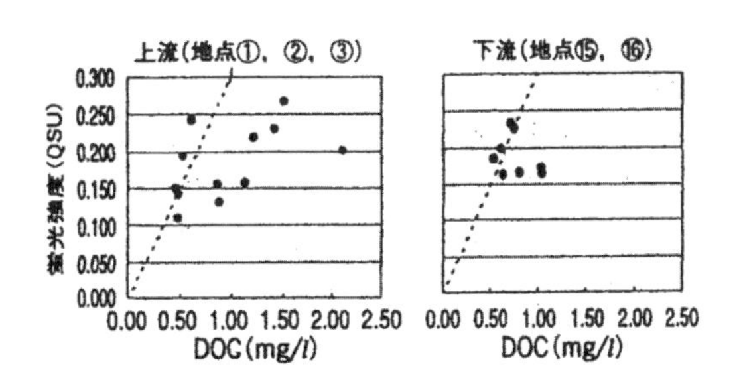

図-4.31　大淀川におけるDOC濃度と蛍光強度の関係

箇所から起こり，**図-4.28**のDOC値ではなく，**図-4.26**の蛍光強度に最も関係している．つまり，CODが溶存酸素を減少させる水域の生物環境の汚染状況を示す項目であるのに対し，蛍光強度は，消毒副生成物生成を予測する項目である．

(4) 考察

①大淀川水域は水質の季節変化が大きく，上流部ではふん便性大腸菌群数，腸球菌数，17β-エストラジオール濃度の高い値が検出された．市街地からの影響以外に畜産排水，浄化槽等からの影響を受けている．硝酸イオン濃度も高く，流域全体が富栄養化している．上流部ではDOC濃度の変化が大きく，本流部でもDOC濃度が高くなる所があり，生活排水，あるいは工場排水の流入等が考えられ公衆衛生の点で問題となる．

②標準フルボ酸溶液とDOC濃度の低い河川水を用いて蛍光分析を行った結果，溶存有機炭素のDOC濃度および紫外吸光度UV_{260}と比較すると，蛍光分析法の分析精度が，繰返し測定から高いことが確認されている．

③季節的に採水分析した試料について，蛍光強度とDOC濃度との変化を比較したところ，フルボ酸に関連の強い蛍光強度は，比較的安定した値となり，広い水域で定常的な水質を判断するのに有効な指標である．

大淀川の水環境については，上流部の畜産排水や農業排水からの影響が大きいことが明らかになっている．溶存有機物の増加は，自然浄化によって河川下流部での直接被害は少ないものと考えられるが，都市下水，畜産排水，浄化槽排水等が原因の場合，微生物やウイルス等による水系感染症の広規模な拡散が起こる危険性がある．上流から下流まで有機物で汚染される状況にある．

また，蛍光分析については，以下のようにまとめられる．

(i) 蛍光分析は，DOC分析や紫外吸光度UV_{260}よりも分析精度が高い．

(ii) DOC濃度と比べ，蛍光強度は季節変動が小さい．

(iii) DOC濃度と比べ，蛍光強度は工場排水等の影響を受けにくい．

(iv) 以上から，蛍光分析は定常的な水質を判断するのに有効な指標であると考えられる．

4.1.4 相模川

(1) 浄水場の原水の調査

神奈川県内公域水道企業団は，神奈川県営水道，横浜市営水道，川崎市営水道，横須賀市営水道へ水道水を卸売りする事業を行っている．

高感度の蛍光分析で微量の物質が検出されるのではないかと，2009 年 6 月と 8 月に，神奈川県の相模川にある浄水場の水道原水を対象とし 24 時間の水質変動を調査し，採水を 2 時間おきに行った．2009 年 6 月の田植え期の連続採水，高水温期の 8 月の採水試料について比較を試みた．社家の取水場で連続監視を行い，11 の測定項目に対応するとともに，DOC，無機イオンの分析も加えて行った．

田植期の 6 月には 3 回（2 ～ 3 日，9 ～ 10 日，16 ～ 17 日）実施し，いずれも 16 時より採水を開始した．高水温期の 8 月には 2 回（17 ～ 18 日，29 ～ 30 日）実施し，いずれも 10 時より採水を開始した．6 月 16 ～ 17 日は降雨があり，通常時とは異なることが予想された．各試料は採水時に 0.45 μm のメンブレンフィルターでろ過し，実験室まで冷蔵運搬して，相対蛍光強度および DOC を測定した．また，EEM（三次元励起蛍光スペクトル）の測定も行った．さらに無機イオンとして，塩化物イオン，硝酸イオン，硫酸イオンを測定した．測定にはイオンクロマトグラフィー（横河電気製，IC-7000）を用いた．

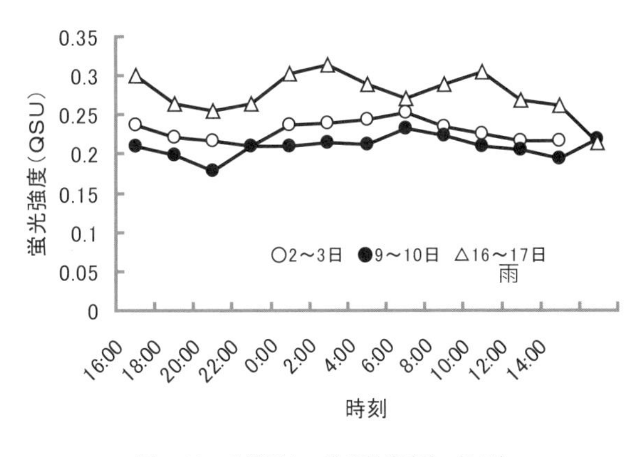

図-4.32　水道原水の蛍光強度変化（6 月）

(2)　浄水場の原水水質の変動調査

相模川の取水場で採水した原水の 6 月（田植期）の相対蛍光強度値の測定結果を図-4.32 に，8 月の測定結果を図-4.33 に示した．いずれの時期も時間変動が確認されたが，6 月と 8 月とも 2 日の晴天時の傾向は同一のものであった．

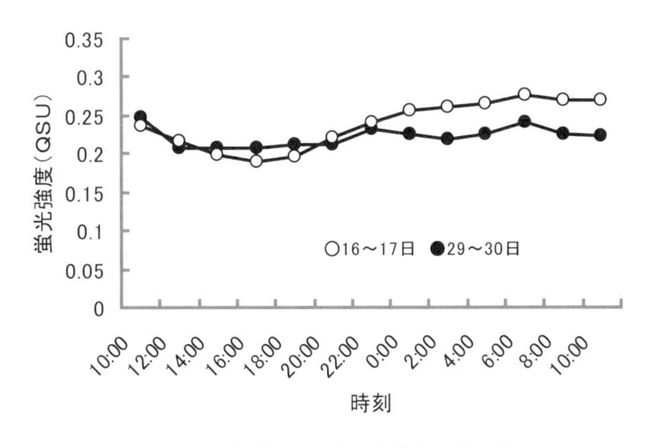

図-4.33　水道原水の蛍光強度変化（8 月）

しかし雨天時になると蛍光強度の変動が異なっていた．

取水場で計測されている連続データ11項目［雨量，堰流量，気温，水温，濁度，pH，EC（沈砂池），EC（吸水井），UV，TOC，塩素要求量］と相対蛍光強度，DOC，無機イオン3項目との相関を最小二乗法による相関係数にて評価したところ，雨の降った6月16～17日において，相対蛍光強度およびDOCのいずれも塩素要求量の相関係数が0.6以上となっていた．これは，雨天時に土壌から流出する自然由来の有機物の含有量が増え，それらの塩素反応性が高かったためと考えられる．

次に硫酸イオン，塩化物イオン，硝酸イオンの測定結果を**図-4.34，4.35**に示す．

無機イオンの変動では，硫酸イオンが時間帯によって変動が激しく，硝酸イオン，塩化物イオンの変化は穏やかであった．水域で排水処理等においてpH調整に硫酸が利用されているための人為的な変化とみなせ

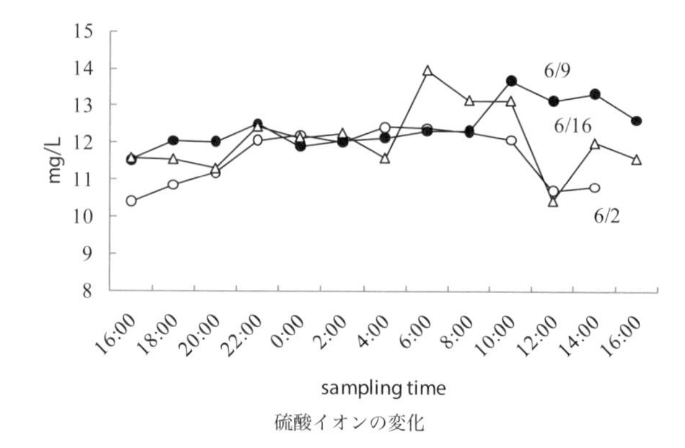

硫酸イオンの変化

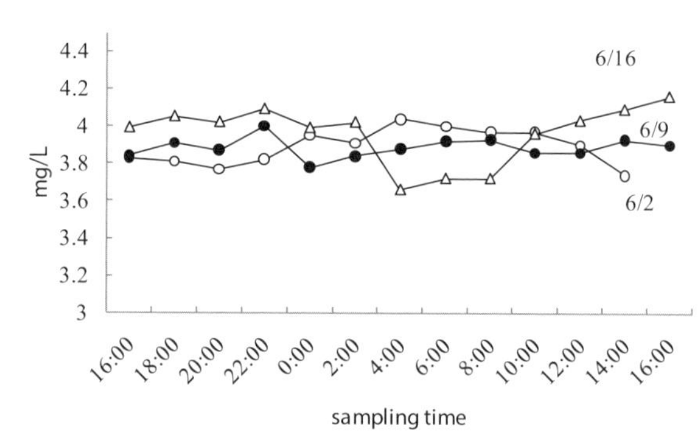

塩化物イオンの変化

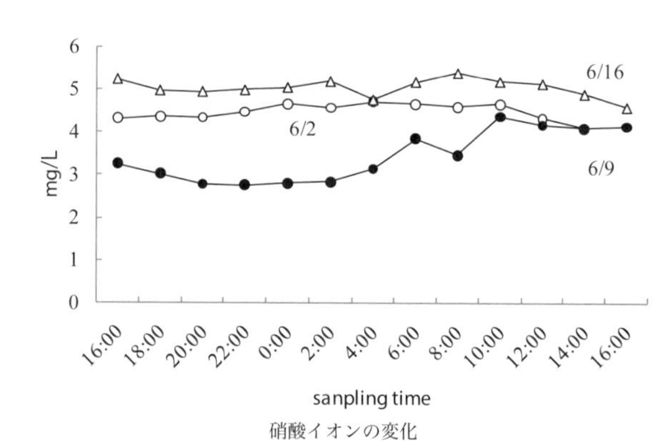

硝酸イオンの変化

図-4.34 6月の硫酸イオン，塩化物イオン，硝酸イオンの測定結果

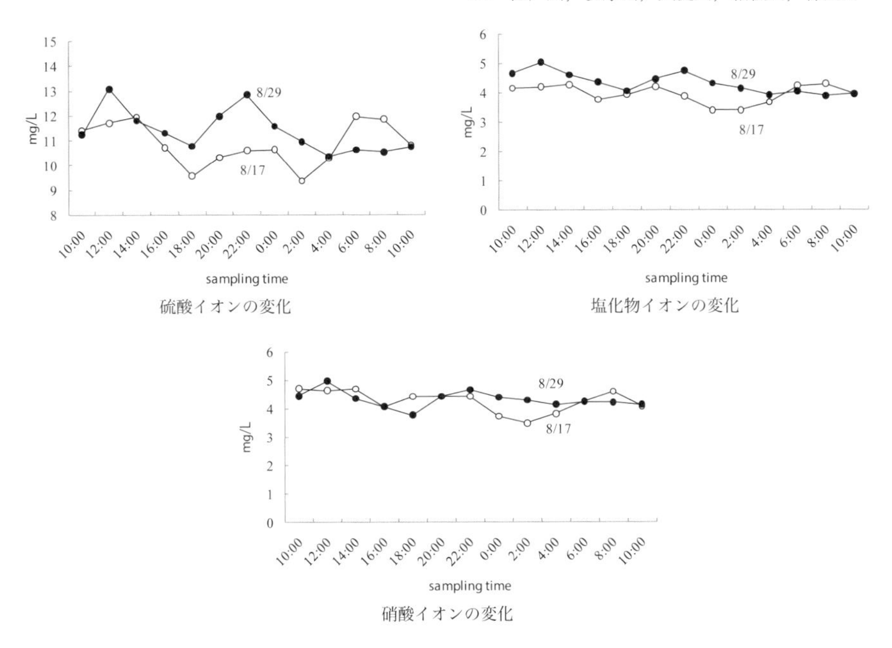

図-4.35　８月の硫酸イオン，塩化物イオン，硝酸イオンの測定結果

る．

さらに蛍光分析用の採水試料についてEEMを測定したところ，すべてに共通なピークは見られなかった．これは河川水の水質が常に変化しているためと考えられる．**表-4.5**は励起マトリックス，蛍光マトリックスで，フルボ酸が検出されるとされる範囲においてピークが見られた励起波長と蛍光波長をまとめたものである．

ここで用いているフルボ酸の検出波長（励起波長320 nm，　蛍光波長430 nm）は，**表-4.5**で示されるすべてのピーク領域において含まれていた．

また日本腐植物質学会に

表-4.5　各試料の三次元蛍光スペクトルのフルボ酸検出波長の範囲

採水日	時刻	励起波長 E_x(nm)	蛍光波長 E_m(nm)
6月　9日	18：00	330～350	430～450
6月10日	4：00	330～350	430～450
6月10日	14：00	320～340	430～450
6月16日	18：00	330～340	430～450
6月17日	4：00	310～340	420～460
6月17日	14：00	310～350	420～450
8月17日	12：00	320～350	420～450
8月17日	22：00	320～340	430～450
8月18日	8：00	320～350	430～450
8月29日	12：00	320～350	430～440
8月29日	22：00	320～350	410～450
8月30日	8：00	320～350	420～450

よれば，フルボ酸はほぼ同じ波長位置（励起波長 305 ～ 310 nm 蛍光波長 430 nm）に蛍光ピークを持つとされている．

また既報には江戸川の河川水を水道原水とする東京都水道局金町浄水場を対象とした調査結果の報告がある．それによると，樹脂カラム XAD-8 および XAD-4 による吸脱着法によりフルボ酸の分離を行い定量した結果，上記で示す蛍光強度を持つ物質の 98 %以上がフルボ酸に相当することが確認されている．

さらに，同じ江戸川上流に位置する東京都水道局三郷浄水場のオゾン処理に関するテーブルテストでは，オゾン処理における蛍光強度減少率を溶存オゾン濃度 C と反応時間 T で調べた結果，標準フルボ酸と水道原水の CT 値がほぼ等しいことから，河川水中の有機物はフルボ酸であると結論づけられている．

以上のことから対象とした相模川河川水中にはフルボ酸が常時含まれているものの，その構造は一定でなく変動していたと考えられる．このことからフルボ酸の中身が多少変化していても，励起波長 320 nm，蛍光波長 430 nm によってフルボ酸を検出することが可能であると考えられる．

年末に近づいたため自動連続採水装置を稼動させ，年末年始の採水を行った．毎朝定刻に採水し，採水後 0.45 μm のメンブレンフィルターでのろ過の有りと無しで試料を冷蔵保管し，蛍光強度の変化を求めた（**図-4.36**）．

東京都ならびに埼玉県における蛍光分析に対する濁度の影響の情報から予想された結果であった．ろ過有りと無しでの影響はそれほど認められないが，日動変化の方が確実に観察された．

年末における掃除洗濯，床掃除，窓ガラス拭き等の排水は，通常の処理を行っている下水処理システムに送られるが，高負荷の排水が流入しても全部除去できない．特に油汚れ等の掃除のため界面活性剤が高濃度で利用されるため，あらゆる化学物質が水を介して移動すると考えられる．

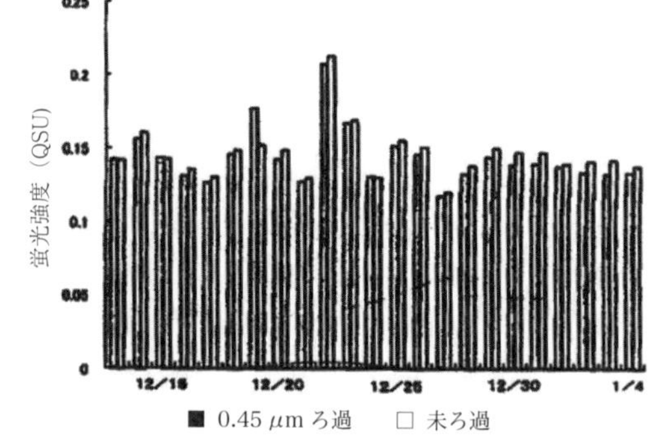

図-4.36 原水の蛍光強度の日間変動とろ過の有無

採水した原水河川の上流地区の天候は，採水初日の 12 月 13 日は小雨，それ以降 1 月 4 日までは曇りが 6 日間，晴れが 16 日間で，降雨による水質変化への影響は少ないと考えられた．一方，原水の溶存物質の変動を観察するために蛍光スペクトルを測定した．その結果を**図-4.37**に示した．Aは，12月13～18日までの蛍光スペクトルで，この間のピーク波長の蛍光強度は10～20％の変動となっている．Bは12月19～27日までの蛍光スペクトルで水質変動が大きくなっていることが示され，この間の蛍光強度の変動は30～60％の範囲であった．また，スペクトルのピーク波長が変わることから溶存物質の質変動が大きくなっていることがわかる．これは年末に近づくと社会活動が活発になり，自然由来のフルボ酸だけでなく下排水由来のフルボ酸等や蛍光増白剤，紫外線吸収剤の影響や，養豚，養鶏場からの排水の影響を受け，水質変動が大きくなったと考えられる．Cは暮れの12月28日～年始の1月4日にかけての蛍光スペクトルで，スペクトルはほぼ同じ形状でピーク波長の蛍光強度も変動は小さい．すなわち，溶存物質は量，質とも安定していることがわかる．水道原水は水域全体の影響を受けるものであり，**図-4.37**に示したように社会活動に起因する水質変動が生じることになる．

環境分析においては，採水地点1点だけでの変動調査では，見えるものも見えない可能性が大である．採水方法を決め多人数で同時に採水すれば，広範囲の状況が把握できる．相模川へ流れ込む中津川，小鮎川等の採水地点を**図-4.38**に示した．東京工芸大学の学生グループが数日間にわたり採水，分析を行った．

その試料を蛍光で分析した．DOCと蛍光強度の関係は，これまで主要河川水では直線的な関係となったものの，流域全体ではバラツキが現れ，有機物の混入等に

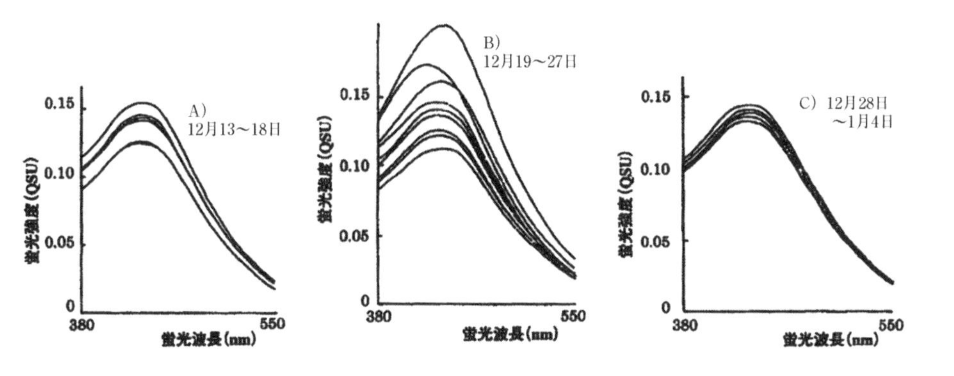

図-4.37 原水の蛍光スペクトル

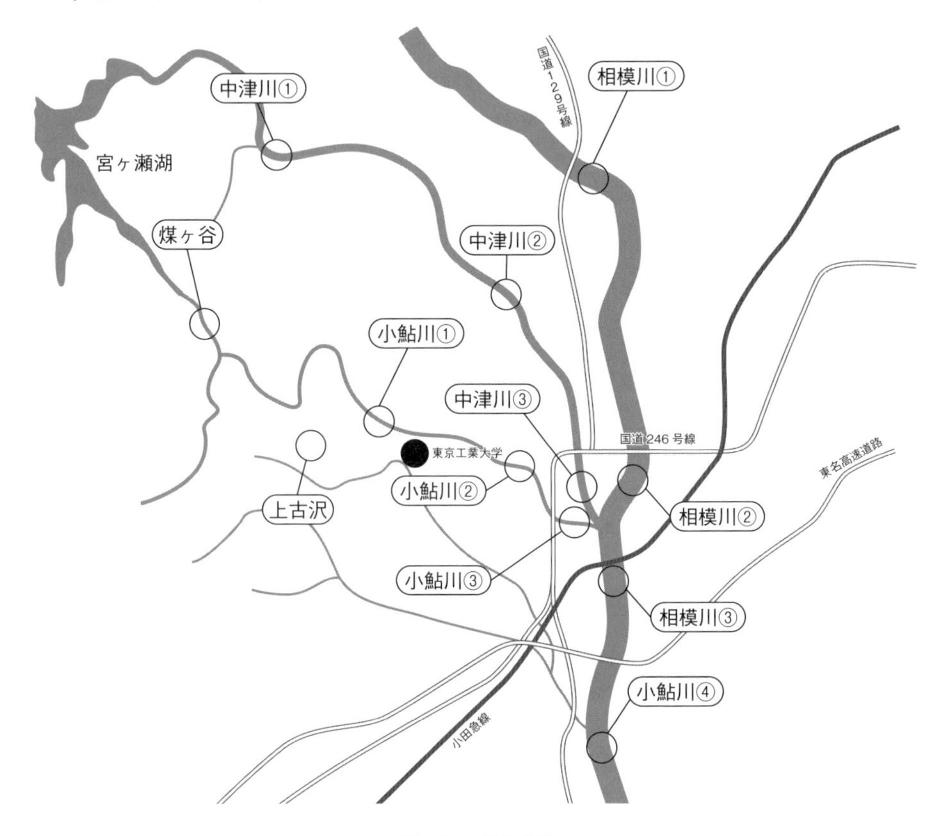

図-4.38 採水地点

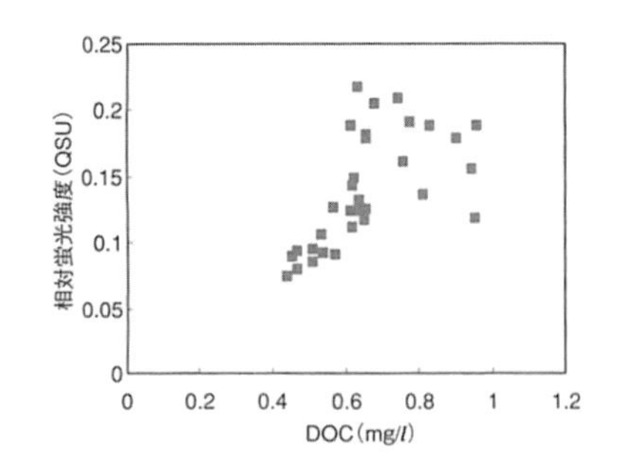

図-4.39 DOCと蛍光強度との関係(12月から1月まで)

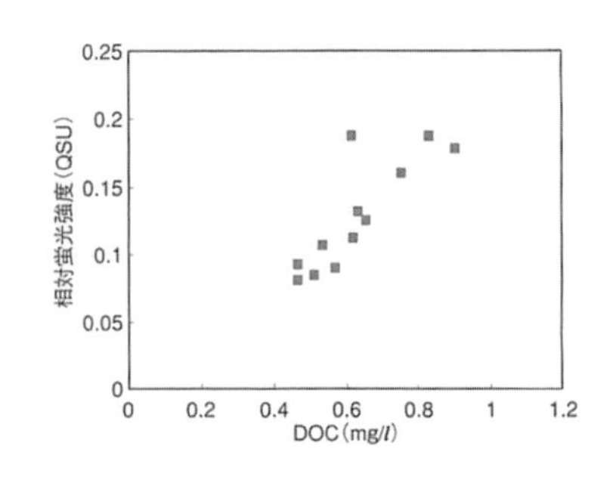

図-4.40 DOCと蛍光強度との関係(1月4日のみ)

より各採水地点で異なるため扇状に広がる結果となった（**図-4.39**）．流量の大きな地点ではDOC，蛍光強度も低い値で安定するが，支流では社会活動によって水質が大きく変動する．ところが年末年始のデータから1月4日のみを分離して評価したところ，扇状の広がりは縮小し直線の関係になり，特異的な採水地点が現れてきた（**図-4.40**）．年末年始で変動がなく，DOC，蛍光強度の高い排水が季節に関係なく一定量排出されていることがわかった．各採水地点で水景観も含め流れの状況を表示した．特異的な地点の上古沢は，鉄細菌が自生する渓流と表示されているものの，比較的DOCが高く，蛍光強度も高い．同地点の集水域には複数の老人ホーム，介護老人保健施設や医療機関等があり，病院排水や浄化槽等の生活系排水，蛍光増白剤等を多く含む排水の影響ではないかと考えられた（**図-4.41**）．河川水よりピーク波長が長波長側に認められる．

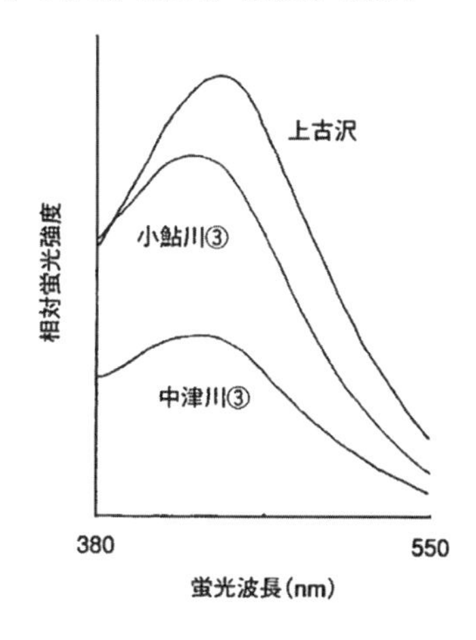

図-4.41　1月の蛍光スペクトル例

神奈川県内広域水道企業団の社家取水場では，事前に水質に影響を与えるであろう各種の要因について調べている．高速道路からの雨水排水が取水場の上流に落とされている．発がん性物質はどうなるのかと，変異原性とDOC，蛍光強度を比較した論文がある．

高速道路からの雨水排水について**表-4.6**に変異原性と代替指標候補の比較を示した．道路排水から多環芳香族を主体とした変異原性を想定し蛍光分析を適用し浄化度合いを調べている．変異原性のデータでは陰性のものもあるが，2月20日の

表-4.6　変異原性と代替指標候補（DOC，蛍光強度）の比較

・2009年2月20日試料

	未処理	通常処理	AC5 180min	AC10 180min	AC20 180min	AC30 20min	AC50 20min
TA98(net rev./l)	6,000	2,800	1,400	690	陰性	790	460
蛍光強度(－)	1.2	0.7	0.5	0.4	0.3	0.3	0.2
DOC(mg/l)	4.6	2.9	2.6	2.5	1.8	2.0	1.6

・2009年2月27日試料

	未処理	通常処理	AC10 30min	AC20 30min	AC10 60min	AC20 20min	AC40 20min
TA98(net rev./l)	3,900	陰性	陰性	陰性	陰性	陰性	陰性
蛍光強度(－)	0.9	0.5	0.3	0.2	0.3	0.2	0.1
DOC(mg/l)	3.9	2.3	1.9	1.8	1.8	2.0	1.2

数値のある6点のデータで，変異原性と蛍光強度の関係を求めると高い相関性が認められた．さらに変異原性に関係なく14点全部のデータについて，DOCと蛍光強度の相関を調べると**図-4.42**のようになった．

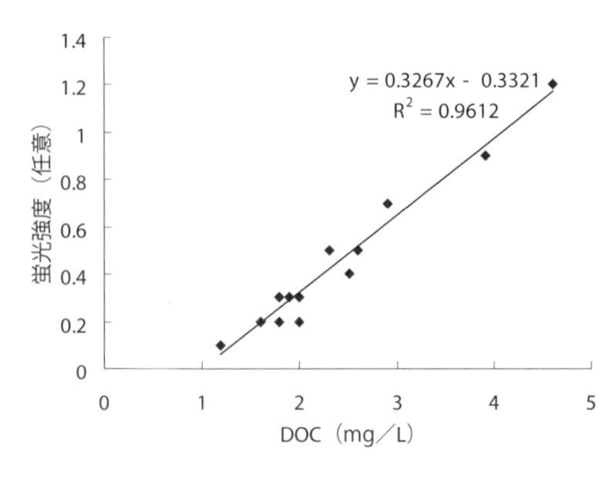

図-4.42 DOCと蛍光強度の相関性

浄水場の模擬テストであるため原水中の溶存有機物は，塩素添加による酸化反応，PACによる凝集沈殿除去効果，活性炭添加による吸着除去を受け，DOC，蛍光強度が比例して低下しており，主にフルボ酸の除去効果と考えられる．フルボ酸は自然界に広く存在し，土ぼこり，タイヤで跳ね飛ばされ車体の裏に付着している泥からの溶出分と考えられ，蛍光を示さないDOCが1mg／L含まれており，自動車関係で利用されている洗剤，界面活性剤等が考えられる．

(3) **考察**

蛍光分析は少量の試料で分析することができ，フルボ酸濃度に比例したDOC濃度，フルボ酸内部からの蛍光発現性を蛍光スペクトルが測定できる．分光分析では多くの場合，測定障害ともなる濁質の影響を受けるが，蛍光分析ではその影響は少ない．長期的な冷蔵保存が可能であり，水質分析には並行して測定をすることで，新しい切り口が見出せる．

4.1.5 柿田川

(1) 柿田川の水質

フルボ酸は，環境中に広く存在し検出される．2010年から柿田川中のフルボ酸の現地調査を蛍光分析より調べた．

図-4.43

湧水は年間ほぼ水温15 ℃，

湧水量は1日推定100万tで，日本最大の湧き水というよりも東洋で一番である（**図-4.43**）．この豊富な水量により砂地に根をおろした水生植物のミシマバイカモが一年中咲いている．湧水群から川幅30～50mで約1,200m流れて狩野川と合流する．そこまでが柿田川で，約35万人の飲料水と工業用水に1日約30万tが利用されている．

採水時期は，2011年11月～2012年10月の1年間である．採水試料のDOCとフルボ酸を検出する励起波長と蛍光波長の組合せによる蛍光強度を測定した．結果を**図-4.44**に示す．**図-4.45**は，このDOCと蛍光強度の相関を示したものである．図中の直線は，これまで筆者が調べた全国の主要河川水に共通して見られる相関関係である．今回のデータはこの相関から外れる結果となった．主要河川との状況相違の考察から，このずれは柿田川に自生する水生植物が生産する有機成分がDOCの増加に寄与したものの，蛍光強度の増加には寄与しなかったためと考えられる．

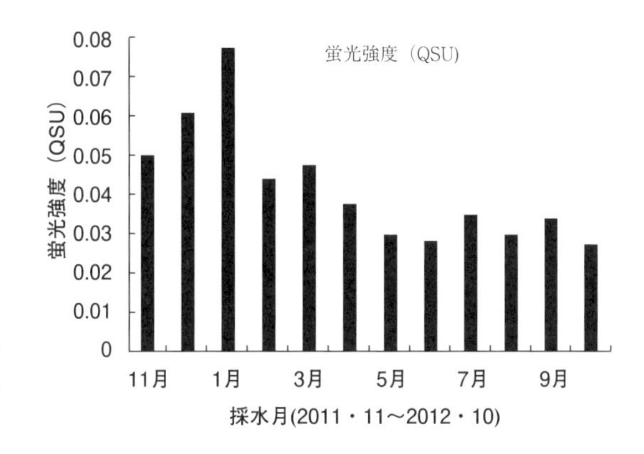

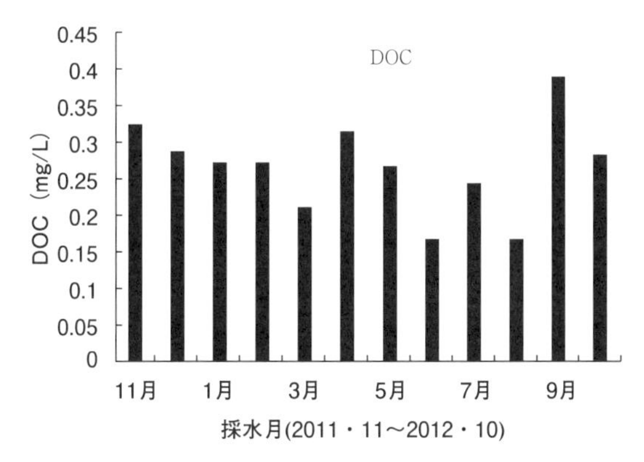

図-4.44　DOCと蛍光強度の年間変動

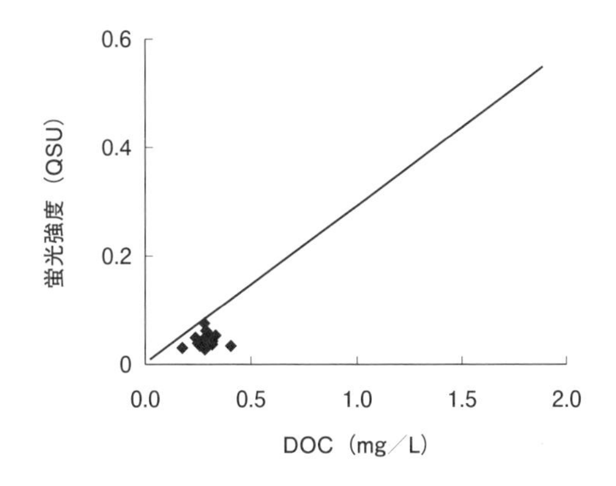

図-4.45　DOCと蛍光強度との相関関係

(2) 浄水工程水の評価

柿田川の河川水を水道原水としている浄水場の浄水工程における水質変化についてDOCと蛍光強度によって評価した．この浄水処理工程は，着水井，ろ過池，ポンプ井である．着水井の後に塩素を加え，凝集とろ過処理をした後，ポンプ井から給水する方式である．

上水道では塩素が浄水工程において使用され，浄水場からの採水の場合，残留塩素が水中の有機物と反応し化学変化を起こす可能性が高い．そのため採水時に塩素消費剤チオ硫酸ナトリウムを添加する．採水用ポリ容器に予めチオ硫酸ナトリウム溶液を添加しておけばよいのだが，現場では，チオ硫酸ナトリウム溶液が採水前の運搬によって容器内を移動し，容器蓋の開閉時に容器から外に漏出するおそれがあるため，十分な塩素消費が達成されない場合が生じる．そのため浄水場で添加される塩素濃度に必要十分なチオ硫酸ナトリウム量を求め，容器に6％チオ硫酸ナトリウム溶液を10 μL／100 mLの割合で投入し80 ℃で48時間放置する．容器の底にチオ硫酸ナトリウムの微粒子を固定化する方法である．この方法により採水時の容器外への漏出を防止でき，安定的に残留塩素を消費した採水が可能となる．

今回はチオ硫酸ナトリウム添加と無添加の容器を用意し，現場で採水して研究室まで冷蔵運搬（運搬時間は10時間程度）した後，DOCと蛍光強度の測定を行った．その結果を**図-4.46**に示す．

着水井からポンプ井まで，DOCの変化はほとんど見られなかったが，蛍光強度は明らかに低下していた．着水井では塩素添加前であるため，採水時のチオ硫酸ナトリウム添加の有無による違いは見られなかったが，塩素添加後のろ過池出口とポンプ井においては，チオ硫酸ナトリウムによって残留塩素を消費させた試料よりも，無添加による蛍光強度の低下がろ過池出口とポンプ井に認められる．採水時にチオ硫酸ナトリウムを添加したものと，添加せず残留塩素を残したまま十分に反応させたものは顕著な差が生じていた．このような運搬

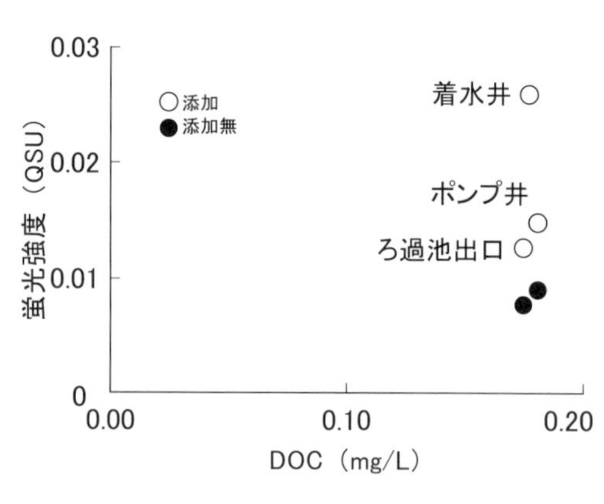

図-4.46 浄水処理工程水のDOCと蛍光強度との関係

時間中の塩素反応による有機物の質的変化についても，蛍光強度は高感度に検出することができることが示される.

各試料の蛍光スペクトルの変化を**図-4.47**に示した. 浄水工程が進むにつれて，スペクトル全体が大きく変化しており，塩素反応による変化を見ることができる. DOC 値で見ると，市販のボトルウォーターと比べ遜色ないほど値が低くきれいな原水であるが，蛍光分析を用いれば，その浄化度合いや化学的な変化を高感度に把握することが可能なことがわかる.

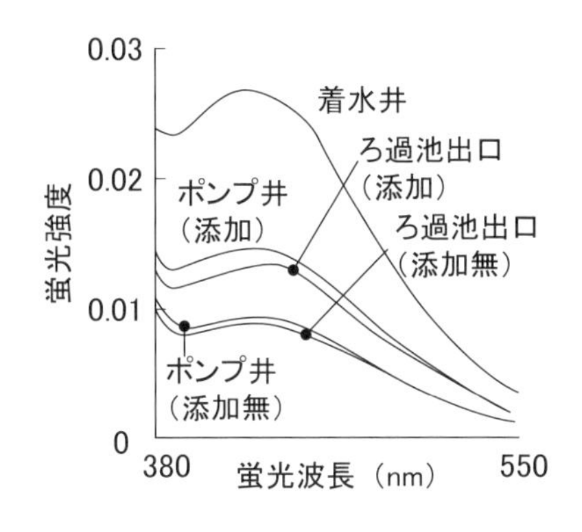

図-4.47　各浄水処理工程の蛍光スペクトル

4.2　河川水からわかること

日本の代表的な 7 河川において上流から下流に向けて採水調査した. その結果，蛍光強度，DOC は共に上昇し，比例関係になった. しかし，琵琶湖を水源とする淀川では一致せず，河川の最下流で海水が混入する利根川河口では蛍光強度が低下してしまう. 下水処理水が多量に混入する所では，洗剤に含まれる蛍光増白剤の寄与分を除くことで同じ傾向になることがわかった.

4.2.1　蛍光強度と DOC

日本の河川水と琵琶湖湖水の蛍光強度と DOC の関係は**図-4.48**のように直線関係となった. ライン川では，日本と同じく上流から下流に向けて蛍光光度と DOC は上昇（**図-4.49**）し，上流に森林地帯を有するミシシッピ川では上流の値が高く，中流では流域からの水を集めてほぼ同様な値となり**図-4.50**のように直線関係になった. 日本の

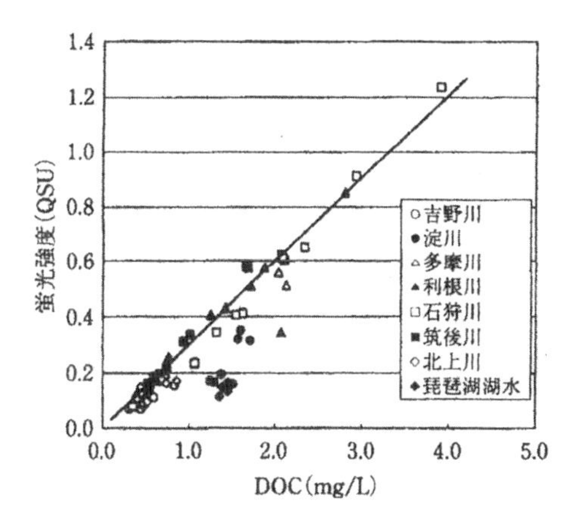

図-4.48　日本の河川水と琵琶湖湖水の DOC と蛍光強度との関係（2001 年 12 月～ 2004 年 12 月）

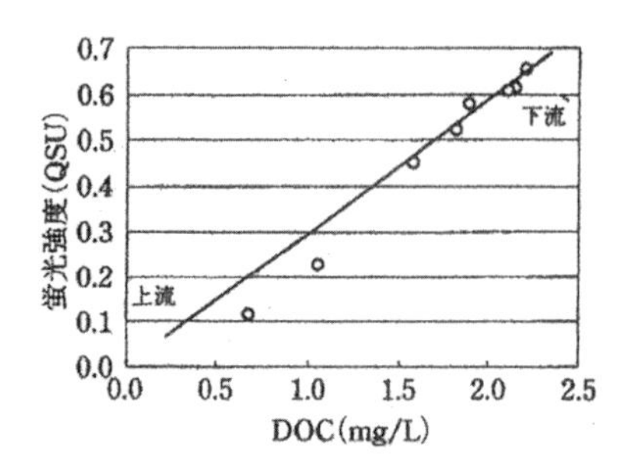

図-4.49　ライン川河川水の DOC と蛍光強度との関係（2004 年 3 月）

採水地点　上流からアウ・ルステナウ（オーストリア），コンスタンツ，バーゼル，カールスルーエ，マインツ，ケルン，デュッセルドルフ，ヴィットラール

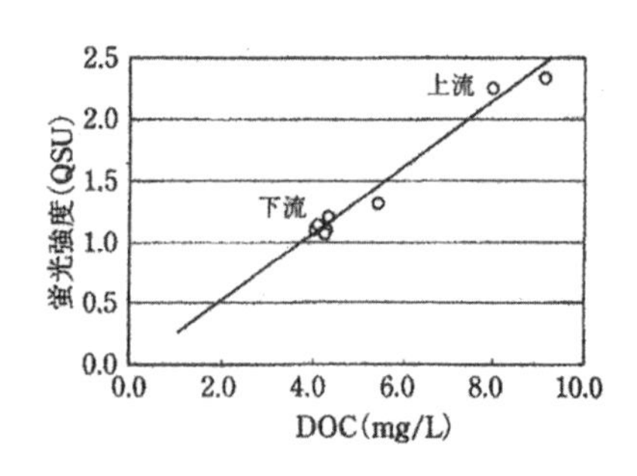

図-4.50　ミシシッピ川河川水の DOC と蛍光強度との関係（2004 年 11 月）

採水地点　上流からミネアポリス，セントポール，ダベンポート，セントルイス，メンフィス，ヴィックスバーグ，バトンルージュ，ニューオリンズ

琵琶湖湖水と淀川，海水の混入したデータを除き，海外の河川の値をまとめて示すと**図-4.51** となり，蛍光強度／DOC ＝ 0.27 の値になっている．

生物分解性の DOC 等が混入しても河川の流れの中で浄化され，生物難分解性の物質のみが残留することで，不飽和二重結合からの蛍光発現性が捉えられる．河川は二酸化炭素の発生源であることが解明されている．流れる河川ではアオコが発生せず，微生物による溶存有機物の代謝が起こる，つまり「三尺流れれば水清し」が証明されるようである．

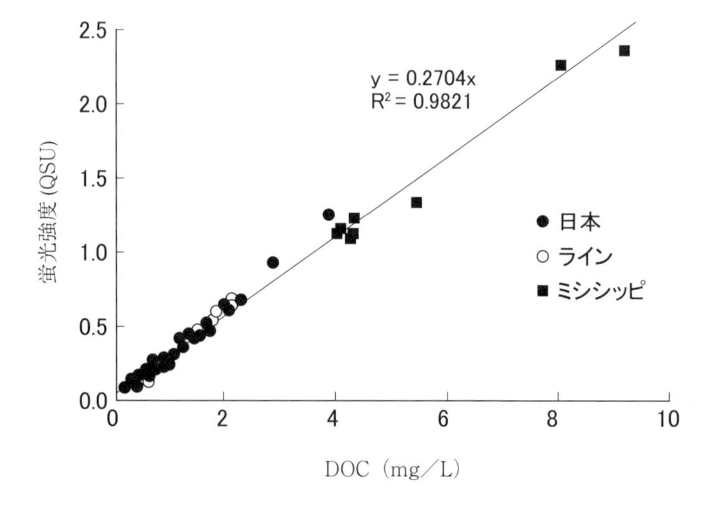

図-4.51　日本，ライン及びミシシッピの河川水の DOC と蛍光強度の関係

4.2.2　蛍光強度とトリハロメタン生成能

全国の河川水（水道原水になるような箇所），湖沼水（琵琶湖と霞ヶ浦を含む）から採水して分析した結果，**図-4.52** の高い相関性が

得られた．トリハロメタン生成能は，DOC でなく蛍光強度，蛍光発現性でも，不飽和二重結合に起因していることが明確になった．琵琶湖でも霞ヶ浦でも同じ関係となった．大阪の水道局，東京の水道局でも蛍光強度で調べていれば同じ結果になったはずである．

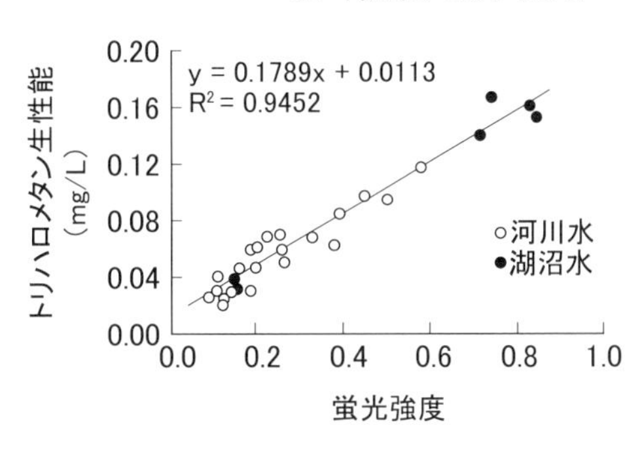

図-4.52　日本の表流水の蛍光強度とトリハロメタン生性能との関係（2003 年 9 月～ 2006 年 6 月）

そのトリハロメタンの成分を調べると，トリハロメタン生成能の高い河川では下流ほど，そして富栄養化の進んだ霞ヶ浦ではブロム系の成分が多くなっている．

霞ヶ浦の試料は，富栄養化によって白濁している．トリハロメタン生成能の試験では，試料を放置した場合には微生物学的に分解が進み DOC は減少するが，蛍光強度の変化は少なく，北浦，西浦の試料ともトリハロメタン生成能は蛍光強度に起因していることが明白となった．

4.2.3　臭素イオンの問題

河川水の下流，霞ヶ浦の水には多くの無機イオンが含まれ，塩素処理を行う場合には，塩素系トリハロメタンの生成と同時に臭素系トリハロメタンが生成する．自然界には塩化物イオンと同様に臭化物イオンが存在し，海水に含まれる臭化物イオンが台風等で陸上に送られ水道原水に含まれる．塩素処理によりブロム系成分の生成につながる．

沖縄の水道局の研究によれば，河川水の水道原水中の臭素イオンが台風によって増加し，その間，臭素系のトリハロメタン濃度が高くなることが示されている．東京都の小笠原では，水道原水の湖沼水中の臭化物イオン濃度が高く，塩素処理によって臭素系のトリハロメタン濃度が高くなる．通常処理からイオン交換樹脂を用いる浄化法に変更している．

コラム⑦ 下水処理場での研究

2003年に横浜市の中部下水処理場を訪問し，一部の試料を採水し大学で三次元蛍光スペクトルをとってみたところ，**図-1** に示すようにスペクトルが大きく異なっていた．活性汚泥法での処理であるが，最初沈殿池からの工程水ではピーク位置が励起 280 nm，蛍光 340 nm でピーク強度 415.5 となり，最終沈殿池からの工程水ではピーク位置が励起 330 nm，蛍光 410 nm でピーク強度 92.7 と低い値になっていた．処理前はアミノ酸のトリプトファン関連，処理後はフルボ酸関連のパターンである．

2014年10月，中部水再生センターの下水処理工程水を採水して蛍光分析と DOC を分析した．処理方式は A_2O 法となっていたが，蛍光増白剤も含め濃度が高いため，100分の1に Milli-Q 水で希釈して測定した．蛍光スペクトルの変化を**図-2** に示す．蛍光増白剤，フルボ酸の蛍光強度が重なったものである．

環境水に比べ濃度が高いため，試料7サンプルを間違いなく同時かつ分析が可能になるまで太陽光線に当て大学の冷蔵室で保管した．2015年12月，実験方法を確定し，日差しの弱い中2日間実施した．

実験方法は，栄研化学㈱のプラスチック製滅菌Sシャーレ（直径 52 mm，深さ 12 mm）の底にテープをつけて，段ボール上に固定し，試料 5 mL を入れてラップで覆って輪ゴムで固定した．その固定した段ボールを屋上に設置し太陽光線を当てた．試料はシャーレの底平面に均一に広がり，埃の入ることはなかった．次にコニカルチューブに試料を回収し，温度差でラップ面に結露した水分も含め Milli-Q 水で洗い流し全量 10 mL とした．蛍光分析にはこの 1 mL を 50 mL メスフラスコに取り，Milli-Q 水で 100 倍に希釈したものを使用し，蛍光スペクトルの変化を求めた．その結果を**図-3** に示す．

蛍光スペクトルの波長 430 nm の蛍光強度を求め，太陽光照射前後の変化を**図-4** に示す．反応タンク出口以降で蛍光強度は半分以下となっているが，光で分解する成分，蛍光増白

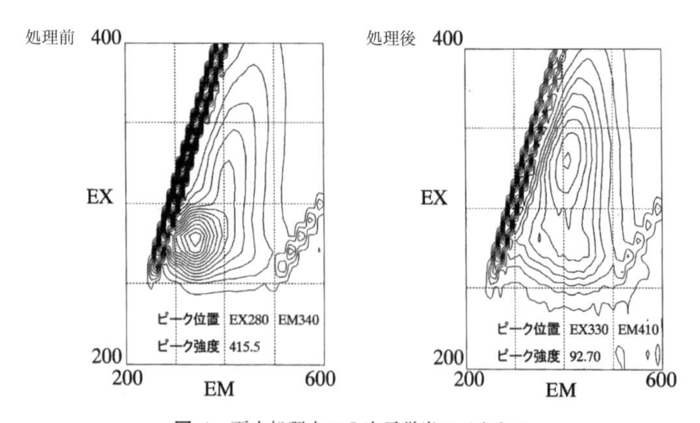

図-1 下水処理水の3次元蛍光スペクトル

剤が残留していることがわかる．

さらにDOCとの関係で示すと**図-5**となり，各処理工程での浄化効果が認められる．通常，フルボ酸の蛍光と残存した蛍光増白剤の蛍光発現性物質が流出していることになる．

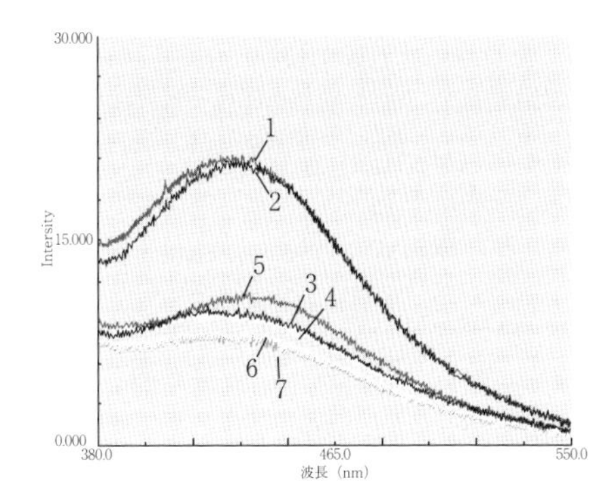

図-2　下水処理工程水の蛍光スペクトル変化

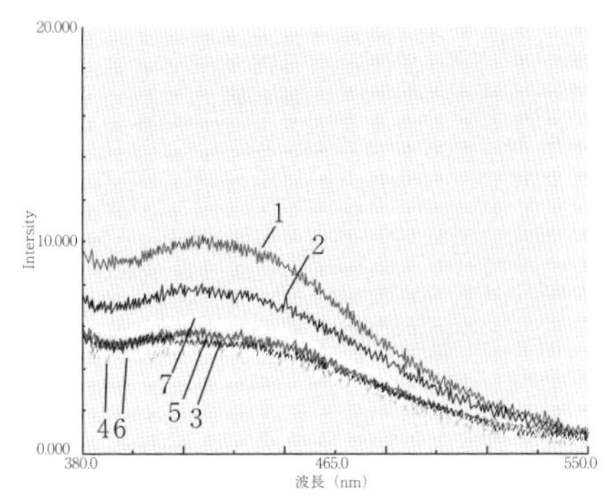

図-3　下水処理工程水の蛍光スペクトル変化

横浜市，水再生センターにて採水　1…沈砂池出口　2…最初沈殿池出口　3…反応タンク出口
4…最終沈殿池出口　5…塩素後1　6…塩素後3　7…塩素後4

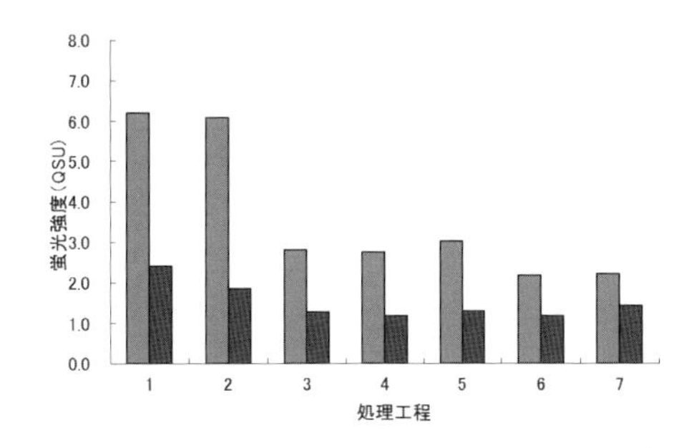

図-4　下水処理工程水の太陽光照射前後の蛍光強度変化

横浜市中部水再生センターにて採水

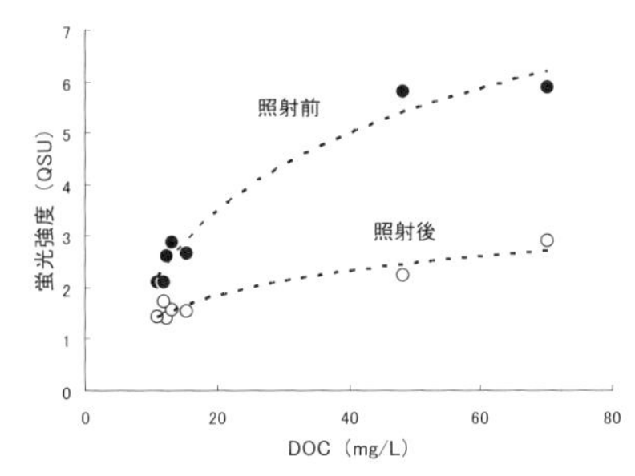

図-5　下水処理工程におけるDOCと蛍光強度の関係（太陽光照射前後）

横浜市中部水再生センターにて採水

コラム⑧ こぼすな

有機物の研究では，精製した微量の化合物を取り扱うため，作業机の上はきれいにしておく．例えば，結晶がこぼれてもピンセットやスパチュラ，薬包紙で落ち着いて回収することができる．合成の時の実験台と精製している時の実験台の上では条件が違う．100 g単位，10 mgの単位，雑巾で拭くかティッシュペーパーで拭くかの違いである．

蛍光分析で次のような体験をしたことがある．硫酸キニーネの溶液を用いて，10分の1，100分の1，1000分の1と希釈して蛍光強度を測定した時，利用した希釈用のピペット，メスフラスコ，机の上にこぼれた溶液，セル洗浄，表面拭きのティッシュペーパー等，どこかで溶液が付着し，汚れを純水で除くのに苦労した．放射能と同様，目に見えず，濃度も不明で全部のチェックが必要となる．

よい実験結果を得るには，一度で全体の変化がつかめるグラフづくりが必要である．X軸，Y軸に結果をプロットした後，再度，低濃度や高濃度部分，あるいは短時間や長時間部分の実験を追加するのはよくあることであるが，労力が大変である．

蛍光分析では，個人での採水，共同研究者との採水，そして運搬，保管，分析となり，バラツキや汚染の原因がどこで入るのか不明である．大騒ぎして試料を集め分析したものの，まとまりのない，バラバラな結果とならないよう日頃の注意事項の一例を示す．

採水時のバラツキ，汚染等を考え，試料は同じものを2個（A，B）入手する．スペクトルはきれいな曲線を描くもの，そして，2個のうち低いものを選ぶ．分析においてはランプ寿命を気にしなければならない．AとBを容器に取り，Aを測定しスペクトルを描かす．ノイズ等ない満足なものならデータを保存する．同じ画面にBを測定しスペクトルを描かすと全く同じ線上にBの結果が描かれる．全部，測定する必要はなく，途中で測定を中止し，これで確認は終了である．また，Aよりも低いスペクトルとなれば，Bのスペクトルを採用する．

石英セルから測定済みの試料を捨て，純水で洗浄，次の分析試料を入れる．セル横の2面に息を吹きかけるとうすく水滴が生じ，ティッシュペーパーで拭き汚れを取り除き測定する．分析装置を安定化させて測定するため，安定化した装置なら試料50～60個を続けて測定することが可能である．

実験条件等の変化を蛍光強度で求める場合，濃度変化，時間変化等の分析装置を安定化させた後，あたふたと実験を始めるのではなく，あらかじめ準備しておくことが必要である．

コラム⑨　三島の湧水

2010年11月6日，三島の湧水調査を行った．現在の富士山の下には水を通し難い火山泥流からなる古富士火山があり，新富士火山噴出物が帯水層となっている．三島の湧水は，静岡県の環境衛生研究所の調査によると，同位体元素比から高所の降水に由来し，富士山東南部の涵養源からの湧水である．また，原水爆実験が盛んに行われた時期の大気中のトリチウム（半減期124年）の測定から滞留時間は15～20年と推定されている．

2013年6月，富士山が世界文化遺産に登録された．富士山山頂でもフルボ酸が微粒子として飛んでくることが確認されている．

三島駅から南へ菰池公園，楽寿園の池等と採水した．三島市の場合，企業が地下水を汲み上げて冷却水として使用するため，地下水位が低下し，楽寿園の池の湧水も市内のせせらぎも水量が減っていた．その後，市民の働きかけで企業より一定量の冷却水の放流を得ている．採水に向かったものの，菰池公園の水飲み場では配管工事が行われていて採水できず，楽寿園の池の水の流れも各池に流れ込んでいる湧水量が変化し，開園時刻や休日等により採水調査が制限された．市内を歩いて湧水や疎水を見つけても，どこからどこへ地下でつながっているのか知ることができない．結局，水質が大きく変化するであろう寿楽園の出口から源兵衛川を下って中郷温水池の出口で採水し，蛍光分析による水質調査を行った．

国の天然記念物及び名勝に指定されている楽寿園の小浜池では，湧水が涸れてきているものの水温は15～16℃で，池の水深は測定基準点（標高25.63 m）を決め，過去7年間の9月のデータでまとめられている．水深1 mのときには，湧水量約5～6万 m^3 と推定している．冬，富士山の積雪が多いと，翌年の湧水量が増える．湧水量の変動の大きいことに驚く．

源兵衛川（**図-1**）の歴史は奈良時代までさかのぼる．冷たい湧水を温めて水田に使うため温水池へ導く約1.5 kmの楽寿園からの疎水である．

戦後，工業の発展により地下水が汲み上げられ水量が減った．川はゴミで汚れていたが，生態系の復元と原風景を求める市民の働きかけによって清流が再生されたと説明されている．川の中を歩けるように工夫されていて，板をつなげた道，飛び石等，子供の遊び場所，環境教育の場としても最適である．途中に水の苑緑地がつくられており，ここの流れで2番目の採水をした．国道を越え，流れに沿って中郷温水池の出口で3番目の採水をした．別途，菰池公園から流れる御殿川の伊豆箱根鉄道の線路下の流れから参考のため4番目の採水をした（**図-2**）．

採水場所と蛍光スペクトルを比較すると，楽寿園出口は市販のミネラルウォーター並みの水質である．途中，下排水の混入はないが，流れるに従ってフルボ酸濃度は増加する．中郷温水池からの水質は楽寿園出口の3倍以上のフルボ酸濃度となっており，琵琶湖南湖の水より蛍光強度は低い．原因は不明だが，蛍光スペクトルのピークは**図-3**のように短波長に移動していた．

図-1　源兵衛川のせせらぎ

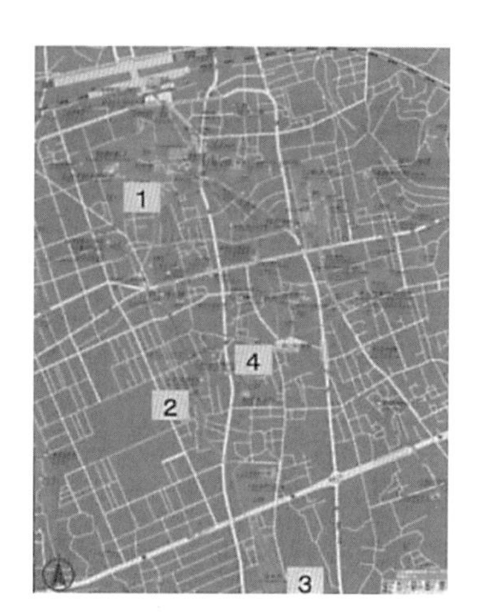

図-2　三島の採水地点

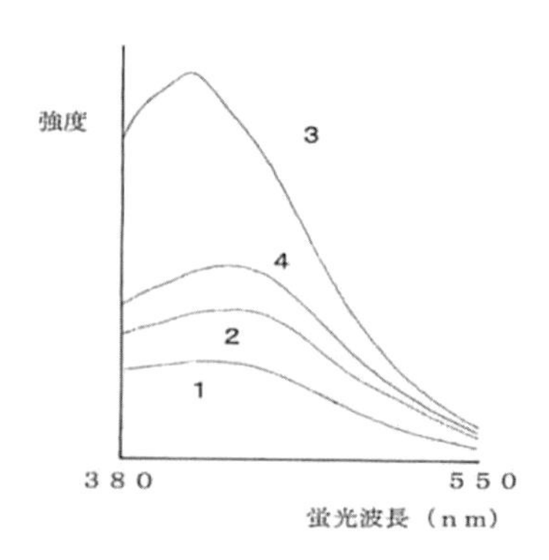

図-3　湧水の流に伴う蛍光スペクトルの変化

土隆一：富士山の地下水・湧水，富士火山，pp.375-387，山梨県環境科学研究所，2007
村中康秀：富士山の地下水と湧水保全，日本景観学会三島大会，2010.11.6

コラム⑩　皇居外苑濠

建築家は建物の設計にばかり意が行って，池を造作しても，将来その景観がどのようになるかはあまり気にしてはいないところがあるように見えることがある．モネが描いた睡蓮の池のように，水草が茂り，昆虫も鳥も飛んでくるような池，これは造園家の分野になるのであろうか．景観には水質が重要な項目であることは言うまでもない．このような観点からお濠の水質について述べる．

地図を見ると，皇居の外苑濠，学生の時から眺めていた飯田橋や市ヶ谷の外堀，そして**図-1** のように多様なフィールドがある．

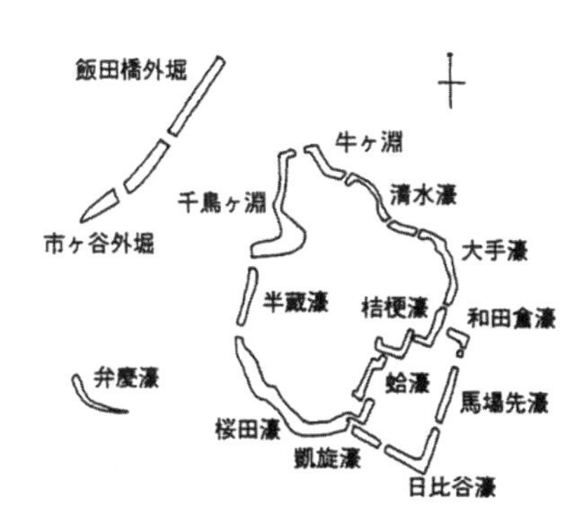

図-1　都内に残る貴重な水環境

このお濠の水質をどのように考えればいいのか．かつて緊急時の飲料水水質の観点から佐谷戸安好先生が呼ばれ，アオコ対策の視点で小島貞男先生も検討されたと聞いている．須藤隆一先生のバックアップを受け，日本景観学会の故黒川紀章先生と連名で皇居外苑濠を対象に水質と景観について研究を行った．

2006 年の暮れ，早稲田大学で一部を発表し，2007 年の第 41 回日本水環境学会年会で第 1 報として発表した．皇居外苑の景観は国民の財産であるが，貯留された水は，富栄養化でアオコが発生し，景観を損ねていた．

図-1 の皇居外苑濠 12 箇所，外堀 3 箇所の水質と景観を調査した．アオコの多い所は，飯田橋の外堀で，グリーンの絨毯のように水面を覆う．ある時は不気味にも大きなコイが数十匹，くじらのように水面に背中を出して群れていた．水質のきれいな所は蛤濠，浮葉植物の多い所は牛ヶ淵である．塩化物イオンの測定結果から，**図-2** のような水の流れがあり，濠のつながりを説明することができる．溶存有機物の腐植物質フルボ酸を蛍光分析法で調べると，濠の水の流れに関係のあることがわかる．

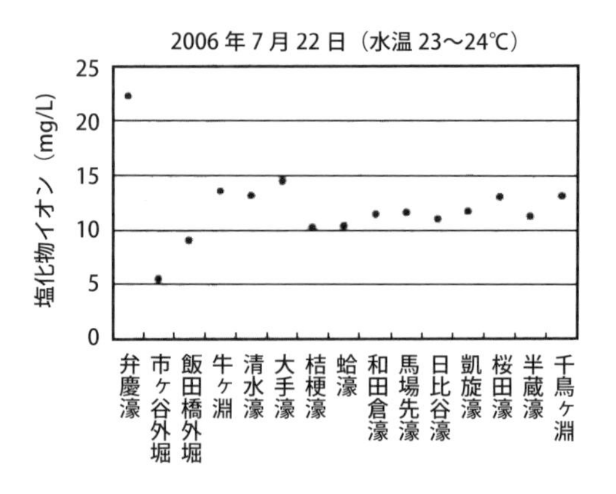

図-2　塩化物イオンの測定結果

図-1 にあるように 12 の濠では，降雨によって溜まった水は，順次，清水濠と日比谷濠から下水道へ流れるようになっている．通常，馬場先濠から一部の水を浄化設備に入れて，濁質を除き，桜田濠と半蔵濠に送水している．**図-3** のように，富栄養化の進んだ千鳥ヶ淵から牛ヶ淵への流れを示す結果が得られた．水の蛍光強度は腐植物質のフルボ酸と考えられ，過去の水の流れを調べるのに利用できそうである．

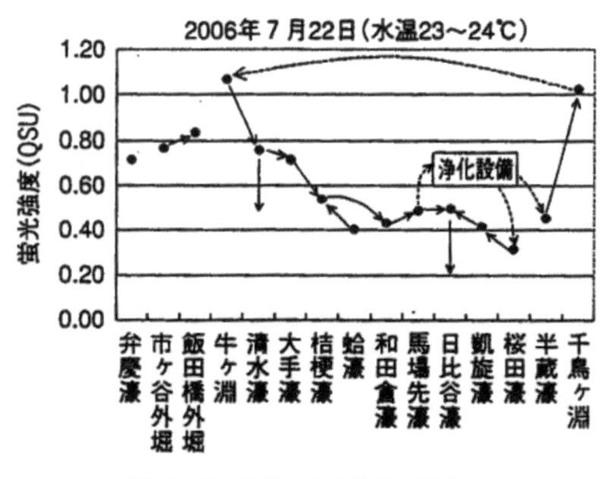

図-3　蛍光強度による濠水の流方向

海賀信好，世良保美，黒川紀章：皇居外苑濠の水質と景観，日本景観学会誌 KEIKAN Vol.8, No.1，pp.24-25．2007

5. 水道水の蛍光発現性

水道水は十分に浄化された水であるが，塩素処理で生じる消毒副生物が注目されている．大学の研究室で蛇口からの水道水を蛍光分析にかけてみたところ**図-5.1**に示すスペクトルが得られた．

測定は10 mmの石英セルに水道水を入れ，ある蛍光波長を決め，初めに入射光の波長を変化させ得られる励起（吸収）スペクトルを測定する．次に蛍光強度の大きかった入射光の波長を決め，この光で生じる蛍光について波長を変化させて蛍光スペクトルを求める．水によるラマン散乱が波長400 nm前後で重なるが，波長250～400 nmに励起スペクトルが，370～550 nmに蛍光スペクトルが認められた．いとも簡単に十分に検出されるレベルの蛍光強度が得られる．複雑な前処理を必要としない分析測定ができる．蛍光スペクトルでは，単一の化学物質で，励起と蛍光のスペクトルが左右対称に認められれば，その物質に固有のスペクトルである．

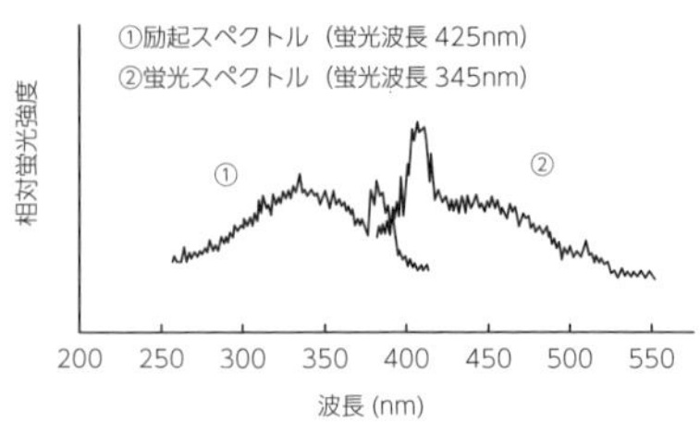

図-5.1 水道水の励起スペクトル，蛍光スペクトル

水道水に10分間窒素ガスを注入し残留塩素を放出し，またpH 7.2から0.1 N塩酸によりpH 5.0へ，0.1 N苛性ソーダによりpH 9.0へ調整し，それぞれ蛍光強度に対する影響を調べたが，ほとんど変化は認められなかった．水の分光分析では，波長220 nmの硝酸イオンの吸収や波長260 nmの不飽和結合を持つ有機物の吸収をもとに行われているが，今回，さらに長波長の345 nm付近の光を吸収し蛍光を発する物質が存在していることがわかった．

5.1 励起スペクトル，蛍光スペクトルの比較

水道水に検出されたスペクトルがどんな有機物質から発現されているのか，その後の各種環境水の調査結果と，腐植物質のフルボ酸標準物質のスペクトルを加えて**図-5.2**に示す．

水道水中の蛍光発現物質が水道水源に起因すると考え，定性的な分析を行った．富栄養化した湖沼水の結果を**図-5.2**の①に，河川水の結果を②に示す．ほぼ類似の励起蛍光スペクトルが観察された．湖沼水では，プランクトン類の増殖による代謝性物質，底泥からの嫌気性微生物による分解性物質の溶出，河川水では，土壌からの腐植物質の溶出があり，これらが自然由来の蛍光発現物質を構成しているものと推定される．また公共用水域に流入する有機物として，下水処理場，し尿処理場

の二次処理水の蛍光測定を行ったところ，蛍光強度は，湖沼，河川の水より 5 ～ 20 倍も強く，希釈したところ③，④に示すように，河川水と同様なスペクトルが得られた．これらは人為的な下水とし尿由来の蛍光発現性物質である．植物由来の褐変物質として，長野県で採取したオニグルミ堅果外側の熟成相から溶出された試料のスペクトルを⑤に示す．オニグルミは，落下後，約 1 週間で黄緑色の果肉が黒褐色に変化し徐々に崩壊する．この褐変物質は，水が溶解する腐植物質の一つである．さらに段戸土壌由来の標準フルボ酸のスペクトルを⑥に示す．水道水，湖沼水，河川水の蛍光スペクトルと比較して励起スペクトル，蛍光スペクトルとも長波長側にあるが，湖沼水，河川水のスペクトルに類似したパターンが確認できた．

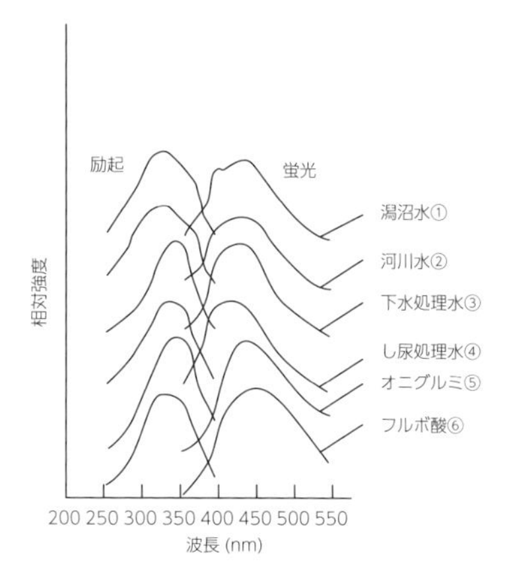

図-5.2　表流水，処理水，標準試料の励起スペクトル，蛍光スペクトル

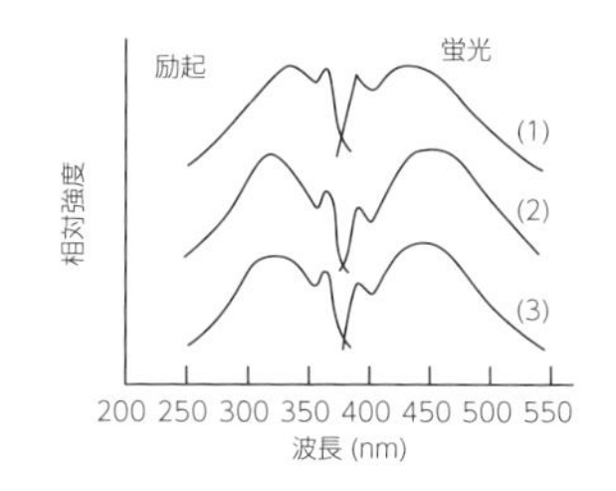

図-5.3　河川水と標準フルボ酸溶液の混合による励起スペクトル，蛍光スペクトル変化　[①河川水（関東地区 1997 年 11 月），②標準フルボ酸溶液，③ 1:1 混合試料]

自然混合系で蛍光スペクトルがどのように変化するのかを，河川水と標準フルボ酸との混合実験で測定し，**図-5.3** に示した．

スペクトルのピーク位置は異なり，使用した河川水は採水時期により汚濁が少なく波長 350 ～ 400 nm にラマン散乱が明確に認められた．この河川水は相対蛍光強度 20 であり，同様な強度になるよう標準フルボ酸溶液を蒸留水で希釈し 1：1 で混合した．励起スペクトル，蛍光スペクトルのピーク波長は，河川水で 344，434 nm，フルボ酸溶液で 321，451 nm，混合試料では 330，446 nm となり，混合によりピークの移動が起きていることが観察された．

溶存状態の変化か，各成分の加成性の成立かは判定できないが，精製された標準フルボ酸でも共存物質によりピークの移動が 10 数 nm の範囲で起こることから，水環境中では生成由来の異なる各種のフルボ酸が，その混合比率と溶存状態によって種々のスペクトルを持って存在することが判明した．つまり，分離精製は行っていないものの**図-5.2** ①～④に示す各種スペクトルの蛍光物質は，主に自然由来，人為的な下排水由来の混合したフルボ酸であると同定できる.

標準フルボ酸を用いて，塩素処理とオゾン処理による励起スペクトル，蛍光スペクトルの変化を調べた結果を図-5.4に示した. 塩素処理は，次亜塩素酸ソーダで塩素 10 mg／L を添加し，20 ℃で 1 時間放置したもの，オゾン処理は，オゾン酸化ビンでオゾン 2 mg／L を添加したものである. ここでも蛍光強度は低下するものの，ピーク波長の移動等は起こらず，蛍光スペクトルからはフルボ酸，塩素化フルボ酸，酸化フルボ酸の区別はできない.

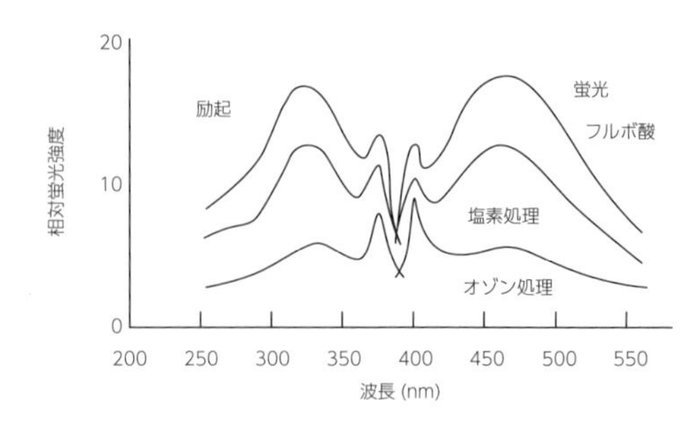

図-5.4 標準フルボ酸の塩素処理，オゾン処理によるスペクトル変化

実は東京大学の生産研究所の公開日に見学参加した際，ガラス棚の小さな試薬ビンにフルボ酸と書かれた標準物質が置かれていた. 試薬ビンに目が吸い付けられた. 薄茶色の粉末，このスペクトルと比較できればと，「耳かき一杯を貸していただきたい，スペクトルをとったら濃縮してお返しする」と篠塚則子先生に申し込み，薬包紙に少し頂いたものである. この標準フルボ酸は，段戸土壌から国際腐植物質学会の定める IHSS 法により分離精製されたフルボ酸である. どれもスペクトルは似ている. これらは安定で，冷蔵庫に長期保存が可能である.

水質分析技術も進歩し，公害問題の過マンガン酸カリウム消費量，COD，BOD 等のガラス器具を用いた分析では数 10 mg／L，TOC，DOC 等の機器分析ならば mg／L，さらに高級なガスクロマトグラフィー，マススペクトロメトリーの分析機器では臭気物質等は 10 μg／L の数量を要する範囲である.

さらに微生物を用いた分析では同化有機炭素 AOC，微生物培養法で酢酸換算炭素濃度 10 μg 酢酸 C／L が求められている.

分子量分布の研究もセファデックスのゲルクロマトグラフィーから HPLC 高速液体クロマトグラフィーを使用すれば，検出器には E_{260}，屈折率，導電率，蛍光検出等が利用できる. 吸光度 E_{260} ではトワイマン・ローシャンの誤差で正確性に欠くことになり，蛍光検出を用いることになる.

誤差の原因は，蛍光を発する溶存有機物濃度が高くなった場合，蛍光の内部遮光効果が現れ，直線性が悪くなるためである. しかし低濃度では優れた直線性が得られ，入射光，透過光から測定を行う吸光度測定に比べ 100 ～ 1,000 倍の感度で測定ができる.

5.1.1　水道水の採水

全国の駅の蛇口から水道水を採水し，蛍光分析の感度と物質の安定性から分析した結果を**図-5.5** に示す．どこの水道水にも蛍光発現性物質が含まれ蛍光強度が測定できる．北海道から九州まで代表的な都市の人が多く連続的に使用している蛇口から水道水を採水し分析した.

冷暗所で保存した試料水を 0.45 μm のメンブレンフィルターでろ過後，分光蛍光光度計（日立製 MFP−4）で測定した．セルは 4 面透明石英 10 mm セルである．蛍光測定は励起波長 345 nm の蛍光スペクトル，蛍光波長 425 nm の励起スペクトルを求め，蛍光物質濃度は蛍光波長 425 nm の強度を相対強度として示す.

相対強度は，50 μg／L の硫酸キニーネ 0.1 N 硫酸溶液を基準とし，同一励起蛍光波長での蛍光強度を 100 とした.

大都市の浄水場にオゾンや粒状活性炭等の処理が導入される以前であるため比較的大きな蛍光強度を示しており，蛍光発現物質が自然由来と下排水由来のフルボ酸に起因していることがわかった.

塩素処理を行う水道水では，溶存するフルボ酸は塩素による酸化反応を十分受ける．Schmiedel と Frimmel は，各種の土壌抽出フルボ酸の塩素化合物の励起スペクトル，蛍光スペクトルの変化を調べ，塩素／炭素比率が 0.1 の初期塩素化では，あるフルボ酸は蛍光強度が最高 120 % まで上昇し，以降，塩素化により消光，全体では塩素／炭素比が 1.0 で 25 〜 30 % の蛍光強度に低下すること，また鉄塩により消光の起こること，塩素化によって励起スペクトル，蛍光スペクトルの各ピー

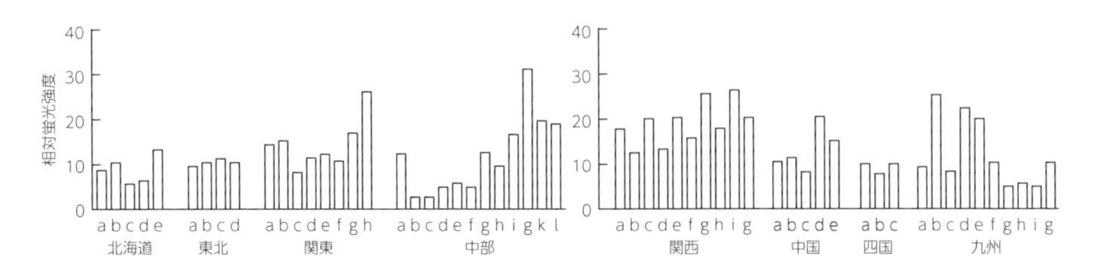

図-5.5　日本各地の水道水の蛍光強度（1992 年 5 月〜 1994 年 8 月）

ク波長は移動せず，フルボ酸と同じ波長であることを示している．水道水源や標準フルボ酸等の励起スペクトル，蛍光スペクトルの分析結果から，塩素消毒による残留塩素を維持する水道水から検出される安定な蛍光発現性物質は，フルボ酸の塩素化合物と同定される．

水道水中のフルボ酸の含有量としては，**図-5.6**に示す標準フルボ酸溶液で求めたフルボ酸濃度と相対蛍光強度との関係 Y=11.193X−0.896〔X：フルボ酸濃度（mg／L），Y：相対強度 R^2=0.999〕と，Schmiedel と Frimmel によるフルボ酸と塩素化フルボ酸の蛍光強度比から，蛍光強度 20 の水道水には，概略，フルボ酸 6.0 mg／L 程度が含まれていたものと推定される．

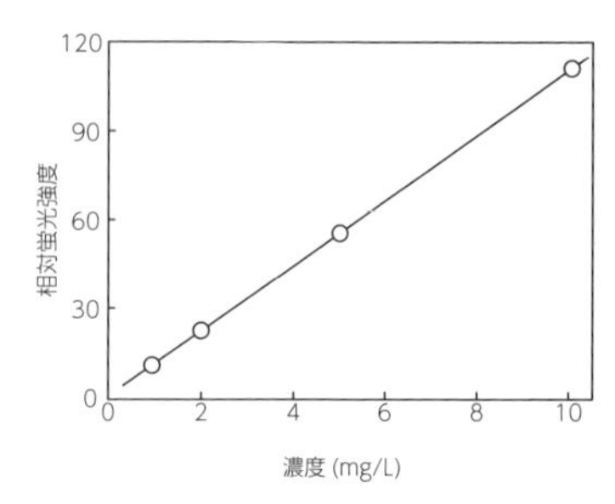

図-5.6 標準フルボ酸溶液の濃度と相対蛍光強度との関係

なお市販の国産，輸入品ボトルウォーターの蛍光強度を測定したところ，水道水と同様の励起スペクトル，蛍光スペクトルが 3 ～ 12 の範囲で認められた．また多摩丘陵，石槌山麓の湧水では同様に蛍光強度 2 ～ 3 であった．これらは塩素処理を行っていないため，フルボ酸自身の蛍光スペクトルと考えられる．

横浜国立大学の浦野教授らは，XAD−8 樹脂により水道水から変異原性物質を濃縮し，その強度分布を全国的に調べており，その結果は，**図-5.5** の蛍光強度分布とほぼ同じ状況を示し，変異原性の低い地域の水道水は低い蛍光強度となった．フルボ酸自身，XAD−8 樹脂に吸着されやすく，精製にもこの樹脂が用いられることから，水道水の変異原性物質として主にフルボ酸の塩素化した全有機ハロゲン化合物（TOX），塩素化フルボ酸を濃縮していたものと推測される．つまり浄水の塩素処理では，通常，低分子のトリハロメタンの生成と同時に，不揮発性高分子も含めた TOX を 3 ～ 4 倍生成するためである．

5.1.2 浄水処理工程水の調査

浄水場の工程水を採水し，蛍光強度を調べると，**図-5.7** のような結果となる．A 浄水場は，原水，凝集沈殿，砂ろ過，浄水工程で前塩素，後塩素を添加している．B 浄水場は，前塩素はなく，砂ろ過における鉄，マンガンの析出を防ぐために中塩素を添加している．C 浄水場は，薬剤添加点は記載されていないが，原水，着水井，

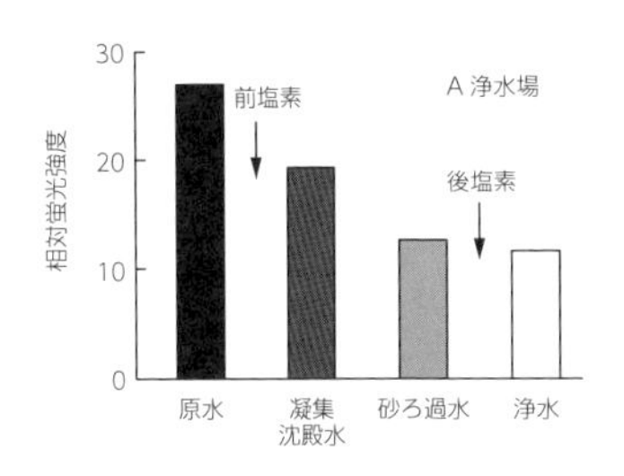

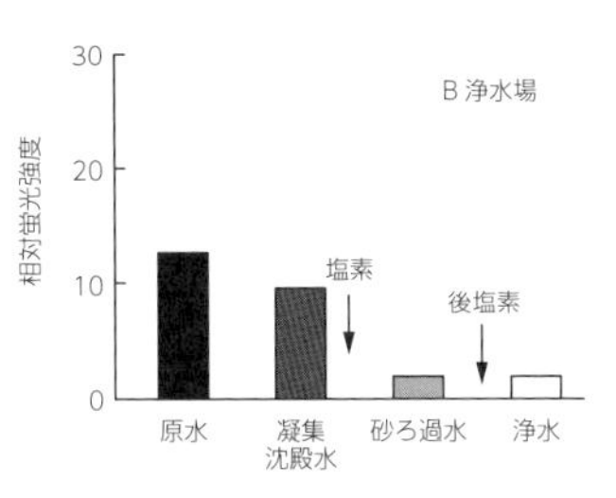

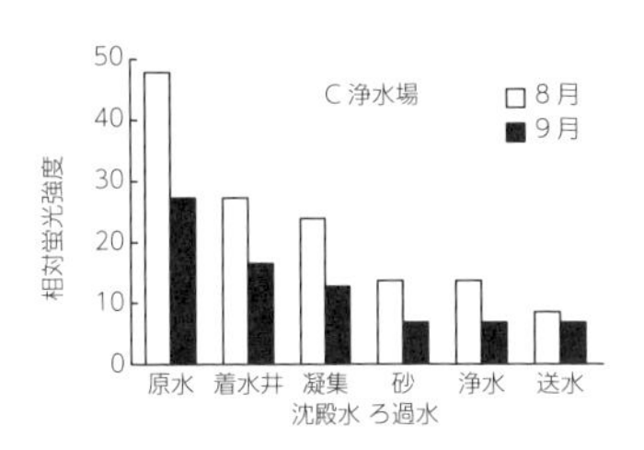

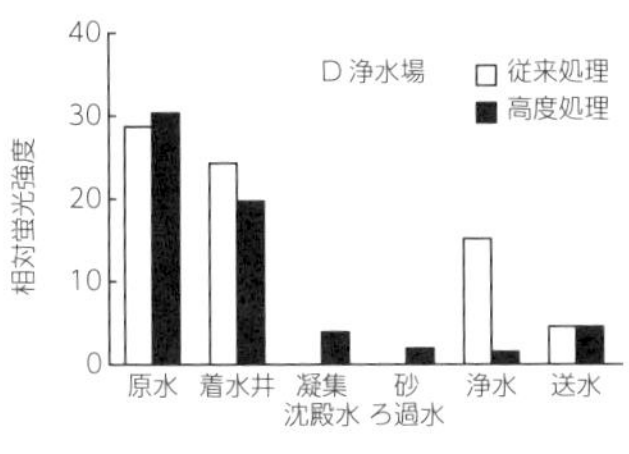

図-5.7　各浄水場工程水の蛍光強度変化

凝集沈殿，砂ろ過，浄水，送水とも 8，9 月には蛍光強度が順次低下している．

D 浄水場は，一部に高度処理として新たにオゾンと生物活性炭を導入し，従来法の処理水と混合して送水している．

原水に溶存しているフルボ酸は，前塩素処理，凝集沈殿，中塩素処理，砂ろ過，後塩素処理，オゾン，生物活性炭の工程における化学的および物理的さらに生物的な変化によって低下している．

相対蛍光強度は低いが，フルボ酸の塩素化による消光が明らかに起きている．このことから，蛍光強度測定により浄水工程の塩素処理の反応を追跡することも可能である．

5.1.3　浄水工程の見直し

トリハロメタンは，溶存有機物であるフルボ酸関連物質の不飽和二重結合と塩素や臭素との反応で生成する．特に共役二重結合は蛍光発現性があり，塩素や臭素と反応しやすく，その反応生成物はハロゲン化有機化合物の THM や MOX である．塩素を十分に加えておけば安心であるという従来の浄水工程は，前塩素，中塩素，後塩素を適切に使用する浄水工程の見直しが必要であると，オゾン酸化や活性炭吸着も検討されることになった.

大阪市の水道局の芦谷らは，水道原水中に含まれるトリハロメタン生成の前駆物質としてフミン酸，フルボ酸の蛍光特性を調べている．フルボ酸の蛍光スペクトルは波長 425 nm にピークを持ち，蛍光強度はフミン酸に比べ 5 倍以上も大きいこと，さらに水道原水の蛍光スペクトルはフルボ酸の蛍光スペクトルと一致することを示し，蛍光強度を有機汚濁指標として利用しようとした.

次に富栄養化した湖沼水を水源とする稼働中の塩素を使用しない高度浄水処理実験プラントからの処理水についても測定した.

凝集沈殿，砂ろ過，オゾン，生物活性炭の処理工程から得られた各処理水の蛍光強度を測定し，さらに十分な塩素を添加し，24 時間後のトリハロメタン生成能を測定，再び蛍光強度の変化を調べた結果を**図-5.8** に示す.

原水は富栄養化した湖沼水で，凝集沈殿水はポリ塩化アルミニウム 50 mg／L を添加した上澄水，オゾン処理水は凝集沈殿，砂ろ過水をオゾン注入率 1.0 mg／L で処理した水，生物活性炭処理水は内径 0.2 m，高さ 1.7 m の粒状活性炭層に 270 日間オゾン処理水を連続通水し微生物活性の安定した生物活性炭固定床で，流速 10 m／h で処理した水である．原水の蛍光は塩素処理によって約 38 % に減少するが，オゾン処理水は既に原水に対して 21 % と低く，次の塩素処理でもほとんど変化しない．生物活性炭処理水もほぼ同様である．蛍光強度はオゾン酸化，塩素化によって減少するものの，フルボ酸類の区別はできなかった.

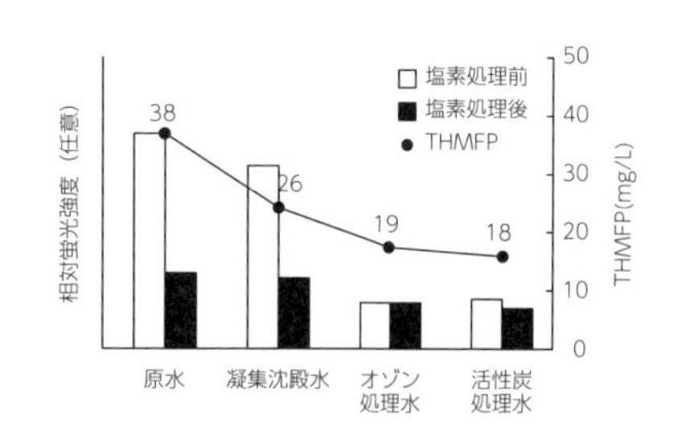

図-5.8 高度浄水処理パイロット実験における蛍光強度と THMFP の変化

塩素処理によるトリハロメタン生成能と各成分について**表-5.1** に結果を示した．トリハロメタン生成能とクロロホルムの割合は，原水が 38 μg／L と 34 %，凝集沈殿水が 26 μg／L と 31 % であるが，オゾン処理水，生物活性炭処理水は 18 ～ 19 μg／L と 37 ～ 39 % で，蛍光強度と同様にほぼ一定となる.

5.2 浄水処理工程の蛍光分析による水質評価

日本の浄水場では，調査内容を相手に伝えても採水や分析は行い難い．「うちの水が悪いのか？」となるのである．国際シンポジウム，水道協会の研究発表会，水

表-5.1　高度浄水処理パイロットプラントにおけるTHMFPの変化

物質	原水	凝集沈殿水	オゾン処理水	生物活性炭処理水
クロロホルム	13	8	7	7
ジクロロブロムホルム	12	7	5	4
クロロジブロモメタン	11	8	5	5
ブロムホルム	2	3	2	2
トリハロメタン生成能	38	26	19	18

環境学会での発表を通して，共同研究の協賛者を増やしてきた．大学では現場からの採水，運搬，保管，分析と再現性を求めるテストを重ね，北海道から沖縄まで，通常処理，高度浄水処理，緩速ろ過，膜ろ過，紫外線処理等の浄水工程水からデータが得られた．

塩素消毒副生成物の問題が生じて以降，日本水道協会にて残留塩素管理に関する調査専門委員会が残留塩素測定に関する調査と40箇所の水道事業体からのアンケートをまとめるなど，塩素の適正な注入管理がなされている．一方，消毒副生成物生成に関与する有機物も重要な検討項目となり，微量分析による解析が行われている．水道原水中の有機物の組成については，自然由来の溶存有機物は全有機物の4割程度を占め，その構造は多様であることが知られている．

しかし自然由来有機物は，フミン質や腐植物質といった曖昧な分類に終始し，浄水利用の視点からの精緻な分類には至っていない．塩素との反応性を考えると有機物中の不飽和二重結合や共役二重結合といった存在の把握が必要と考えられ，この指標として測定の簡便さもあって260 nm吸光度が一般的である．これは測定方法が簡便であるものの，高濁度の場合には溶存有機物以外の吸光度の影響により，誤差が大きくなることも知られている．またトワイマン・ローシャンの法則としてしられる誤差曲線によれば，吸光度値で0.1 ～ 0.8〔–〕が測定には最適範囲とされ，この範囲外では急激に誤差が大きくなるが，浄水処理工程での260 nm吸光度は，処理が進むほどこの最適範囲よりも低い値となることが多く，精度を保ちつつ測定することは難しいと考えられる．

一方，蛍光分析は，塩素との反応性部位を持つ有機物の存在を調べるにはより有効な分析方法であると考えられる．

全国の河川水，琵琶湖と霞ヶ浦の湖沼水において蛍光強度とTHMFPとの比例関係が確認されており，また埼玉県の河川水ではTTHM生成とクロロホルム生成との比例関係が示されている．さらに蛍光強度はDOCおよび260 nm吸光度に比べて定量感度が一桁以上高いとされている．

水質以外の分野では，フルボ酸検出に蛍光分析が使われ，その有効性が拡がりつつあるが，水質分析分野ではまだ一般的な方法とはされていない．

ここでは浄水処理工程における有機物管理の一手法として，蛍光分析方法が提案できるかを検討した．

蛍光分析では，励起波長320 nm，蛍光波長380～550 nmにおいて把握される溶存性の蛍光発現性物質をフルボ酸と呼ぶ場合が多い．これはフルボ酸を含む有機物群として定義されるが，水道原水においては，その主成分はフルボ酸そのものであることが報告されている．例えば，金町浄水場の水道原水においてはフルボ酸は98％であったと報告されている．同じ江戸川の上流に位置する東京都水道局三郷浄水場のオゾン処理に関する研究でも，河川水中の有機物はフルボ酸であると結論づけられている．これまで蛍光分析に適した試料の採水方法，使用容器の特徴，試料の保存方法等の検討を重ねてきたが，浄水分野への適用性を検討するために，国内各地の水道関係者からの試料提供を受け分析できた．

＜本書の使用にあたりご注意ください＞

水処理，理学，工学，医学，生物学等では，光を試料に当て入射光と透過光との比率をとってランベルト・ベールの法則から対象物質の濃度を決める方法が広く使われています．水溶液の場合，溶存有機物に含まれる不飽和二重結合が紫外部吸収を持つため波長260 nmの紫外線を利用したもので，紫外部吸光度，UV_{260},E_{260}等の表示が利用され，そのまま統一せずに表示しております．混乱なきようお願いいたします．

蛍光分析については，研究の初期は幅広く，励起波長250～400 nm, 蛍光波長370～550 nmまでスキャンし，励起・蛍光スペクトルを求めています．途中から励起波長は230～500 nm, 蛍光波長は ,380～550 nmまで，フルボ酸の蛍光発現性が明確化されてからは，励起波長は320 nmで，蛍光波長を430～550 nmまでスキャンして蛍光スペクトルを求め，蛍光強度はピークの430 nmにて求めています．本書で波長の異なったデータが並ぶ理由です．

調査研究は，本書の第4章，第5章の順に進めたわけではなく，得られた多くのエビデンスから項目を分類しました．そのため参考資料・引用文献が時間的に前後するので，第5章のあとにまとめて表示します．大学，企業，自治体，NPOなど，多くの共同研究者に恵まれ，まとめられたもので，小さな記録でも残さなければと考えます.

5.2.1　実験方法

(1)　試料の採水と分析方法

試料は通常運転されている浄水場の現場もしくは水質分析室にて採水して，0.45 μmのメンブレンフィルターでろ過し，100 mL用のポリエチレン容器に採水し常温で運搬した．容器は，採水時の残留塩素を除去するためチオ硫酸ナトリウムを添加したものと，添加なしの2種類を用意した．チオ硫酸ナトリウムは，あらかじめ100 mL用のポリエチレン容器へ3％チオ硫酸ナトリウム溶液を1 mL投入し，85 ℃にて24時間静置して，容器内の底に固定した.

試料については，蛍光スペクトル，相対蛍光強度，蛍光強度およびDOC濃度を測定した.

(2)　浄水場の処理工程水の蛍光強度分析

国内8ヶ所の浄水場で原水（着水井水含む）から配水池までの処理工程水を採水し，励起波長320 nmによる蛍光スペクトルおよびDOCを測定した．対象とし

表-5.2　採水対象とした浄水場と採水日，処理工程

冷水場名	管轄	採水日	処理工程
広郷浄水場	北海道北見市上下水道局	2012年8月24日	河川水原水→着水井→凝集沈殿→粒状活性炭→中塩素→砂ろ過→後塩素→浄水池→配水池→浄水
西空知浄水場	北海道西空知広域水道企業団	2012年12月5日	河川水原水→着水井→PAC添加→UF膜ろ過→後塩素→浄水池→配水池→浄水
若田浄水場	群馬県高崎市浄水課	2012年11月7日	河川水原水→着水井→沈殿池→緩速ろ過→後塩素→配水池→浄水
小作浄水場	東京都水道局	2012年6月14日	河川水原水→着水井→凝集沈殿→急速ろ過→配水池→浄水
小作浄水場(臭気発生時期)	東京都水道局	2012年12月19日	河川水原水→粉末活性炭添加→着水井→凝集沈殿→急速ろ過→配水池→浄水
羽村浄水場	羽村市上下水道部	2012年12月18日	河川水原水→着水井→MF膜ろ過→後塩素→浄水池→配水池→浄水
三園浄水場	東京都水道局	2012年9月11日	河川水原水→着水井→凝集沈殿→前段ろ過→オゾン→生物活性炭→後段ろ過→配水池→浄水
柴島浄水場	大阪市水道局	2012年10月5日	河川水原水→着水井→凝集沈殿→中オゾン→急速ろ過→後オゾン→活性炭→配水池→浄水
石川浄水場	沖縄県企業局	2012年8月17日	ダム湖水原水→着水井→凝集沈殿→急速ろ過→配水池→浄水

た浄水場について，採水日と処理工程等を**表-5.2** にまとめた．

5.2.2 実験結果と考察

(1) 現場の浄水工程水の分析結果

国内８箇所の浄水場（延べ９回の採水調査）にて，各処理工程において採水した試料の蛍光スペクトルを**図-5.9** に示す．これらは浄水処理工程における蛍光スペクトルの変化を示すもので，図中の縦線は 430 nm を示し，ここでは相対蛍光強度値として採用している蛍光波長である．また点線は配水後の残留塩素と溶存有機物を反応させた後のもので，給水末端での蛍光スペクトルを模擬している．ほとんどの場合で浄水処理工程が進むにつれてピーク値の減少が観察された．

蛍光強度が原水において既に低い伏流水を用いている羽村や原水に粉末活性炭を添加した小作以外，原水（着水井水含む）のピーク位置を見ると，北海道に位置す

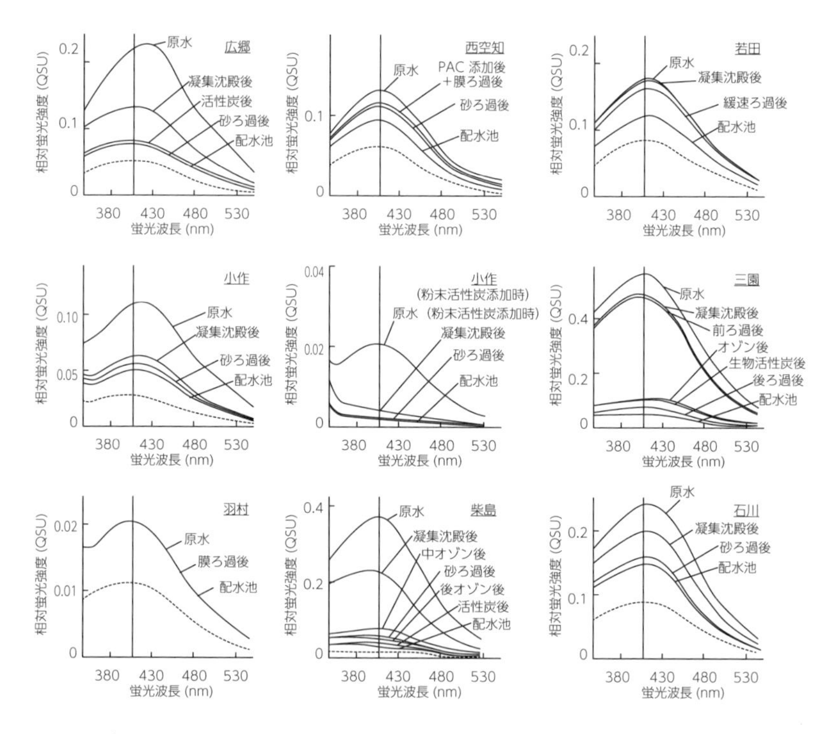

図-5.9 各浄水場における処理工程水の蛍光スペクトル（図中の点線は配水池採水の際にチオ硫酸を添加せず残留塩素有りにて保管した試料のスペクトル）

る広郷，西空知，関東高崎の若田の原水のピーク波長は 440 nm であり，関東以南の三園，柴島，石川の原水のピーク波長は 430 nm であった．いずれも処理に従いピーク波長は 430 nm となり，かつ蛍光強度は減少していた．原水のピークの違いから，自然由来のフルボ酸，もしくは消毒副生成物の前駆物質に関する情報を得られると考えられる．一般にフルボ酸は複合体として存在しているが，π電子の状態によって蛍光発現性が異なる．吸収した波長より長波長に光を放出する蛍光発現性物質の構造は，共役π電子系を持つ平面構造を有する化合物である．共役π電子系が長いと，無色から黄色，橙色，赤色と波長が長くなる（レッドシフト），逆に系が短いと，波長が短波長に移動する（ブルーシフト）．土壌や植物由来のフルボ酸様物質が水中へ溶存して間もない状態では，分子が相対的に大きく共役二重結合も相対的に長いため，ピーク波長が長波長側に現れる傾向がある．その後，酸化分解，生物分解，光化学反応などの作用により，複合体が解離し，共役二重結合が見かけ上短くなるとピーク波長は短波長側に移動する．したがって，原水の蛍光スペクトルピークが 430 nm 付近にあるということは，その原水はフルボ酸が溶解してからの経過時間が長く，安定化した状態であると考えられる．

図-5.9 を見ると，原水のピーク波長が 440 nm の場合，浄水工程が進むに従って短波長の 430 nm へ移動した．これは凝集沈殿において，分子量の大きなフルボ酸が除かれ分子量が小さく短波長側へ蛍光を移す物質の割合が増したためと考えられる．この結果は江戸川下流の水道原水を高速液体クロマトグラムで試験した結果，凝集沈殿では溶存有機物質の高分子領域が減少する既報の結果と一致する．

各浄水場とも末端の給水栓前で残留塩素を適正な濃度で維持できるよう，浄水水質，季節，末端までの配管距離等を考慮して配水池での残留塩素添加量を決定している．今回の採水時における残留塩素濃度は，浄水場の保有データによれば，若田浄水場では短距離の配水地区で 0.3 mg／L，遠方の市内配水地区で 0.5 mg／L を添加していた．羽村浄水場では 0.33 mg／L の添加であった．残留塩素は，浄水の有機物濃度が高いと減少速度が高まることが知られている．この効果は蛍光強度の低下や蛍光スペクトル変化から調べられると考えられる．

(2)　各浄水場の処理工程での原水からの DOC 減少率および蛍光強度減少率

各処理工程において採水した試料中の DOC 値および蛍光強度値を測定し，原水（着水井水含む）からの減少率を算出して**図-5.10** に示した．塩素注入が行われた後の浄水工程においては，ほとんどプロットが図中の点線（両指標が同じ減少率であることを示す）より上側であった．つまり DOC 減少率よりも蛍光強度減少率が

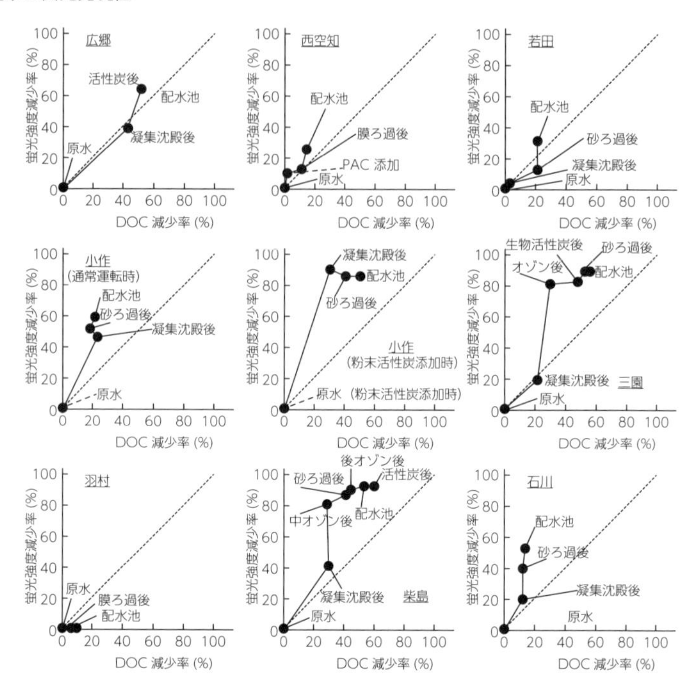

図-5.10 各浄水場の処理工程での原水（着水井水含む）からのDOC減少率および蛍光強度減少率（図中の点線はDOC減少率＝蛍光強度減少率を示す）

常に大きいことを意味しており，蛍光強度によって有機物質の質的変化がDOCよりも高感度で検出できていた．塩素注入以外にも高度浄水処理であるオゾン処理を組み入れている浄水場では，オゾン酸化による蛍光強度減少も顕著に見られており，いずれの場合でもDOC変化では捉えられないような，有機物の質的変化を感度良く検出していることが示された．

(3) 残留塩素によって生じる溶存有機物の質的変化の把握

定常運転時の浄水場の配水池の処理水を対象とし，採水時にチオ硫酸ナトリウムを添加した試料と無添加の試料についてDOCおよび相対蛍光強度を測定し，その差から各減少率を求め**図-5.11**に結果を示した．いずれの試料についてもDOC値の減少率はわずかしか見られなかったが，蛍光強度の減少率は非常に大きいことがわかる．このことからも蛍光分析はDOCでは捉えきれない溶存有機物の質的変化の検出に適していることが示唆される．

(4) 原水のフルボ酸について

今回，測定対象とした浄水場の原水は，蛍光強度が 0.6 QSU 以下，DOC 2.0 mg／L 以下の範囲であった．これら水道原水の DOC 値と蛍光強度値の関係を**図-5.12** に示す．両者には相関性があることが確認できる．この相関式は既報にて報告されている日本の他の河川水，国外ではライン川，ミシシッピ川の河川水でも見られる関係式とほぼ一致している．このことから自然由来の蛍光発現性を持つフルボ酸は，主な DOC 成分であり，広く水系に存在し，蛍光分析は水道原水中の有機物評価に使用できる手法であると考えられる．

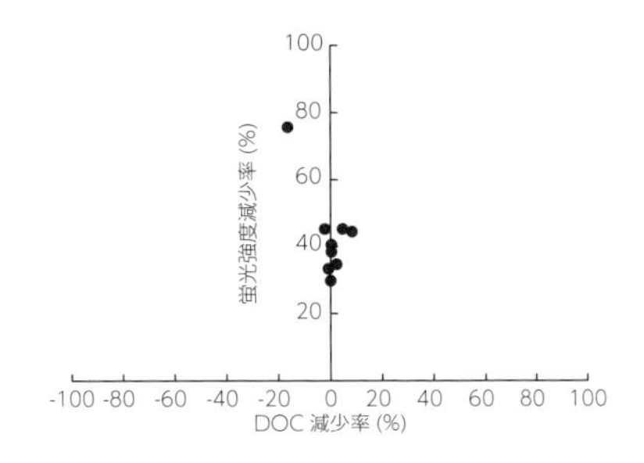

図-5.11　採水試料運搬中の残留塩素による DOC および蛍光強度の変化

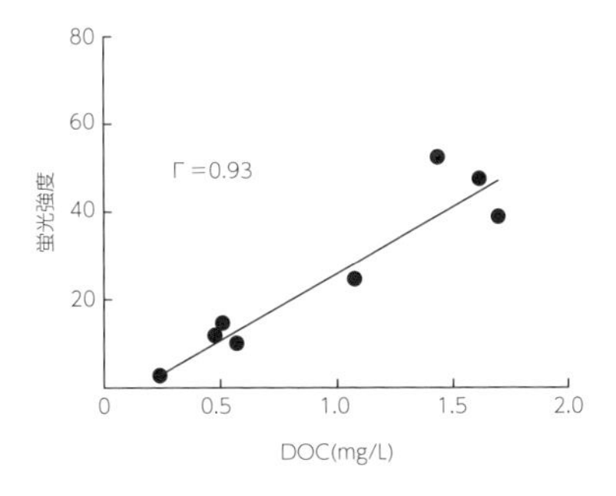

図-5.12　水道原水の蛍光強度と DOC の関係

蛍光分析からは，フルボ酸の量とフルボ酸の分子の大きさに関した 2 つの情報を得ることができる．蛍光強度で検出される THMFP の原因物質であるフルボ酸を自然に含まれるマーカーとして使用することで，浄水過程における それら有機物質の減少，質的変化を把握することができると考えられる．

さらに埼玉県の浄水場現場からの，濁度を調整した原水中での相対蛍光強度との相関を調べた報告では，濁度 0 と 100 度での蛍光強度値は 16 % 減に留まっており，濁度 10 度程度では数 % の影響しか出ないことが示されており，雨が多く濁質に悩まされる表流水使用の浄水場においては，励起波長 320 nm で蛍光波長 430 nm の蛍光強度，蛍光スペクトルの利用はその確実性が発揮されるものと考えられる．

5.2.3　まとめ

(1) 河川表流水，伏流水から水道原水を取水している浄水場の水質を調べたところ DOC 成分は励起波長 320 nm で蛍光波長 430 nm にピークを持つ蛍光スペクトルを発するフルボ酸が主体であることがわかった．また今回測定した水道原水の DOC 値と蛍光強度値には高い相関性があり，かつ国内の河川水，ライン川，ミシシッピ川の河川水と同様な関係式で説明された．このことから自然由来のフルボ酸様有機物質が，DOC 値の主な成分であり，かつ広く水系に存在していることが示唆された．

(2) 原水（着水井水含む）の蛍光スペクトルのピーク波長を観察することにより，その原水中のフルボ酸様有機物質が水中に溶解してからの経過時間を推定することができると考えられた．浄水処理工程における蛍光スペクトルピークの短波長側への移行（ブルーシフト）は，塩素やオゾンによる酸化反応による質的変化ではなく，凝集沈澱処理や活性炭処理などにより，分子量が小さい残存フミン酸様有機物質の選別が生じたためと考えられた．

(3) 国内で運転されている浄水場の処理工程水の DOC 値及び相対蛍光強度値を測定し，原水（着水井水含む）からの減少率で評価したところ，溶存有機物の質的変化は蛍光強度変化によって，DOC 変化に比べてより高感度に検出された．

5.3 日本の浄水場

5.3.1 東京都の浄水場

(1) 朝霞浄水場，三郷浄水場，金町浄水場

東京都水道局が実施した稼働中の現場調査の結果を東京都水道局の許可を得て記録に残す．

1995 年 5 ～ 6 月，朝霞浄水場では原水から送水本管までを 4 回，4 ～ 6 月，三郷浄水場では原水から浄水まで 5 回，6 月，金町浄水場では 2 回，従来処理と高度処理について，原水から浄水までを採水し水質分析した．

図-5.13 ～ 5.15 のように各浄水場とも水の相対蛍光強度で塩素処理に伴う THMFP を推定できた．

事前調査として実施した 3 つの浄水場の原水（取水口，沈殿入り口），浄水（後塩素処理後）についてデータを**図-5.16 ～ 5.18** にまとめた．蛍光強度は THMFP と高い相関関係にあり，UV_{260} も THMFP と比例し，TOC は THMFP と相関性はないことがわかった．

(2) 三郷浄水場

2000 年 9 月 21 日午前 9 時に採水し，10 箇所の各工程水について蛍光強度を測定した．三郷浄水場は，従来処理と高度処理の 2 つの系列で運転されている．

採水時にチオ硫酸ナトリウム溶液を添加して残留塩素を除去し，0.45 μm のメンブレンフィルターでろ過し，励起波長 345 nm，蛍光波長 425 nm で蛍光強度を求めた．着水井から送水まで従来処理と高度処理の各工程の蛍光強度を**図-5.19** に

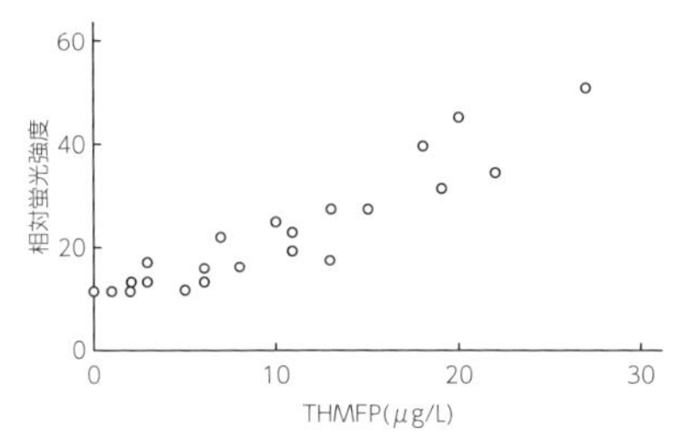

図-5.13　朝霞浄水場における相対蛍光強度と THMFP との関係

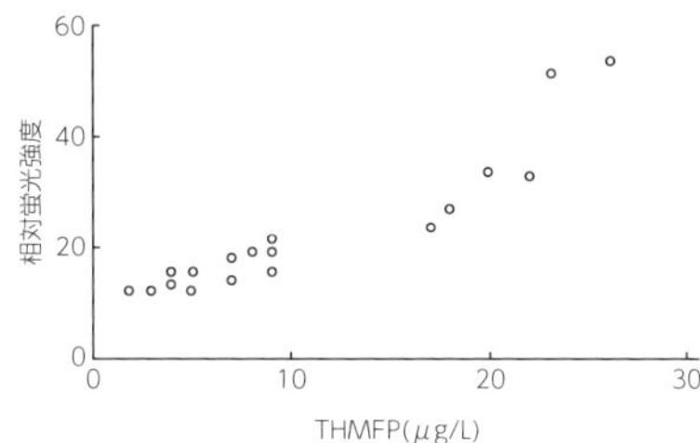

図-5.14　三郷浄水場における相対蛍光強度と THMFP との関係

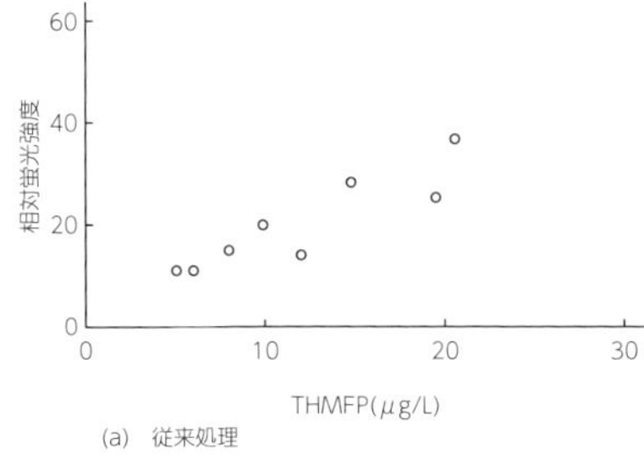

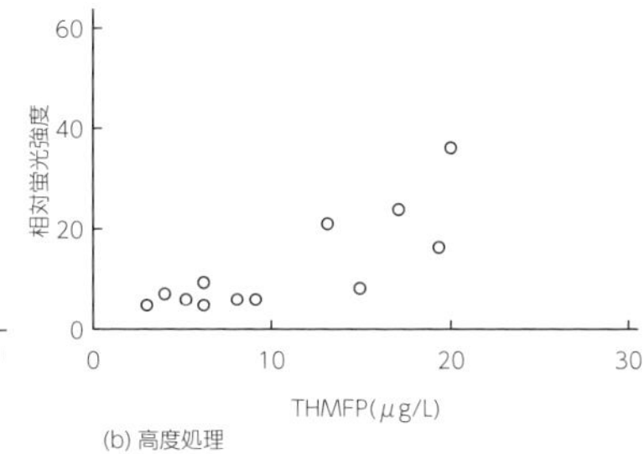

図-5.15　金町浄水場における相対蛍光強度と THMFP との関係

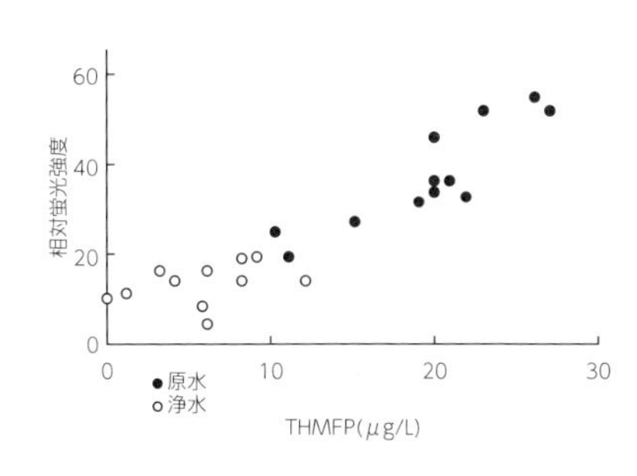

図-5.16　蛍光強度と THMFP との関係

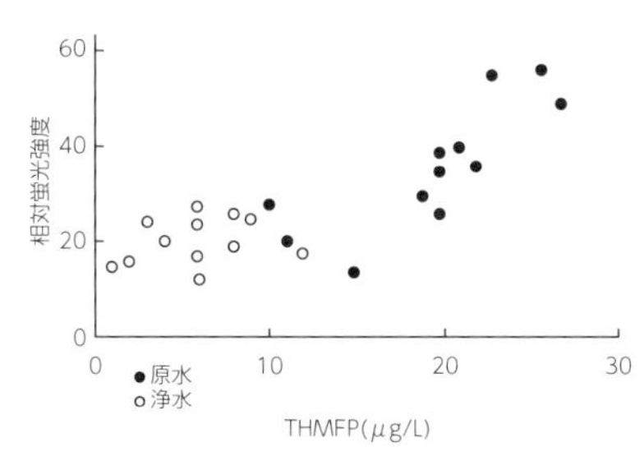

図-5.17　UV_{260} と THMFP との関係

示す．従来処理では着水井，凝集沈殿，砂ろ過，浄水と蛍光強度は低下する．高度処理では特にオゾン処理で大きく減少し，その後の生物活性炭でも蛍光発現性物質が除去されている．その後，塩素処理によっても蛍光強度は低下し，従来処理水と高度処理水との混合で送水される．

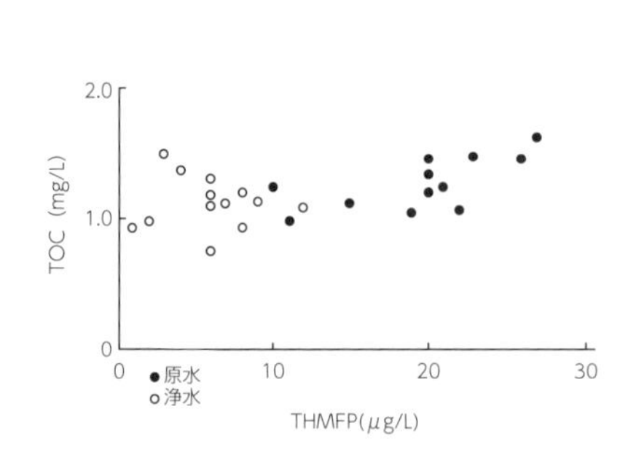

図-5.18　TOC と THMFP との関係

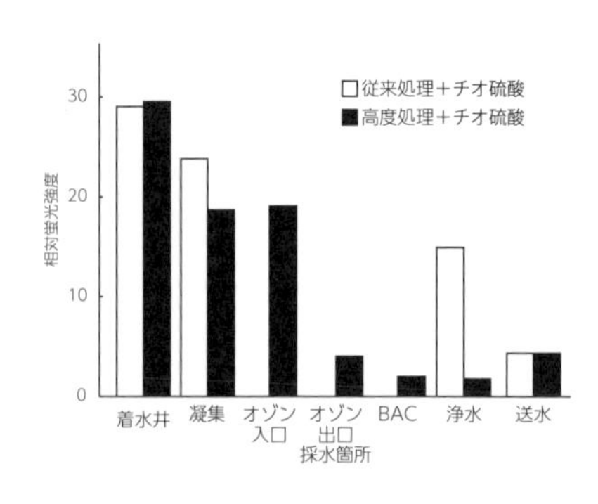

図-5.19　三郷浄水場における従来処理と高度処理との水質変化

(3) 小笠原父島の浄水場

a. 父島の水道

東京から南に約 1,000 km，平成 23 年に世界自然遺産に登録された小笠原父島では亜熱帯性植物の腐植物が水道原水に高濃度に含まれる．塩素を用いた浄水処理では消毒副生成物が多量に生成するので，取水場所の変更，処理工程の組換え，帯磁性イオン交換樹脂の導入等により，現在，飲料水の水質基準を満足させることができている．処理フローを**図-5.20** に示す．

水質調査項目としては，pH，色度，濁度，TOC（全有機炭素），有機物等（過マンガン酸カリウム消費量），紫外部吸光度 260 nm（UV_{260}），懸濁物質（SS），塩化物イオン，臭化物イオン，アンモニア性窒素，鉄，マンガンを測定している．有機物の由来については沢の水とダム湖のプランクトンを顕微鏡で調査している．濁質のほとんどは藻類，藍藻，珪藻等で，消毒副生成物のハロ酢酸とトリハロメタンの季節変動を分析していた．

溶存有機物の由来について水源ダム湖に流入する沢水由来か，ダム湖で増殖するアオコ由来かを調査している．また凝集沈澱処理の後に帯磁性イオン交換樹脂を設

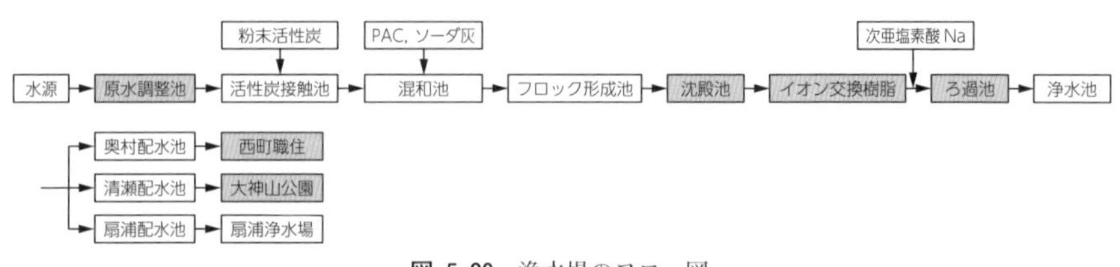

図-5.20　浄水場のフロー図

置することにより，溶存性有機物の分子量低下が起こることも確認されている．

b. フルボ酸の分析

共同研究を申し入れ，定期水質分析の際に同じ試料を大学へ運んで頂き，蛍光分析装置にて各試料の蛍光強度，蛍光スペクトル，ピーク波長の変化を測定した．これらのデータと，浄水場の現場で得られた水質データとの比較を行った．

これまでの研究では皇居外苑壕の水からはフルボ酸に基づく蛍光スペクトル（**図-5.21**）(a) が，アオコの発生した水槽の水からはフルボ酸と同様な蛍光スペクトル（**図-5.21**）(b) が得られており，樹冠に降る雨が幹を伝わって流れる樹幹流（**図-5.22**）からのフルボ酸の流れ込みを考え，下排水の混入していない小笠原村との共同研究で，浄水場の工程水でのフルボ酸の挙動が明らかになった．

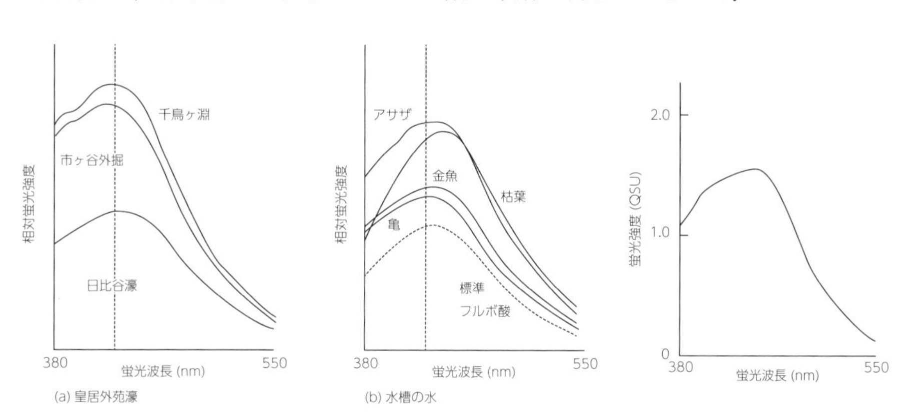

図-5.21 標準フルボ酸との蛍光スペクトル比較

図-5.22 樹幹流の蛍光スペクトル（柑橘類の幹より採取）

c. 小笠原での調査結果とそのデータ整理

浄水工程水の蛍光スペクトル変化を**図-5.23** に示す．蛍光は大きく減少しているため5倍に拡大したスペクトル変化を2つの図に示す．水道原水から給水先の水道水まで同じ座標で測定できる．

2017年2月から10月までの全試料54点について，TOC と蛍光強度の関係には相関性がある．浄水の THM と蛍光強度にも相関性がある（**図-5.24**）．THM と TOC には相関性はみられない．4月～10月まで各試料の蛍光強度，TOC，THM の変化を**図-5.25** に示す．動植物の成長とフルボ酸の生成に従って蛍光強度が8月まで順に増加している．

浄水場から給水端末までの水質変化については THM，蛍光強度，TOC の関係を

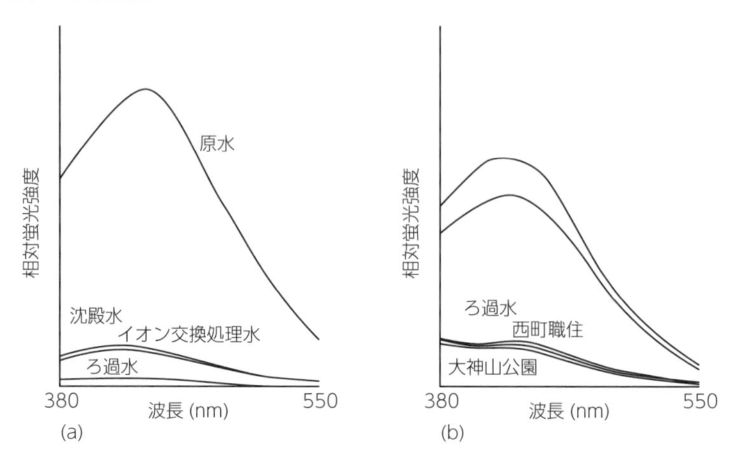

図-5.23 浄水工程水の蛍光スペクトル変化

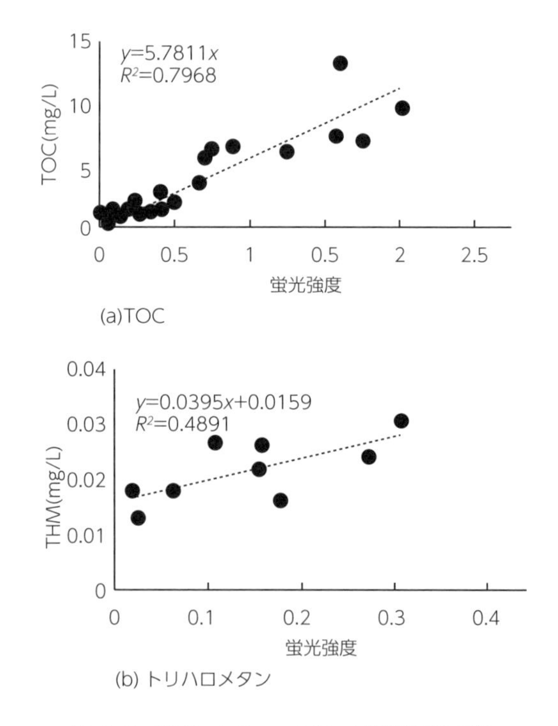

図-5.24 TOC，トリハロメタンと蛍光強度の関係

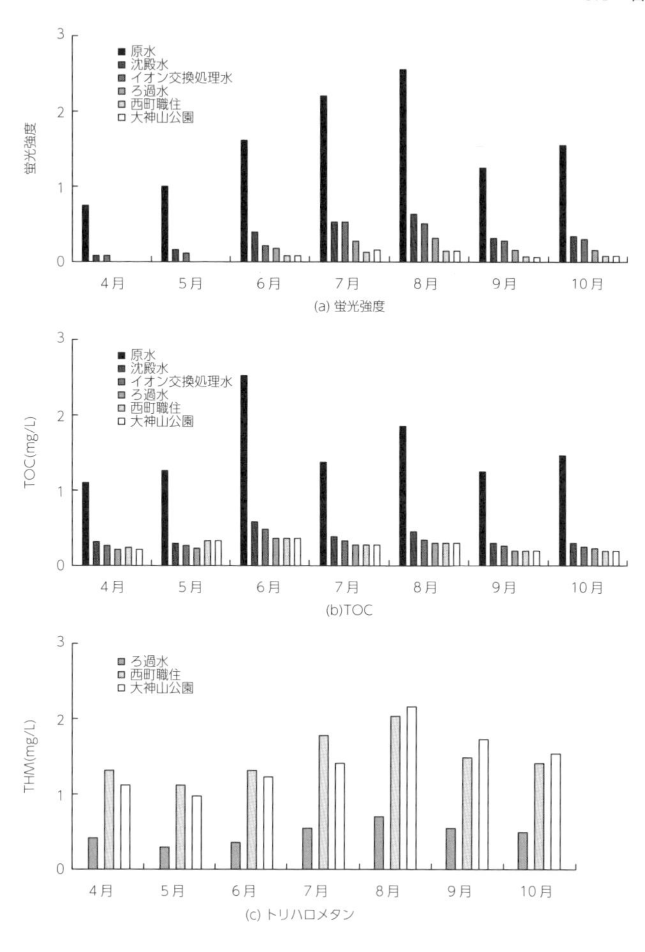

図-5.25　蛍光強度，TOC，トリハロメタンの変化

調べ，6月の代表例で蛍光強度とTHMの関係を**図-5.26**（a）に示す．TOCが変化しなくても蛍光強度が低下しTHMが増加している．このような関係は，2月～10月までの測定で10例中7例に認められた．また，浄水処理によるTOCの減少率，蛍光強度の減少率について関係を求めると，常に蛍光強度の減少率が大きく，その関係を**図-5.26**（b）に示す．TOCのみで表現できない現象が浄水工程，特に塩素添加によって起きている．

最後に蛍光スペクトルのピーク波長が443 nmから430 nmへ，さらに短波長へ移動していることが観察された．データにばらつきの少なくなった季節，7月から10月を選んで蛍光スペクトルのピーク波長の移動を調べた．ピーク波長は短波長へシフトし（**図-5.27**），分子量の小さなものに選別されていることが明らかになった．これまで水質マトリックスとして，腐植性物質，フミン酸，フルボ酸があいまいだったが，蛍光分析で明確化することができたようである．

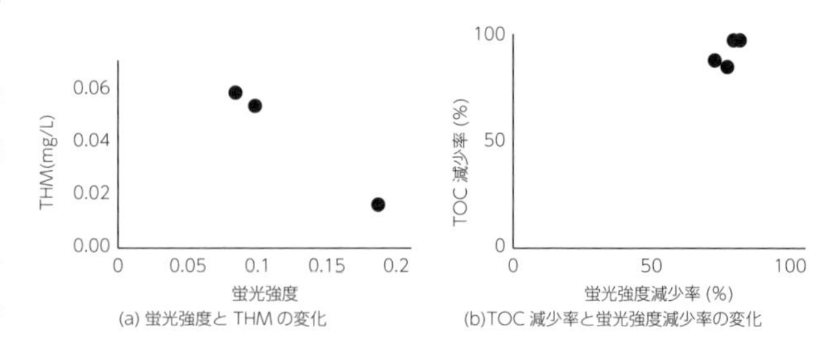

図-5.26 浄水処理による蛍光強度，TOC，トリハロメタンの変化

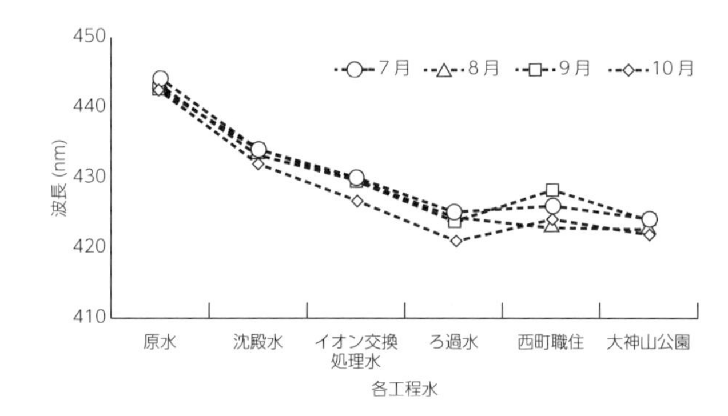

図-5.27 最大ピーク波長の変化

d. まとめ

自然由来のフルボ酸を高濃度で含む小笠原の浄水場で，共同研究により蛍光分析の結果を合わせたところ，種々の水質と高い相関性が得られ，浄化によりフルボ酸のピーク波長は短波側へ移動，共役二重結合の長さが見かけ上，短くなるために起きる現象である．複雑な溶存有機物の分子量分布についての示唆ともなる．

浄水場では，水質を一定に保つため，粉末活性炭，凝集剤，残留塩素を適宜，調整して添加しているが，それらの添加量に関係なく，蛍光強度で浄水処理工程の様子が把握できた．沢の水，アオコの水もフルボ酸であり，微量の副生成物の存在は無視できず，これからも検討すべき項目であろう．

なお，4月から10月までのデータには一部海水淡水化の水を使用していたとの情報があり，その後11月から5月まで調査を継続した．蛍光強度，TOC，THMについては**図-5.28**のとおり，ほぼ同様な結果となった．これら分析データを整理したところ，TOCと蛍光強度の関係は，前回の海水淡水化一部使用よりも相関性は高い．原水の蛍光強度とろ過池のTHMの関係は**図-5.29**のようになり，蛍光強

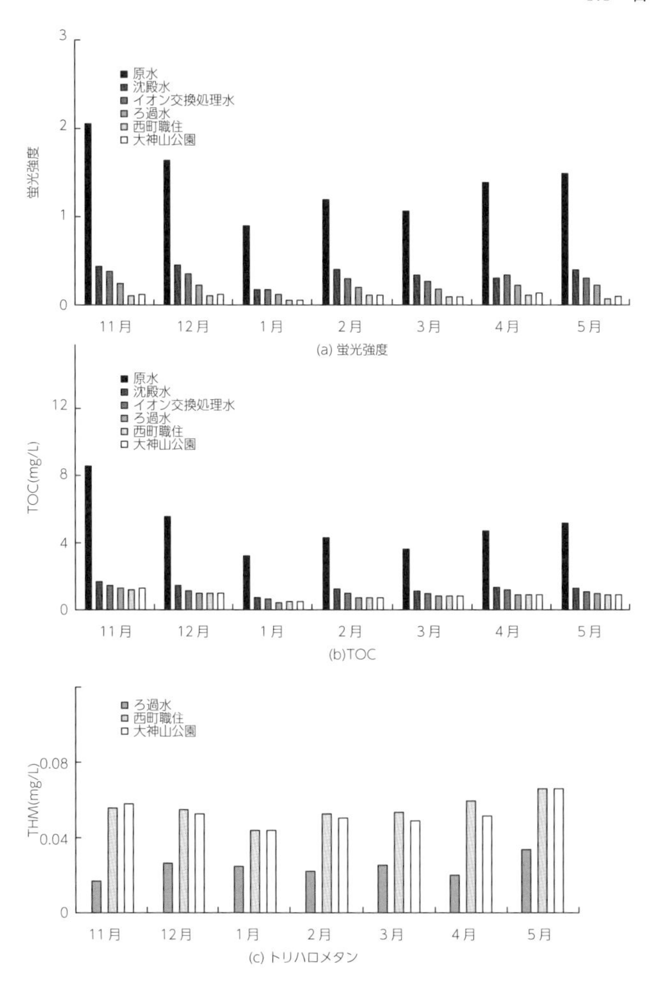

図-5.28　浄水処理における蛍光強度（QSU），TOC（mg／L），THM（mg／L）の変化

度 1.5 で，浄水場のろ過池 THM は 0.025 mg／L の生成となる．ろ過池，浄水池から残留塩素との接触時間の異なる西町職住と大神山公園の端末のデータを選び出し，THM と蛍光強度の相関を調べると，蛍光強度が低く，THM が高くなっていることが分かる．色分けしてみると，**図-5.30** のようにより明確になる．ろ過池から西町職住までの距離は，約 6.4 km，同，大神山公園までの距離約 7.0 km で，平均滞留時間は 45 時間程度で，年間平均水温，西町職住　27.5 ℃，大神山公園

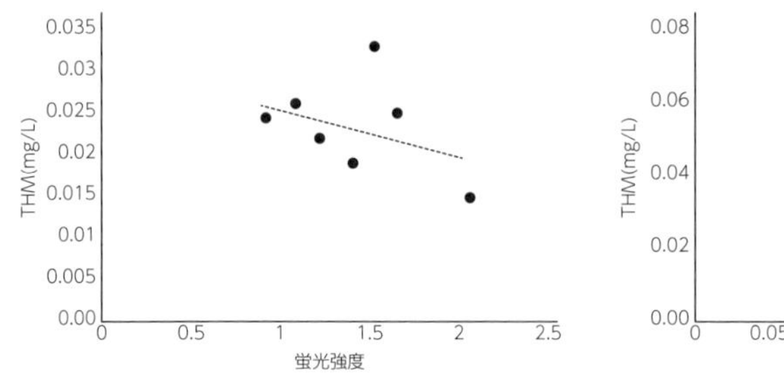

図-5.29　原水の蛍光強度とろ過池 THM の関係

図-5.30　ろ過池から給水末端での THM と蛍光強度の関係

27.3℃, 残留塩素は給水末端で 0.1 ～ 0.4 mg／L に収まるように目標値は 0.2 mg／L に調整している.

さらに浄水場から給水端末までの条件で, 蛍光強度と THM 増加分を求めると, 西町職住と大神山公園での結果は**図-5.31** のようになった. 蛍光強度の高い水では THM が増加することが推測できる.

このように蛍光分析では, 浄水工程の有機物の変化, 給水管内の TOC 成分からトリハロメタン等への転換も追及できることがわかった.

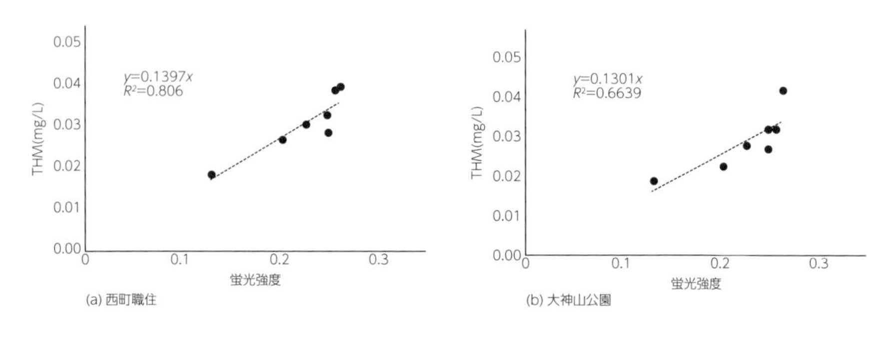

図-5.31　THM 増加分

5.3.2　埼玉県の浄水場―行田浄水場

2000 年 8 月 10 日および 8 月 30 日の午後, 水質計測室より各工程水を採水した. 採水時にチオ硫酸ナトリウム溶液を添加して残留塩素を除去した. さらに 0.45 μm のメンブレンフィルターでろ過し, 励起波長 345 nm, 蛍光波長 425 nm で蛍光強度を求めた．

8月10日は午後3時20分に採水し，分析においてバラツキが生じるかを確かめるためA，Bの2試料とした．**図-5.32**（a）のように2つの試料はほぼ同じ値を示した．原水から処理によって順次蛍光強度が低下していることがわかる．

8月30日は午後2時30分に採水し，1試料の測定で**図-5.32**（b）の結果を得ている．8月10日と同様の処理で，順次蛍光強度が低下している．また，8月10日の蛍光強度は8月30日の値に比べ約1.7倍も高い．降水等により水質が低下していたことが推定される．

処理工程では原水に対し粉末活性炭の添加により約4割低下しており，活性炭によるフルボ酸の吸着除去効果が蛍光強度の低下に現れている．原水水質に関係なく蛍光強度を測定することによって各処理工程水の評価ができることがわかる．

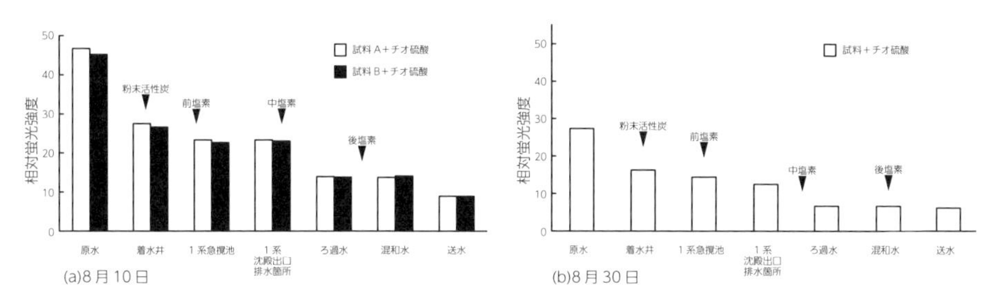

図-5.32　処理工程による蛍光強度の変化

5.3.3　福島県の浄水場―渡利浄水場

渡利浄水場においては，阿武隈川の河川水を原水とするため，カビ臭，パルプ臭等の問題があり，水質向上のため粒状活性炭を追加し処理が行われ給水されていた．

その処理工程水を蛍光分析で測定した．浄水処理フローは河川水，沈砂池，原水，(苛性ソーダ，前塩素，PAC)，凝集沈殿，(中間塩素)，急速ろ過，粒状活性炭ろ過，(苛性ソーダ，後塩素)，浄水である．

2000年12月18日，各工程水を採水し分析した．蛍光分析スペクトルを励起波長345 nm，蛍光波長425 nmで求めた（**図-5.33**）．河川水，原水，沈殿水，砂ろ過水，活性炭ろ過水，浄水の順でスペクトルが大きく減少していることがわかる．主にフルボ酸のスペクトルで，凝集による除去，塩素による酸化，活性炭による除去である．ピーク波長は，励起波長で333 nm，蛍光波長426 nmで現れる．

紫外部吸光度E_{260}，DOCと蛍光強度の変化を**図-5.34**に示す．DOCは沈殿水から急速ろ過水にかけての数値の変化はあまりないが，蛍光強度は大きく変化している．急速ろ過での除鉄，除マンガンを目的に添加した中塩素によるフルボ酸の酸化により蛍光強度が低下するものと考えられる．

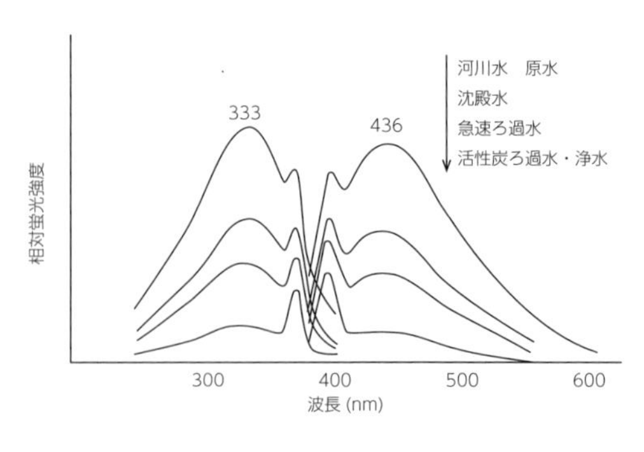

図-5.33　各工程水の励起・蛍光スペクトル変化

急速ろ過以降の工程に着目し，各工程水のトリハロメタン生成能から既に生成していたトリハロメタン量を差し引いた〔THMFP−THM〕を指標として，蛍光強度との関係を調べたところ**図-5.35**に示す比例した直線の関係となった．E_{260}あるいはDOCについては，直線の関係は得られなかった．

各工程水の蛍光強度は主にフルボ酸によるもので，塩素接触により消毒副生成物のトリハロメタンが生成されるものと考えられる．高感度な蛍光分析は水処理において有効な指標となることが示された．

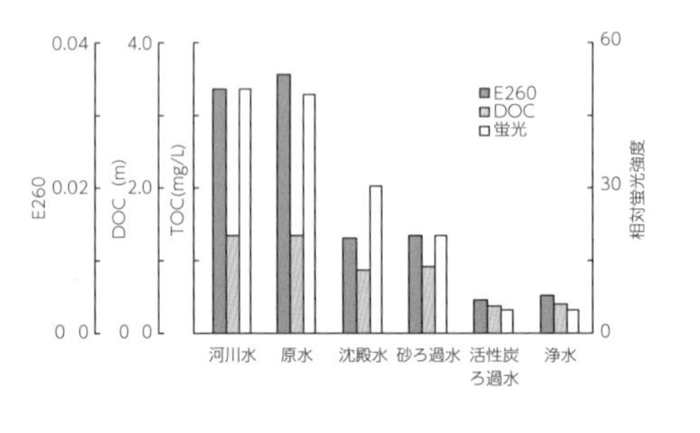

図-5.34　処理工程における水質指標の比較

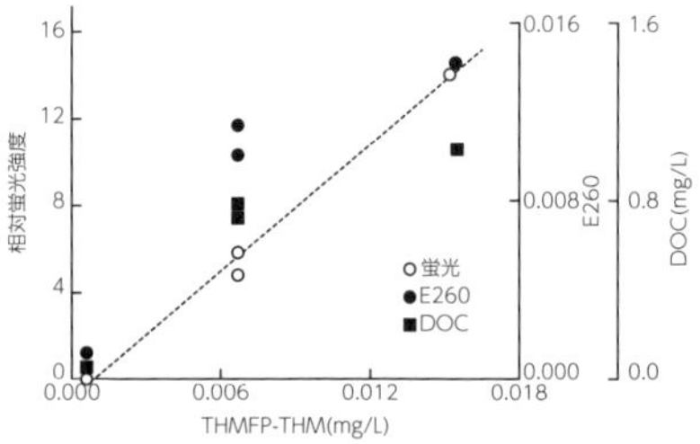

図-5.35　トリハロメタン生成能と蛍光強度の関係

5.3.4　沖縄県の浄水場

2014年7月15日，採水した．チオ硫酸ナトリウム溶液を添加した試料を冷蔵保存で運搬し蛍光分析を行った．水道局におけるデータと併せ解析したところ，**図-5.36**に示す結果となった．

主な水源は福地ダムで，久志浄水場にて凝集沈殿処理し，一部，山城ダム水を導

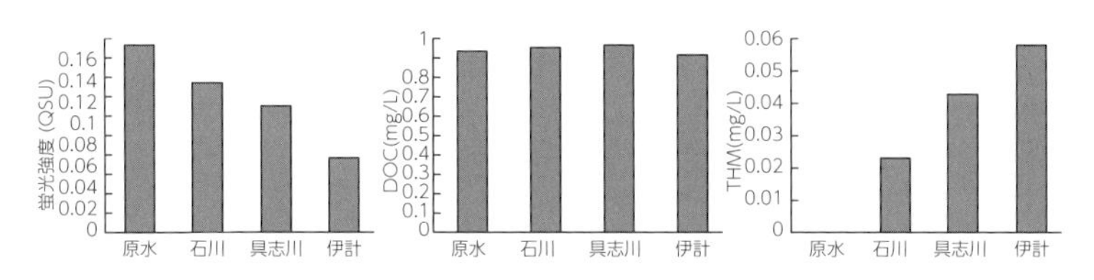

図-5.36　石川浄水場，具志川調整池，伊計公民館での水質変化

水した後，再度，石川浄水場で凝集沈殿，急速ろ過等の処理を行っている．石川浄水場の原水，浄水，配水池にて塩素を添加，残留塩素を維持して給水，具志川，伊計と給水系の末端の蛇口までの水質変化を調べている．

蛍光強度は減少するが，溶存有機物を示すDOCは変化せず，トリハロメタンTHMが増加することが確認できた．

また水道局の実験室での追加実験は，原水に次亜塩素酸ナトリウム添加，放置時間の変化から水質を調べた．0時間，2時間，1日，4日後に測定し，放置時間による水質変化も，蛍光強度とトリハロメタンの変化に対し，DOCの変化のないことを確認できた（図-5.37）．

蛍光強度の差とトリハロメタン濃度との関係は図-5.38のように直線的であり，

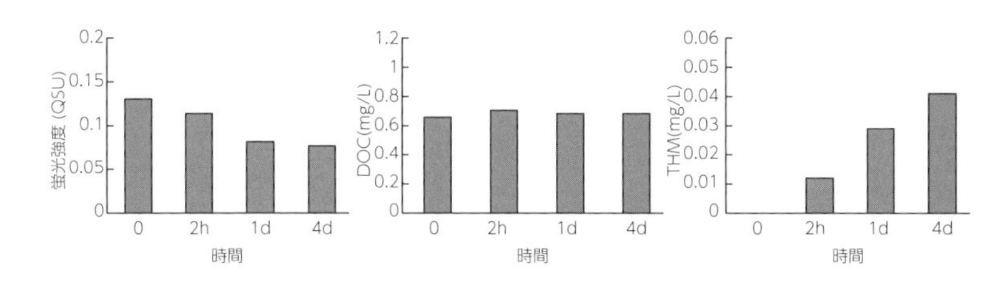

図-5.37　石川浄水場原水に次亜塩素酸ナトリウム添加，放置時間による水質変化

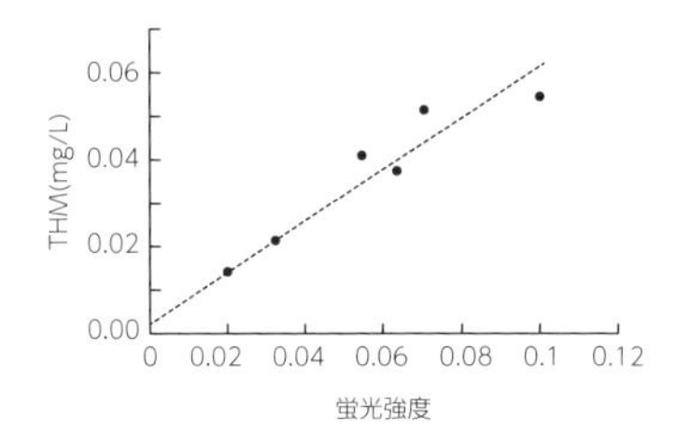

図-5.38　蛍光強度の差とトリハロメタン濃度との関係

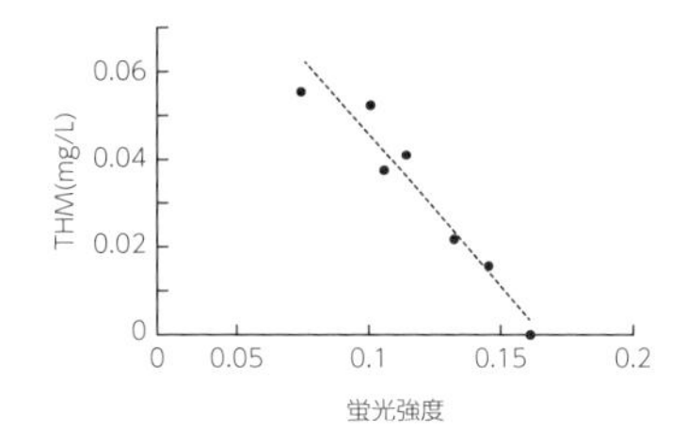

図-5.39　蛍光強度とトリハロメタン濃度との関係

蛍光強度とトリハロメタン濃度との関係は**図-5.39**のとおりである．

この試料は臭素イオン 0.1 mg／L である．台風の影響で臭化物が増加し THM が増加するので注意しなければならないが，蛍光強度でトリハロメタンの推定ができる．

5.3.5 釧路市の浄水場–愛国浄水場

釧路市は釧路湿原の水を新釧路川からポンプ場を通して愛国浄水場で浄水処理を行っている．4～5 月の融雪期，畜産・農業排水等からアンモニアや有機物，その後もカビ臭や藻類の除去を対象に，凝集沈殿，中塩素，砂ろ過を主体とした処理フローに，水質の変動時には，ポンプ場で活性炭や前塩素添加，浄水場では活性炭，酸，アルカリの添加，砂ろ過後のアルカリ添加，配水池以降で後塩素添加と，安全な水道水水質の維持管理を行っている．

浄水場での複雑な作業が必要となる融雪期に入る前，浄水処理工程水の採水後，溶存有機物に対して塩素の反応で水質が変化するのを防ぐためチオ硫酸ナトリウム溶液を添加し，塩素を除去した浄水工程水 100 mL を分析した．以下，2015 年 11 月より 2016 年 5 月のデータを整理した．

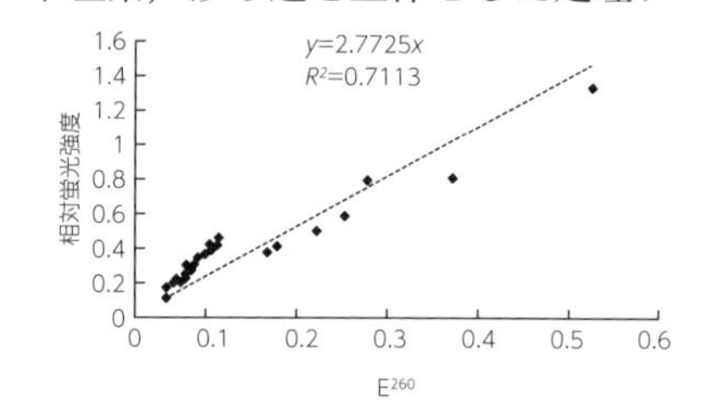

図-5.40 E260 と蛍光強度との関係

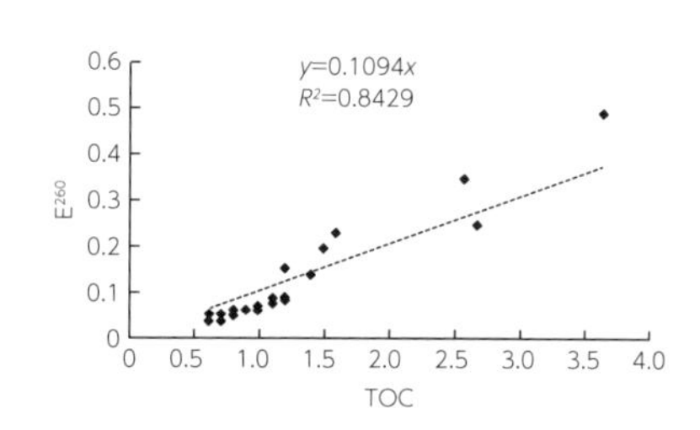

図-5.41 TOC と E260 と蛍光強度との関係

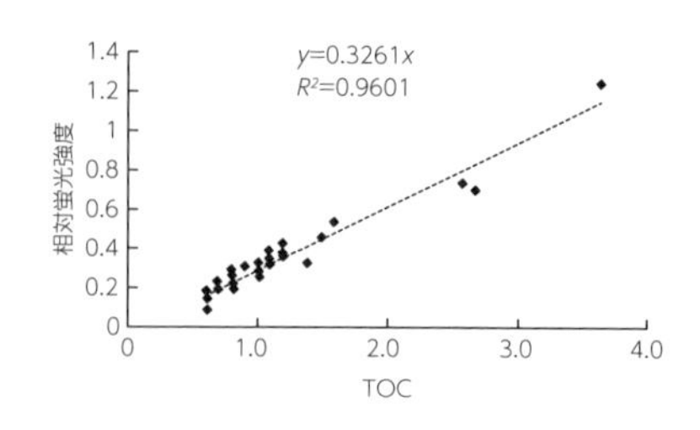

図-5.42 TOC と蛍光強度との関係

E260 と蛍光強度との関係を**図-5.40**に示す．E260 の 0.1 以下の値が全体の関係から外れていて相関係数は 0.711 である．図は省略するが E260 の 0.1 以下を除いて相関関係を求めると，当然 0.958 と高くなる．続いて溶存有機物を示す TOC と E260 と蛍光強度との関係を**図-5.41**，**5.42** に示す．

TOC と E260 の相関係数 0.843 より，TOC と蛍光強度の相関係数は 0.960 と高い関係となり，浄水工程水については蛍光強度が溶存有機物の存在量を代表していることがわかる．

水質の安定した3月のデータでは，浄水工程水に関しての蛍光スペクトル変化は**図-5.43**となった．処理に伴い蛍光スペクトルは順次低下する．採水時にチオ硫酸ナトリウム溶液を添加したものは塩素の消失により蛍光強度の低下はなくなる．浄水工程水の蛍光強度の変化は**図-5.44**となった．処理に伴いピーク波長は短波長へ移行し，ピーク波長の変化は**図-5.45**となった．

E_{260}を見て浄水処理システムの制御，配水，末端までの推定式をつくり運転制御を行う研究が流行したが，E_{260}の性質を知らずに行っていると思われ，正しくは蛍光強度を使用するべきであろう．

厚生労働省は，平成14年度（2002年度）に「過マンガン酸カリウム消費量と

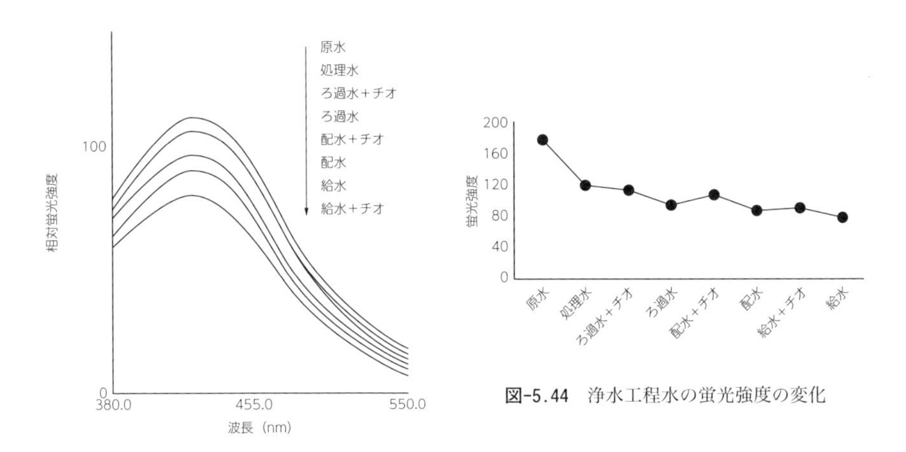

図-5.43　浄水工程水の蛍光スペクトル変化

図-5.44　浄水工程水の蛍光強度の変化

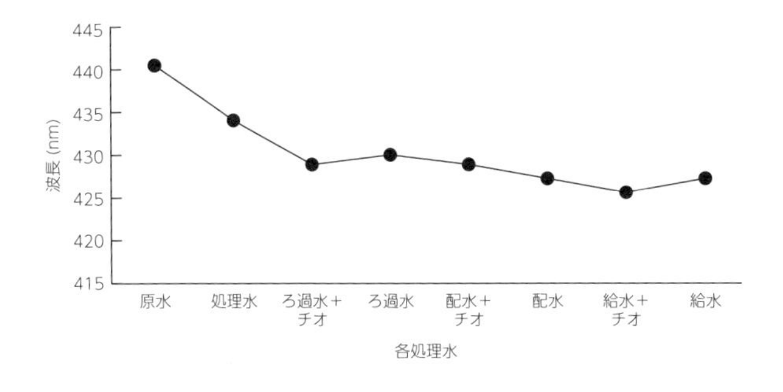

図-5.45　処理に伴うピーク波長の変化

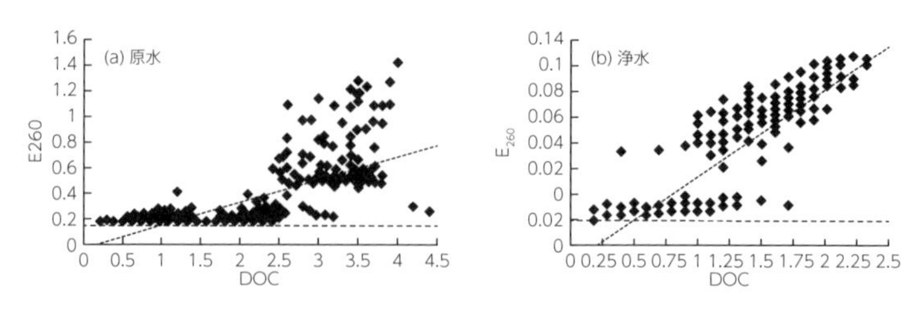

図-5.46 原水と浄水の E_{260} と DOC の関係

全有機炭素物の関係について」の研究報告をまとめている．全国の浄水場からの水質分析データを集め，化学分析で行なう $KMnO_4$ 消費量，機器分析による紫外部吸収 E_{260}，触媒燃焼法による TOC，DOC についてである．その結果，全体，原水，浄水について，ばらつきの大きなデータ間の相関関係を求めた．$KMnO_4$ 消費量と TOC との相関，$KMnO_4$ 消費量と DOC との相関に対して，TOC と DOC の相関と順に相関関係は高くなるが，E_{260} と $KMnO_4$ 消費量，TOC，DOC については低い相関関係であった．

特に濁質の影響と考えられる現象は原水の DOC 濃度 2 ～ 4 mg／L の高い条件で E_{260} の値が高い範囲でばらついている．浄水でもバラツキが大きい．**図-5.46** に示す E_{260} と DOC の相関関係を見ていただければよくわかる．原水側では濁質による誤差，浄水では測定法による誤差が生じる．

分析機器の進歩により水質を表示する方法として TOC，DOC が利用されるようになった．

5.3.6 岡山県の浄水場

(1) 現場との連携による調査

岡山県広域水道企業団の協力を得て，岡山浄水場，総社浄水場の水質を蛍光分析により調査した．

吉井川の表流水を原水とする岡山浄水場は，通常処理の 90,734 m^3／日，高梁川の伏流水を原水とする総社浄水場は，緩速ろ過の処理で 23,548 m^3／日の浄水能力がある．定期分析の際，残留塩素の除去のためチオ硫酸ナトリウム溶液を添加，冷蔵で運送した．なお，データ解析には浄水工程水の履歴として，塩素添加量，凝集剤添加量，粉末活性炭添加量の情報は含めていない．

2017 年 4 月から 2018 年 3 月までのデータについて，蛍光強度と TOC との値を**図-5.47**に示す．蛍光スペクトルはフルボ酸に基づくパターンであった．岡山浄水場の寺山の浄水は和気第１へ，総社浄水場の井尻野の浄水は北房へ送られているが，浄水場から給水末端まで３～４日かかり残留塩素によりフルボ酸の蛍光強度が低下する．そこで，浄水場の浄水工程水のみの値として給水系統の値を除くと，**図-5.48**となり，R^2＝0.7767との相関がTOCと蛍光強度の間に得られた．

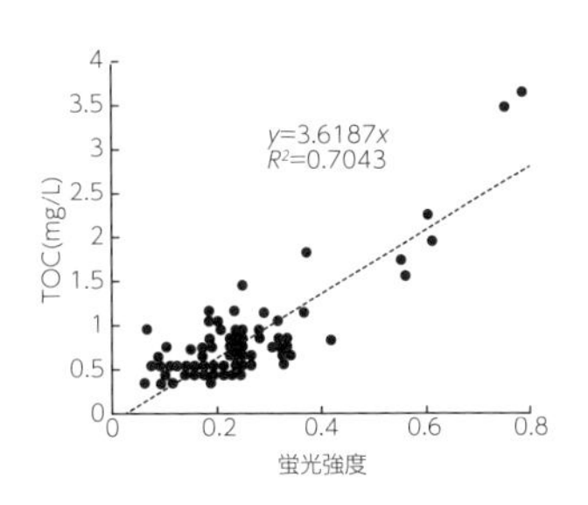

図-5.47　蛍光強度とTOCとの関係

浄水工程では蛍光強度の高くなる箇所が認められた．水質変動を受けているものと考えられる．また，端末の和気第１と北房の試料のTOCが高くなる場合があり，粒子の混入，TOC成分が残留塩素により酸化されTOC測定に高い値を示しているなどが考えられる．出現回数を考慮すれば無視できる範囲である．

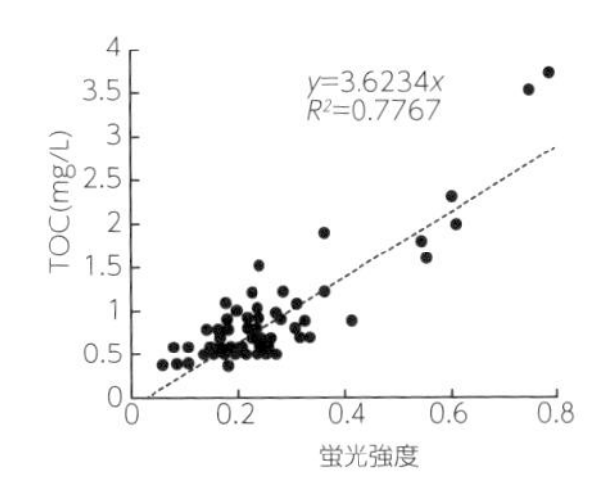

図-5.48　蛍光強度とTOCとの関係（給水系統を除く）

溶存有機物と塩素との接触時間は２つの浄水場では異なる．緩速ろ過では，浄水場で塩素を添加し，給配水，端末まで届ける．通常処理では，処理工程で前塩素や中塩素の添加があり，浄水場の出口で残留塩素濃度を調整し給配水管に送られる．蛍光強度とTHMとの関係については，測定数が少なく明らかな関係は見出されなかった．

これまで浄水場では，浄水後のE_{260}の値で，給水系統のTHM値を予測していたが，蛍光強度の方が高い精度で予測できることが明らかになった．その後，粉末活性炭の性能を調べる研究を進めているとのことである．

(2)　さらなる検討

寺山（急速ろ過）での浄化と井尻野（緩速ろ過）での浄化を区分けして**図-5.49**に示した．土壌浄化された緩速ろ過の試料が下側に存在していて，急速ろ過でも緩速ろ過でも蛍光強度での観察は可能であることが判明した．

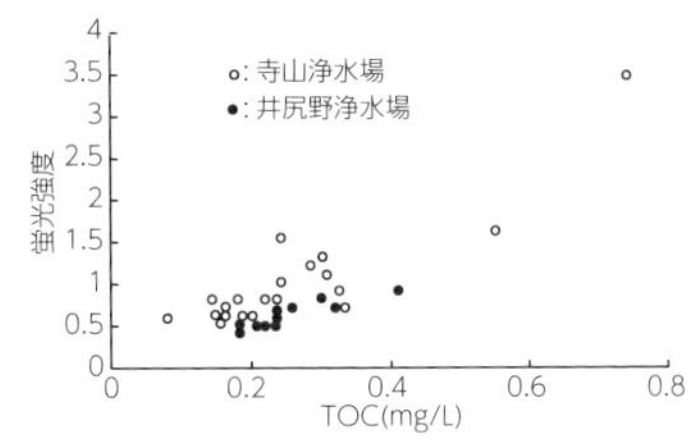

図-5.49　寺山浄水場（急速ろ過），井尻野浄水場（緩速ろ過）での浄化

次に年間の水質変動について図-5.50に寺山浄水場を，図-5.51に井尻野浄水場を蛍光強度で示す．河川表流水（原水）の水質変動が大きいことがわかる．活性炭，塩素，凝集剤等の処理は土壌ろ過を通した伏流水の原水と同程度にまで処理されている．

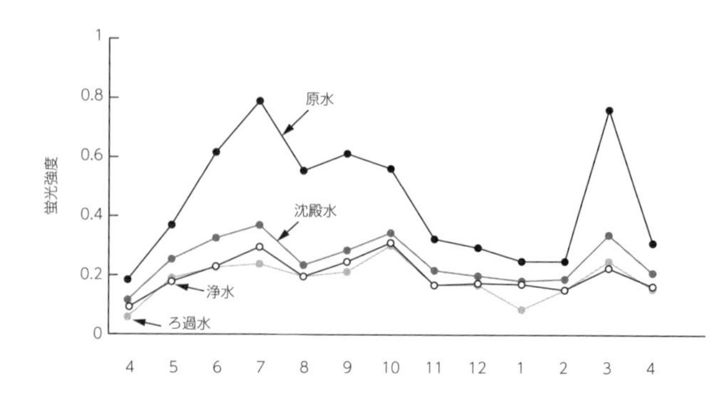

図-5.50　寺山浄水場の各試料の蛍光強度の年間変動

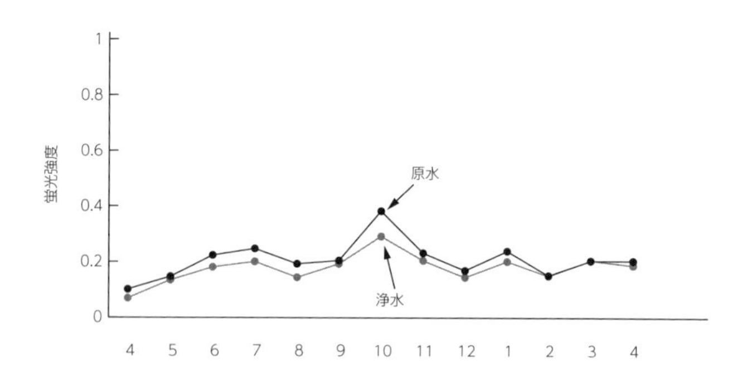

図-5.51　井尻野浄水場の各試料の蛍光強度の年間変動

次に6月の蛍光スペクトルを図-5.52に，8月の蛍光スペクトルを図-5.53に示した．急速ろ過の処理により蛍光スペクトルの強度が変化し，さらにピーク位置が移動していることが観察される．緩速ろ過では強度の変化である．6～9月のばらつきの少ないときでピーク波長の変化を調べ図-5.54にまとめて示した．ピーク位置の変化は河川水を原水とする寺山浄水場にて，処理により短波長に移動，フルボ酸の大きなものから除去されていることが想定される．また，原水のpH，活性炭，塩素，凝集剤等の添加操作が，浄水処理の条件にとって重要なことが図から判断できる．

これまで浄水場では，給水系統のTHM値を浄水後のE_{260}の値で残留塩素と水温を含め次の式で予測していた．

$$\mathrm{THM} = a(\text{残留塩素}) + b(E_{260}) + C\,\text{温度} + d$$

今回，E_{260}を蛍光強度に置き換え次式で予測して見るとより正確に予測できることがわかったとの報告である．吸光度でのTHM予測と実際のTHM濃度との関

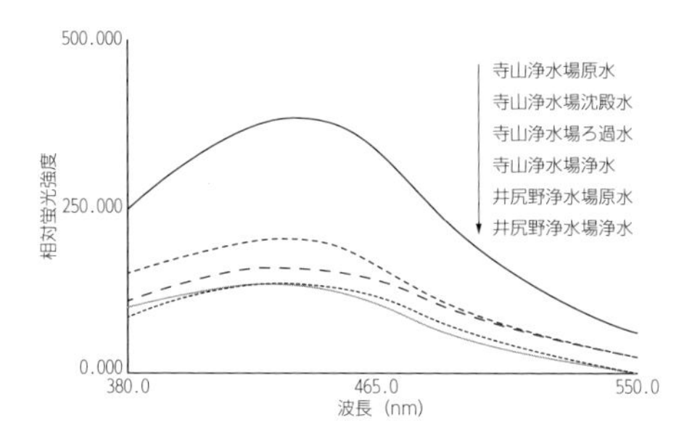

図-5.52 6月の蛍光スペクトル

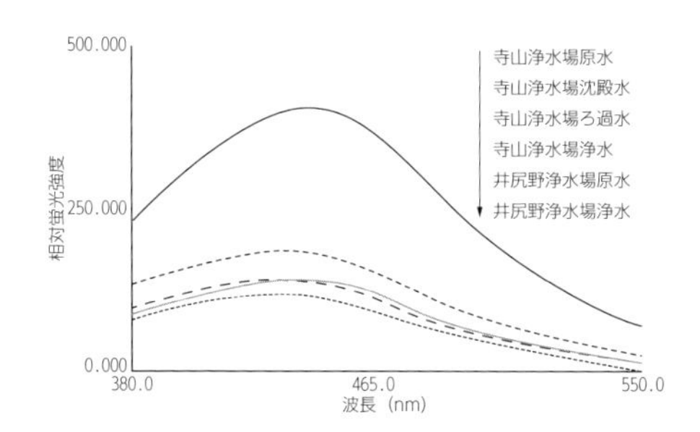

図-5.53 8月の蛍光スペクトル

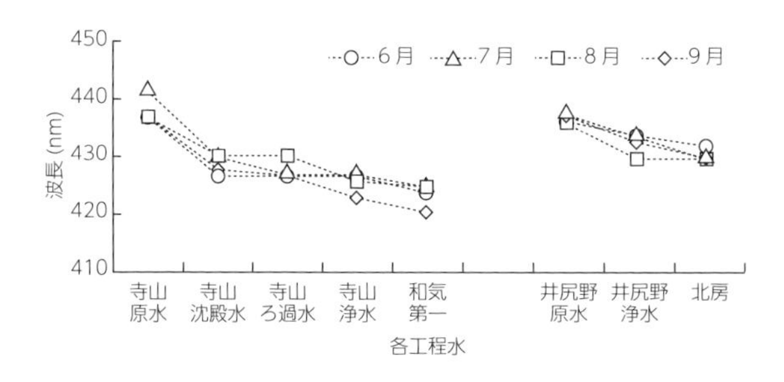

図-5.54 蛍光スペクトルのピーク波長の変化

$$\mathrm{THM} = \mathrm{a}(\text{残留塩素}) + \mathrm{b}(\text{蛍光強度}) + \mathrm{C}\ \text{温度} + \mathrm{d}$$

係を**図-5.55**に，蛍光強度での THM 予測と実際の THM 濃度との関係を**図-5.56**に示す．まだ測定例は少ないが蛍光強度の方が高い精度で予測できることが明らかになった．

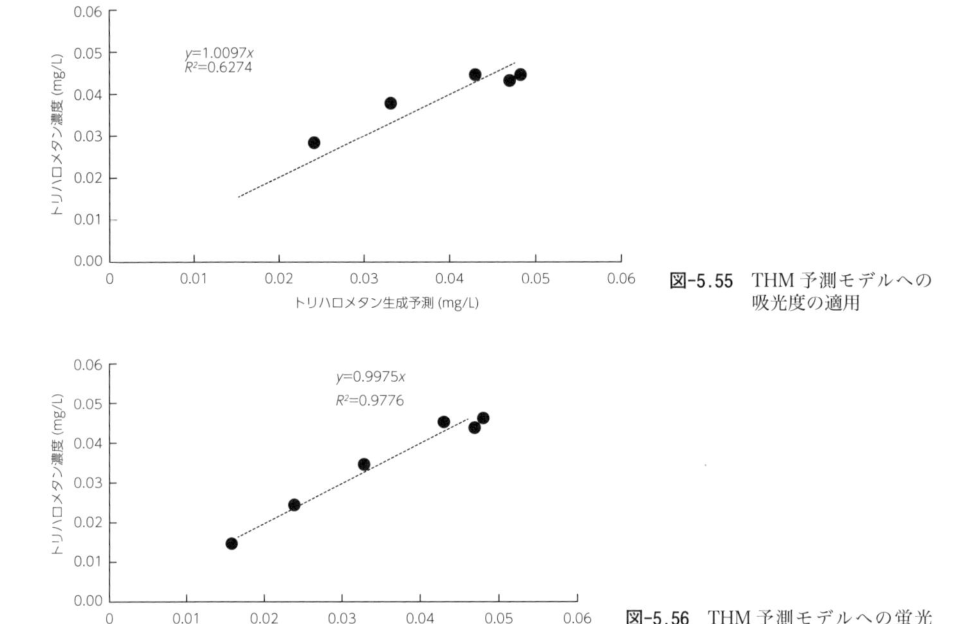

図-5.55 THM予測モデルへの吸光度の適用

図-5.56 THM予測モデルへの蛍光強度の適用

5.4 海外の水道水

蛍光分析の試料は少量でよく，水道水中の蛍光物質が安定なことから，海外出張の際もできるだけ多くの都市を回り，市民が多く利用している水道水を採取した．蛍光強度の数値の幅があまりにも大きく，対数グラフで**図-5.57**に示してある．国によって水源，処理工程，最終消毒方法等が異なるので，有機物汚染の度合いは判定できないが，全体的に北欧が高く，降水量の多い熱帯地域で低くなる傾向である．

イギリス，デンマークと，アメリカの湖沼を利用する水道は，フルボ酸含有量が多く比較的高い蛍光強度を示す．フランス，ドイツ等のオゾン処理，活性炭処理を行っている所では，オゾンの酸化，活性炭の吸着除去により蛍光強度は低い値となる．アメリカではオゾン処理のみで活性炭処理を行わない水道も多く，蛍光強度も比較的高い．一般的に，水源が富栄養化している水道では蛍光強度が高く，世界的には相対強度5～100程度で，ベルリンの値が非常に高かった．

水道水の消毒は，塩素，次亜塩素酸ソーダ，オゾン，二酸化塩素，クロラミン等の形態で添加実施され，浄水場での消毒だけでなく浄水に消毒剤を残留させ給配水

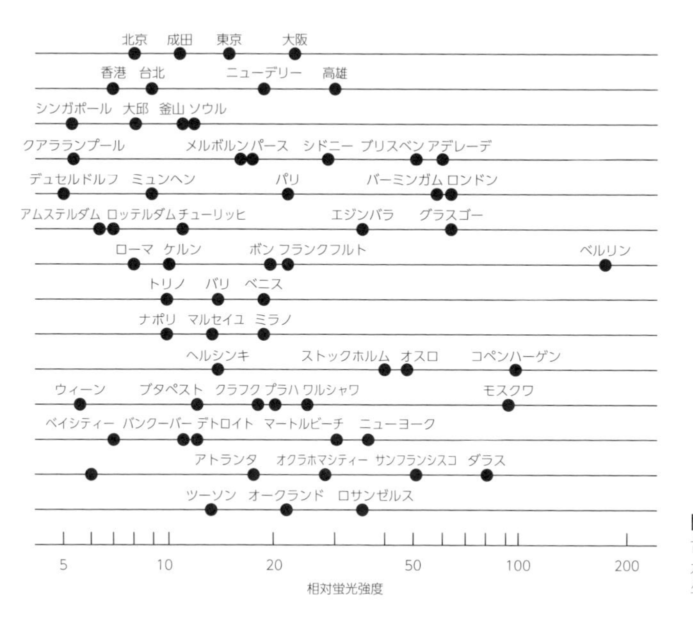

図-5.57
世界各都市における水道水の相対蛍光強度（1992年5月～1998年5月）

管での微生物汚染を防止している．イタリアではオゾン処理による浄化後，トリハロメタン生成量の低い二酸化塩素を添加し，ロンドンでは緩速ろ過等で浄化した後，短時間の塩素処理を行い，次にアンモニアを加えて，消毒力は弱くても持続性のあるクロラミンとして残留させている．アメリカでも配管距離の長い所ではクロラミンの形態で残留させている．

処理工程や消毒方法の異なる海外の水道水は，含まれていたすべてのフルボ酸が十分に塩素酸化を受けたとはいえない．しかし蛍光強度が高く，塩素処理でのみ蛍光強度を低下させている水道水には，トリハロメタン類を含む全有機ハロゲン化合物に対する注意が必要となるであろう．

5.4.1 多段処理を行う水道水

海外の水道調査の際に関係ができた浄水場へ連絡し各工程水を送付してもらった．それを試料として蛍光強度変化を調べた結果を**図-5.58**に示した．日本の浄水場も含め，水道水の蛍光発現性は間違いなく水道原水にあることがわかる．分析結果が浄水工程の順に並び逆転がない．研究者にとってこれほどラッキーなことはない．これが蛍光分析の正確さである．日本の浄水場でも同様で，水道原水の強度が一番高く，蛍光発現性物質は間違いなく河川水中に溶存している物質である．蛍光

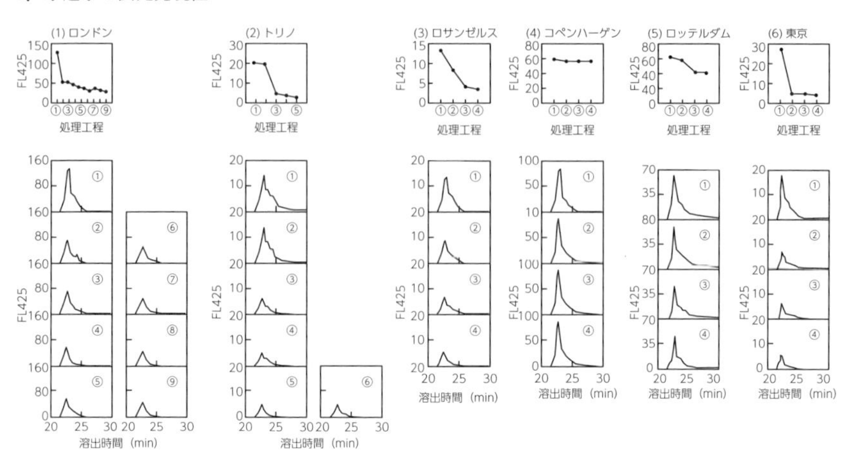

図-5.58 世界各都市の浄水場処理工程における蛍光強度とクロマトグラム変化，浄水場における処理工程

分析は高感度に無試薬で測定できる．

5.4.2 ドイツの実例

ドイツのライン川最下流のヴィットラール浄水場を調査した．この浄水場では，バンクフィルトレーション方式の井戸水を原水として，オゾン処理—> 砂ろ過—> 粒状活性炭処理—> 薬品添加の工程で飲料水を市民へ供給している．春に採水した蛍光強度とDOCの分析結果を**図-5.59** (a) に示す．ライン川表流水，伏流水，そして地下水と混合した浄水場の原水と数値は下がっている．オゾン処理で蛍光強度は大きく低下し，砂ろ過の後，粒状活性炭を通してDOCを低下させ，薬品を添加

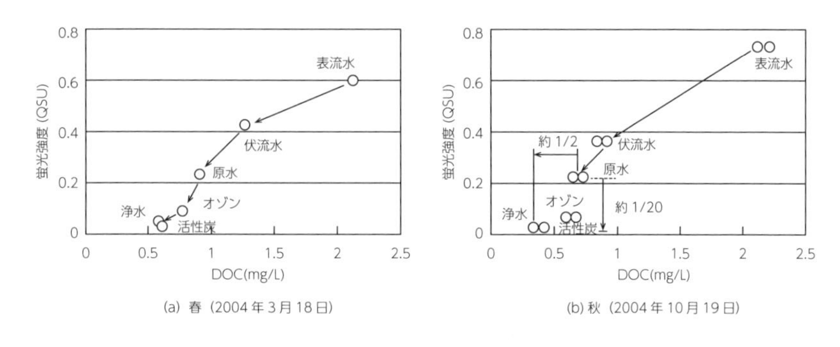

図-5.59 ヴィットラール浄水場の水質変化

し浄水として給水している．さらに秋の測定結果を**図-5.59**（b）に示す．同時に採水した２個の試料による分析では，DOC に多少のずれが生じているが，蛍光強度は同じ値で，蛍光強度測定の再現性が良いことを示している．原水から浄水として給水するまでに蛍光強度は約 1／20 に低下するのに，DOC は約 1／2 しか低下していない．蛍光強度を測定した方が浄水場内での処理効果を大きく捉えることができ，オゾン処理や活性炭ろ過の評価に効果的であるとわかる．**図-5.59** は水質の変化をよく表しており，蛍光強度が新しい水質分析の項目となる可能性を示唆している．

5.4.3　アメリカの実例

ミシシッピ川の表流水を処理する２つの浄水場でも調査した．セントポール市のマッキャロンズ浄水場では，石灰乳添加による軟化処理，塩素，アンモニアによるクロラミン消毒である．虫歯予防のためフッ素も添加している．原水から浄水まで全６点を分析用に採水した．セントルイス市のチェイン・オブ・ロックス浄水場では，軟化処理のための石灰乳を添加し，塩素，アンモニアによるクロラミン消毒を施し，さらに農薬除去のため途中で粉末活性炭も添加している．ここでは原水から浄水まで全７点を分析用に採水した．採水時間は浄水場の滞留時間に比較して短く，原水水質の時間変動を含んでいるが，両浄水場の各処理工程水の DOC と蛍光強度の関係をまとめて**図-5.60** に示す．原水から軟化処理，フロック沈殿によって蛍光強度と DOC が低下したものの，その後の処理工程ではほとんど変化のないことがわかる．蛍光を発現するフルボ酸に対してクロラミン消毒は塩素酸化を進行させないためである．

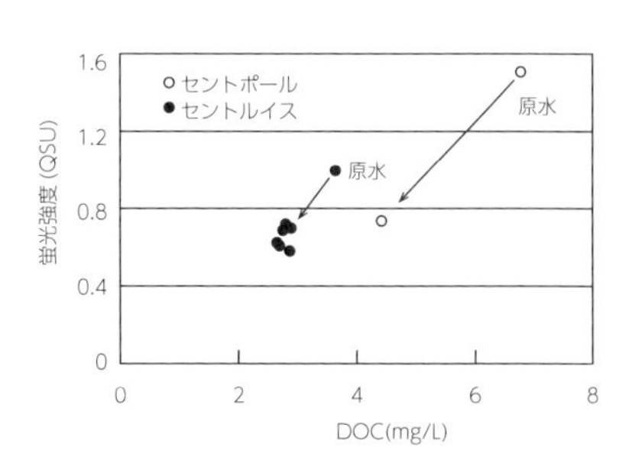

図-5.60　アメリカの浄水工程における蛍光強度と DOC の関係［セントポール（2004 年 11 月 12 日），セントルイス（2004 年 11 月 15 日）］

5.5　水道水の評価をどのように進めるか

5.5.1　溶存有機物の分子量分画

河川水に食品等の有機物が流入すると，生物分解性有機物として水中の微生物により代謝され，BOD 値は低下する．しかし代謝後の残余物質は，微生物で処理されない難分解性有機物として溶存し，COD，TOC として測定される．

この難分解性有機物は，太陽光によって生育する一次生産者の植物の枯死後の腐植物質，食べられた後の動物からの排泄物，さらに動物の遺骸の腐植物質と同じものである．腐植物質の水に可溶な有機物はフルボ酸と呼ばれるが，河川水の利用上，水質分析上，この難分解性有機物質は取扱いが面倒である．

水処理技術では各処理工程における溶存有機物の分子量分布の変化は重要である．天然高分子であるアミロースの電子線照射による分子量低下のパターンを**図-5.61**に示す．セファデックスゲルを用い，各試料を食塩水で展開し，その流出液をフェノール硫酸法で発色させ吸光度を求めた．

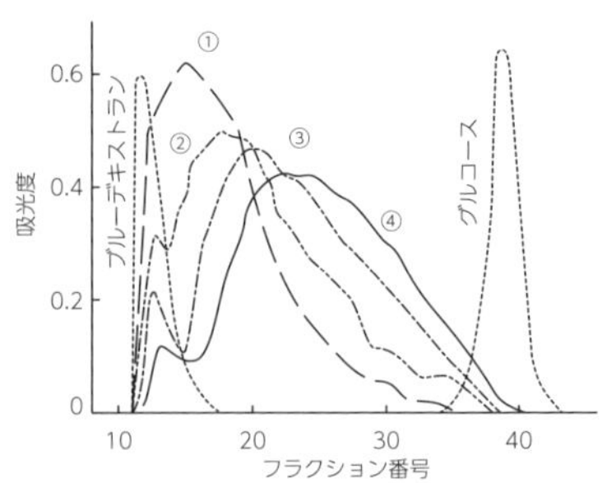

図-5.61 アミロースの電子線照射による分子量低下

特定工場排水を除き，自然環境水，し尿処理水，下水二次処理水等には，構造も分子量も不明確な有機物が多く溶存している．試料を濃縮した後，セファデックスゲルを用い純水等で展開し，各フラクションを分取し何らかの水質分析を行えば，分子量の分布と同様な分画パターンが得られる．

し尿二次処理水を低濃度のオゾン化空気でゆっくりと処理した場合の色度，TOC 変化を**図-5.62，5.63**にクロマトグラムで示す．各フ

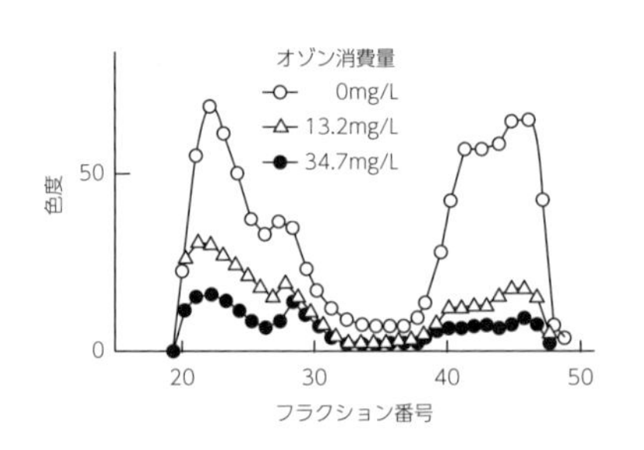

図-5.62 し尿二次処理水のオゾン処理による脱色

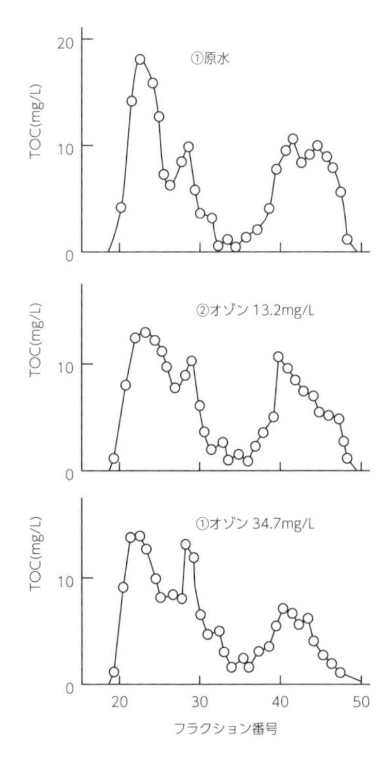

図-5.63 し尿二次処理水のオゾン処理による TOC 変化

ラクションの色度変化を調べると，オゾン脱色は分子量に関係せずに起きていることがわかる．また，TOC の 4 つのピークは，オゾン処理によって高分子側の減少，さらに低分子側も減少することが確認できる．このことよりオゾン酸化では主鎖の切断はあまり起こらず，酸化による脱色と末端基の酸化切断による TOC の減少が起きているものと推定できる．

溶存している有機物の分子量が同じでも，直鎖構造，架橋構造，星型構造等によりゲルへの浸透性は異なり，下排水中では，単一の高分子物質とは違ってくる．また，有機物の官能基によりゲルとの親和性に差が生じ流出時間にも違いが生じる．この他に有機物のゲルに対する吸着性やイオン交換性等の相互作用も含まれるため，正確な分子量分布ではなく，概略，高分子が速く低分子が遅く流出する分画されたクロマトグラムが得られる．

し尿二次処理水のオゾン酸化したものを生物活性炭と接触させ，微生物の作用により溶存有機物の低分子側が除去された結果を**図-5.64** に示す．オゾン処理後に認められる 4 つのピークは，生物活性炭と接触させた後はフラクション番号 22 を残して減少し，薬品で微生物を不活化した生物活性炭と接触させた後では，その減少の少ないことがわかる．活性炭による吸着除去も起きているが，生物活性炭表面の微生物によって低分子の有機物が代謝除去されていることが証明された例である．

し尿二次処理水を TOC と紫外吸光度で求めたクロマトグラムを**図-5.65** に示す．手分析，機器分析には，感度や測定誤差等が含まれるため，分取したフラクションを何の項目で分析するかが

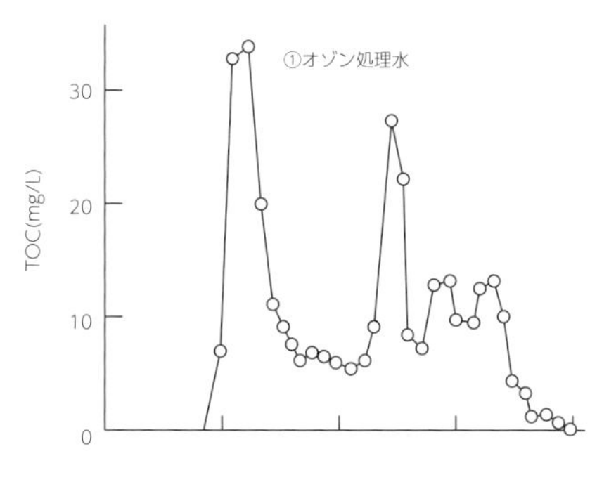

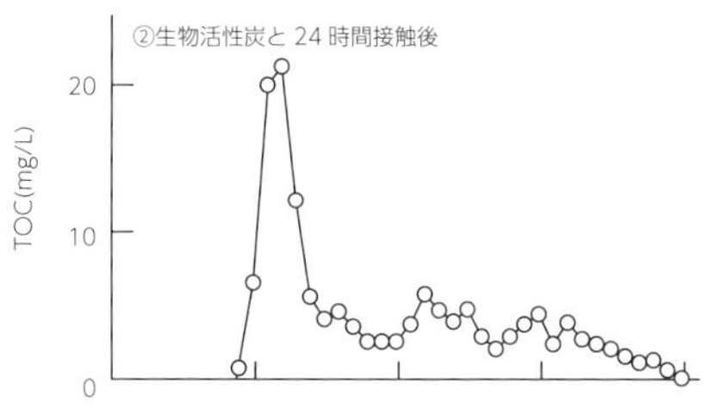

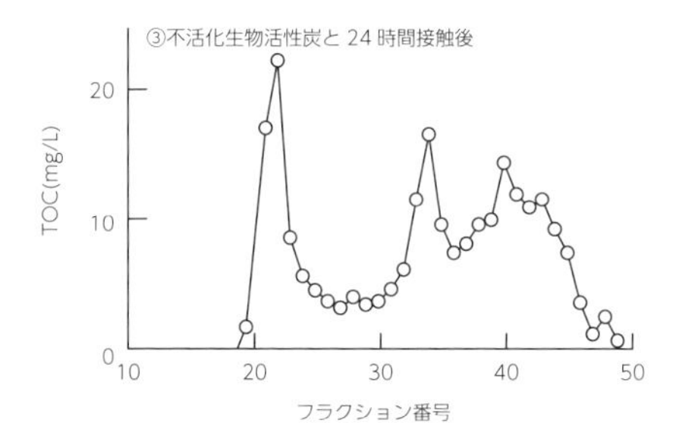

図-5.64　生物活性炭による溶存有機物の除去

重要となる．光の透過率から求める吸光度測定では吸光度0.1～0.7ぐらいで読み取り，誤差を最少にして測定すべきで，この範囲を外れると誤差は急激に大きくなる．つまり，クロマトグラムのすそ部分やピーク位置で不明確となり，クロマトグラムの加成性がなくなってしまう．

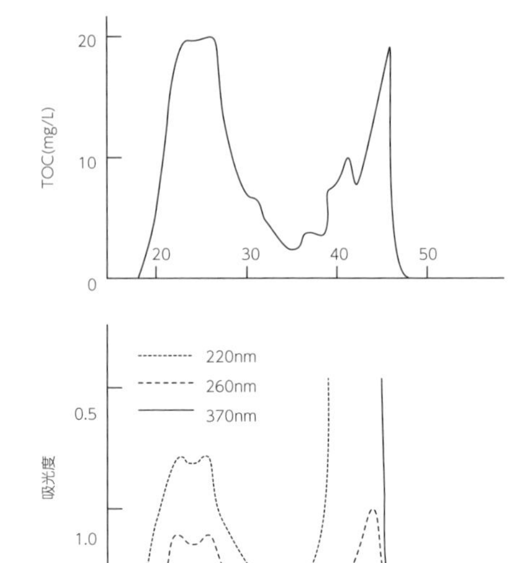

図-5.65 TOCと吸光度によるし尿二次処理水のクロマトグラム

5.5.2 高速液体クロマトグラフィーによる処理水の評価

河川水，二次処理水，水道水等に含まれる有機物や無機物を簡単に分析でき，パターン認識のできる高速液体クロマトグラフィーを用いた方法について述べる．特長は，フラクションコレクターで流出液を集め分析を行う方式とは違い，少量の試料で連続して測定できることである．

簡単に高速液体クロマトグラフィーについて触れる．分解能の高いゲルクロマトカラムを用い，移動相に純水をポンプで押し込み，途中で試料を注入する．分離された流出液がカラムから出てくるので，その組成変化を検出器によってレコーダーに記録する（**図-5.66**）．

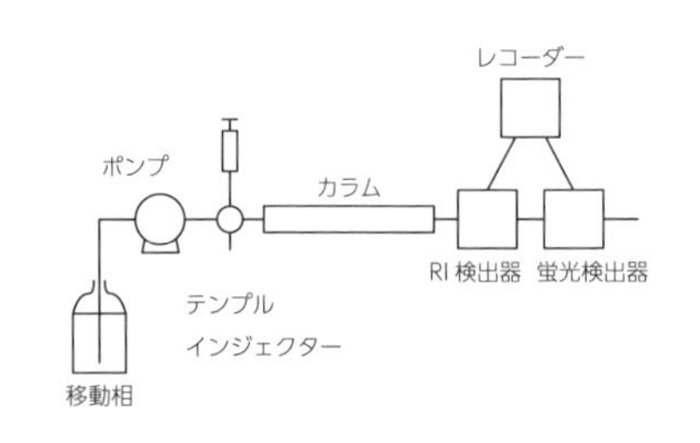

図-5.66 装置フロー

(1) 上下水の高度処理水

下水から上水までそれぞれが含有する物質濃度を溶存有機物，溶存無機物，濁質に大別して**図-5.67**に示す．ここでの浄水原水の溶存有機物濃度は，河川表流水の過マンガン酸カリウム消費量を，高度浄水処理実験プラントにおける過マンガン酸カリウム消費量とNVDOC値との相関関係を用いてNVDOC値に換算し，NVDOCがすべてフミン質由来であるとしてフミン質の炭素重量比から推定している．高度処理を行い濁質，溶存有機物を減少させた試料を分析する場合，実際の浄水原水には17～180倍もの溶存有機物が含まれており，高度処理後の溶存有機物濃度は実験操作上無視することができる．

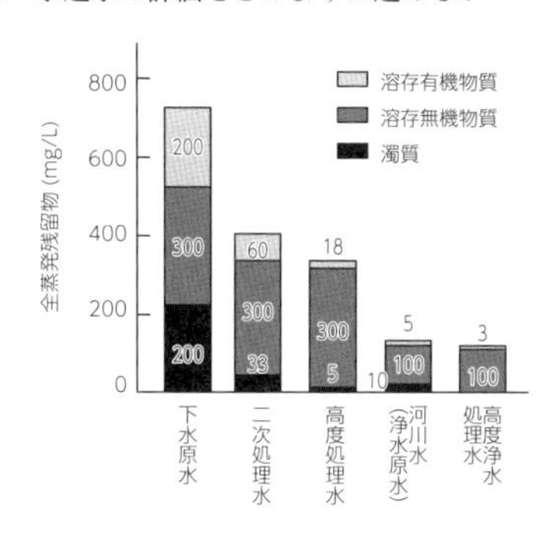

図-5.67　各種用排水中の全蒸発残留物濃度比較原図の6）日本語訳は高度浄水処理水

少量の試料を短時間で分析する手法として，示差屈折率，紫外部吸収等の検出器によるゲルろ過カラムを用いた高速液体クロマトグラフィーがある．疎水性の強いゲルろ過カラムを用い公共用水への利用を検討した例もあるが，溶離液，検出器の選定に問題が残っていた．屈折率は水に溶解した物質全体を示し，無機物質，有機物質を分離することはできないため，溶離液として塩，緩衝液を用いると検出に示差屈折率が利用できなくなる．また紫外部吸収は，波長260 nm等の有機物の不飽和結合に基づく光吸収を利用しており，塩，緩衝液を溶離液とし環境水の分析に利用することも可能である．しかし，すべての溶存物質あるいはすべての溶存有機物を把握することができないため，この分野での利用が停滞しているのが現状である．

疎水性の強い基材を用いるゲルろ過カラムでは，親水性を上げるために多くの水酸基を付加する必要があり，イオン交換能が強くなり分子量による分離以外の分離効果が生じてしまう．このため，分離効果をあげた水系ゲルに緩衝液を利用するカラムについて各種の検討を加え，再生，調整の条件，緩衝液から純水への置換により，ある一定のイオン交換が行われた条件であれば純水で再現性よく分析できることを見出した．

一般に高速液体クロマトグラフィーによる有機物質の検出には紫外部吸収が用いられる．示差屈折率では，10^{-8}～10^{-6} gと感度は低くなるが，無機物，有機物のすべての溶存物質全体に対応するため水のパターン認識に適用できる．蛍光分析は，溶存有機物の腐植物質，タンパク質，多環芳香族（PAH）を選択的に10^{-12}～10^{-1} gの高感度で検出できるので，検出部を組み合わせれば，飲料水の水質評価ができるものと考えられる．つまり，蛍光発現性物質に敏感な蛍光検出器をつなげ，物理化学的な示差屈折率RI値の変化を測定する．

公共用水では有機物は高分子から低分子まで，また極性も親水性から親油性まで，多種多様なものが幅広く存在し，示差屈折率での測定では無機物が重なってしまう．

蛍光を組み合わせることによって水質の評価ができるものと考える．波長 345 nm で励起すると，波長 425 nm にピークを示す蛍光が観察される．この蛍光波長を用いて屈折率との同時検出を行った．

図-5.68 に有機物の標準物質としてポリエチレングリコールのクロマトグラムを，**図-5.69** に流出時間と平均分子量との検量線を示す．流出時間 5 ～ 12 分程度に，平均分子量 100,000 から 100 程度まで簡単に分画されることがわかる．**図-5.70** に無機物の標準物質とし硫酸ナトリウム，塩化ナトリウム，炭酸水素カルシウムのクロマトグラムを示す．無機物は 5 ～ 10 分の間に検出される．

水道水に溶存している有機物は，高分子から低分子まで，また極性が親水性から新油性まで多種多様なものが幅広く存在し，RI では無機物が大きく重なってしまう．このため，溶存有機物の腐植物質，タンパク質，多環芳香族（PAH）を選択的に 10^{-12}g の高感度で検出できる蛍光を組み合わせれば，飲料水の水質評価ができるものと考えられる．

浄水の試料は，関西の高度処理実験プラントから採水した各処理水を用いた．この実験プラントは処理能力 24 m^3／日の装置で，富栄養化した湖沼水を原水として，ポリ塩化アルミニウム（以下 PAC）100 mg／L 添加の凝集沈殿，ろ過速度 145 m／日の砂ろ過，注入率 2.0 mg／L のオゾン処理およびろ過速度 190 m／日の生物活性炭処理を行う．8 月に採取した原水，凝集沈殿水，砂ろ過水，オゾン処理水，生物活性炭処理水のクロマトグラムを**図-5.71** に示す．左側に示差屈折率，右側に蛍光の検出結果を示す．示差屈折率では，原水から生物活性炭処理水までほとんどピークの大きさに変化はないが，蛍光で

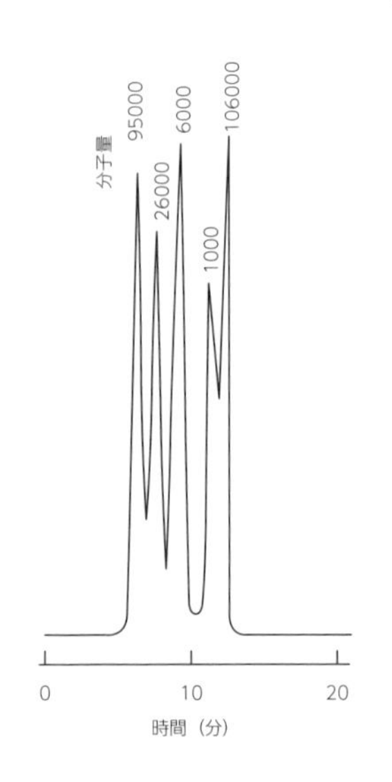

図-5.68 PEG のクロマトグラム

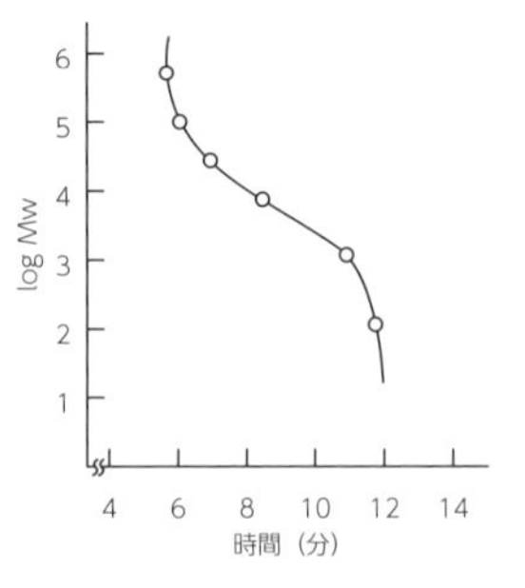

図-5.69 検量線

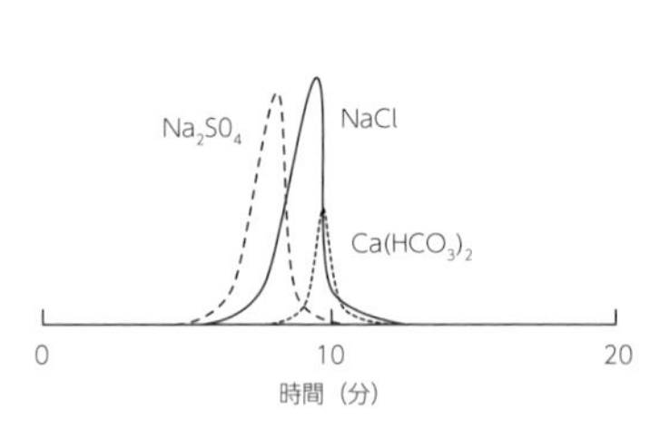

図-5.70 無機塩のクロマトグラフィー

は，原水から凝集沈殿水については流出時間10分での最大ピークが多少減少し，流出時間5～8分程度の高分子側のピークに減少が認められる．これは，PACによる凝集が単なる懸濁物質の除去だけではなく，高分子領域の溶存有機物除去に効果のあることを示している．また砂ろ過水からオゾン処理水への変化を見ると，高分子から低分子まで蛍光強度が大幅に減少している．これはオゾンが溶存物質を酸化し，不飽和結合を切断し光の吸収を減らしていることを示している．次に生物活性炭処理水でも全体的に蛍光が減少し，高分子から低分子までの溶存有機物が除去されていることがわかる．紫外部吸収物質，蛍光発現物質等は一般的には分子構造上，生物難分解性で，活性炭に対する吸着除去が大きく働いているものと考えられる．

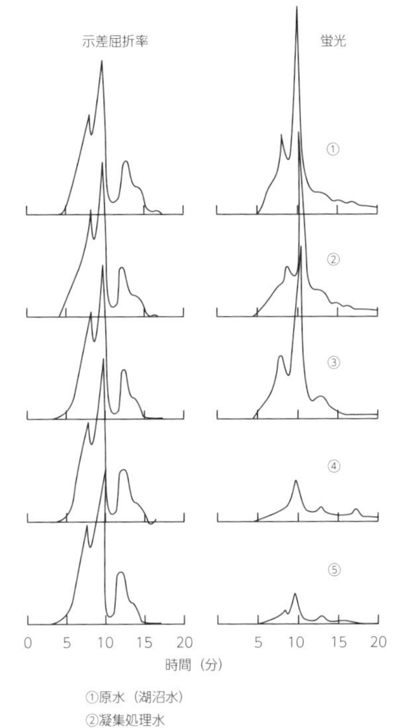

図-5.71　高度浄水処理実験プラントにおける試料のクロマトグラム

各処理水のNVDOC値と紫外部吸光度E_{260}の値を**表-5.3**に示す．実験プラントにおける採水の時間遅れ変動もあるが，有機物は凝集沈殿と生物活性炭処理により除かれ，着色物質，紫外部吸収物質は凝集沈殿とオゾン処理により減少している．これらの変化は蛍光強度の変化に対応しており，蛍光検出による高速液体クロマトグラフィーで水の評価ができることを示している．

なお，ほとんど変化のない示差屈折率については，浄水場の水道水の蒸発残留物

表-5.3　水処理プラントにおけるNVDOCとE_{260}の変化

プラント	試料	NVDOC（mg／L）	E_{260}（5cmセル）
高度浄水処理実験プラント	原水（湖沼水）	3.64	0.371
	凝集処理水	2.63	0.199
	砂ろ過水	2.31	0.176
	オゾン処理水	2.07	0.079
	生物活性炭ろ過水	1.36	0.065

が150～200 mg／L程度であるのに対し，NVDOCが2～4 mg／Lと少ないため，浄水処理により有機物が減少してもピークの変化には現れてこない．しかしクロマトグラムのパターンは，水源の特異性等を見るために利用できると考えられる．

下水の試料は，関東のA下水処理場，B下水処理場，九州のC下水処理場に導入されたオゾン処理を含む高度処理施設からの各種処理水を用いた．A下水処理場の高度処理施設は，塩素滅菌を行った下水二次処理水を処理量38,200 m^3／日でPAC 10 mg／L添加，凝集砂ろ過後，注入率5.0 mg／Lのオゾン処理を行い，親水施設に放流する．B下水処理場の高度処理施設は，下水二次処理水を処理量100 m^3／日で砂ろ過，注入率14 mg／Lのオゾン処理後，ろ過速度120 m／日以下の生物活性炭処理を行い，親水公園の水路へ放流する．C下水処理場の高度処理施設は，下水二次処理水を処理水量1,140 m^3／日でろ過速度60 m／日の生物ろ過膜を通した後，注入率12.5 mg／Lのオゾン処理を行い，親水公園に放流する．

12月に採水した下水高度処理施設での応用例を示す．溶存物質が多いため水道での試料水に比べ1／25の量でクロマトグラムを求めた．A下水処理場のクロマトグラムを**図-5.72**に示差屈折率と蛍光で示す．高度処理水は，清流の復活を目的に塩素滅菌後の下水二次処理水を原水とし，濁質とリン除去に凝集砂ろ過，脱臭と脱色にオゾン処理を行い放流している．蛍光のクロマトグラムでは凝集砂ろ過にて流出時間10分におけるピークが多少減少し，オゾン処理によって全体的に減少していることがわかる．このように，オゾンによる脱色効果がクロマトグラムからも明確に把握することができる．

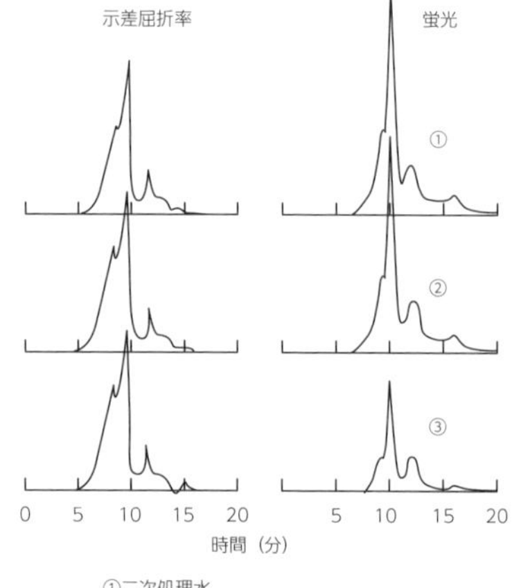

図-5.72 A処理プラントにおけるサンプル水のクロマトグラム

B下水処理場のクロマトグラムを**図-5.73**に示す．この処理水は親水公園内の池に流す水として利用されている．示差屈折率に変化は認められないが，オゾン処理，生物活性炭処理によって蛍光強度は大きく減少していることがわかる．

C下水処理場のクロマトグラムを**図-5.74**に示す．下水二次処理水を塩素滅菌以前にアンスラサイトを用いた生物膜処理でアンモニア性窒素除去，懸濁物質除去を行った後，オ

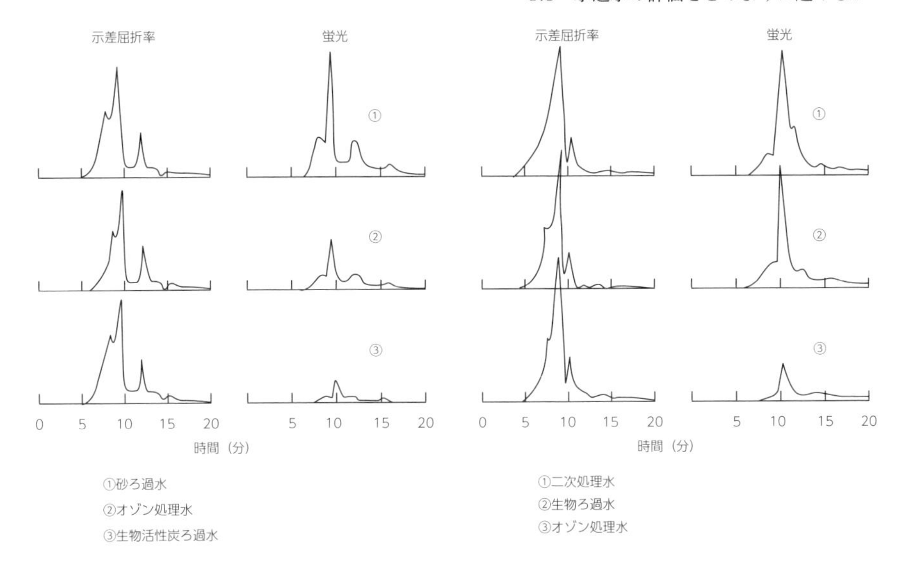

図-5.73　B 処理プラントにおけるサンプル水のクロマトグラム

図-5.74　C 処理プラントにおけるサンプル水のクロマトグラム

ゾンによる脱臭，脱色，殺菌を行い，高度処理水を親水公園内の各池に放流するものである．クロマトグラムには，生物膜処理による蛍光物質の除去が流出時間 12 分に現れ，オゾンによる脱色が明確に示されている．示差屈折率は，各々流入する無機物の量と質とにより決まり，地区特有のパターンを示している．

次に下水処理水の NVDOC 値と紫外部吸光度 E_{260} の値を**表-5.4** に示す．浄水の場合と同様に，吸光度の減少は高速液体クロマトグラフィーの蛍光強度の変化と対

表-5.4　水処理プラントにおける NVDOC と E_{260} の変化

プラント	試料	NVDOC（mg／L）	E_{260}（1cm セル）
A 処理プラント	二次処理水	9.88	0.100
	凝集ろ過水	8.82	0.079
	オゾン処理水	6.82	0.070
B 処理プラント	砂ろ過水	7.07	0.103
	オゾン処理水	6.23	0.066
	生物活性炭ろ過水	4.39	0.028
C 処理プラント	二次処理水	4.82	0.087
	生物ろ過水	4.17	0.073
	オゾン処理水	3.89	0.045

応している.

高速液体クロマトグラフィーを利用すれば，数 mL の試料水で示差屈折率で原水水質の認識が，蛍光で微量溶存有機物の変動を把握することができる．カラムの再生，調整に注意すれば短時間で水の評価ができ，これらは水処理プロセスの各処理性能の判定にも十分利用できる.

富栄養化した水道原水の励起蛍光スペクトルに認められる励起波長 345 nm と，蛍光波長 425 nm を用いて RI との同時検出を行った．**図-5.75** に河川表流水を水源としている T 町の水道水を，**図-5.76** に M 町の水道水のクロマトグラムを示す．M 町では下町に比べ，高分子側に蛍光を示す溶存有機物の存在が認められる.

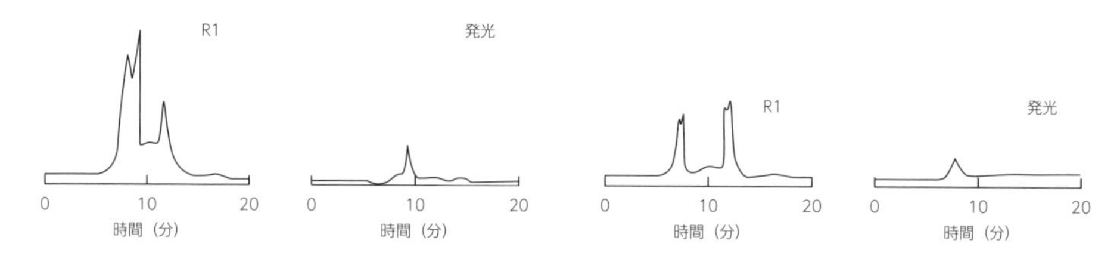

図-5.75 T 町水道水のクロマトグラム　　**図-5.76** M 町水道水のクロマトグラム

(2) 水道水から環境水

カラムに対して標準フルボ酸を用い展開条件を検討した結果を多少詳しく説明する.

使用した HPLC は, 東ソーの TSKgel–G3000SW$_{XL}$ の水系ゲルろ過充填カラム (直径 7.8 mm×300 mm，基材質シリカ，粒子 5 μm，ポアサイズ 25 nm)，検出器として示差屈折率 RI–8020 と蛍光検出器 FS–8020 を用いた.

カラムの前処理は，減圧下 30 分超音波脱気した 0.1 mol／分で 1 時間流し調整した．移動相は蒸留水以外に 0.05 ～ 0.4 mol／L，硫酸ナトリウム溶液，0.2 mol／L リン酸緩衝液（pH 6.9）等を用い，クロマトグラムパターンを検討した.

試料水は 0.45 μm メンブレンフィルターを通した水道水で，シリンジを用い 500 μ L 注入した．移動相は，蒸留水では 1.0 mL／分で，硫酸ナトリウム溶液では 0.5 mL／分で展開した.

a. 示差屈折率による評価

HPLC の示差屈折 RI 値は感度 10^{-7}g で，試料に溶存している全物質に応答する．蒸留水を対照として特定物質を含む溶液をカラムから流出させ，その屈折率の差を連続的に測定する方法である.

水道水の溶存物質は無機物質が多く，日本の水質基準は蒸発残留物として 500 mg／L 以下とされている．有機物質は，TOC としても 2 mg／L 程度で，さらに揮発性，不揮発性で分類する，臭気物質，トリハロメタン類，有機溶剤等が揮発性であり，これらの存在量は 0.1 mg／L 以下で，残る有機物は腐植物質のフルボ酸等が考えられる．しかし量的には非常に少なく，RI 値に応答する物質のほとんどが無機物と考えられる.

蒸留水で展開したゲルろ過カラムは，多少のイオン交換的性質を持つため，水道水の試料を展開すると特有の示差屈折 RI のクロマトグラムパターンが得られる．札幌，東京，京都，大阪の水道水のクロマトグラムパターンを**図-5.77** に示す.

イオンクロマトグラフィーではないため無機イオンの位置は特定できないが，ピークは重なり，水道水源特有のパターンを示している．溶存物質の量は，クロマトグラムのピーク面積に比例し，HPLC にて展開せずに直接示差屈折 RI 検出器を通せば試料特有の RI 値が簡単に求められる.

溶存している物質濃度当たりの RI 値は物質により多少異なるが，濃度に完全に比例しており，その各々の数値は測定されている．標準フルボ酸（段戸土壌から IHSS 法により分離精製されたフルボ酸）でも，濃度に比例することを確認した.

水道水を蒸発させて残留物濃度 C を求め，示差屈折 RI 値との関係を求めたところ**図-5.78** の直線関係が得られた．$RI(\times 10^{-6})=0.192C(mg/L)-0.076$，相関係数 0.998 の非常に良い直線性である．これより，原点を通る一次関数として $C(mg/L)=5.21RI\ (\times 10^{-6})$ が得られる.

この関係から求めた世界の水道水中の蒸発残留物濃度を成田，アメリカ，ヨーロッパ，オーストラリア，アジアの順に**図-5.79** に示す.

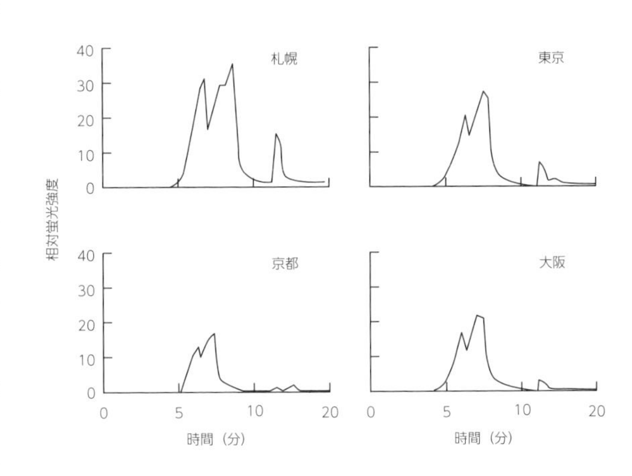

図-5.77 示差屈折率による各地の水道水の流出クロマトグラムパターン

雪解け水を水道水としているサンフランシスコの水

道水は蒸発残留物濃度が低く，500 km以上も導水路で原水を引いて水道水とするロサンゼルスでは高い値を示している．図には示していないが，ツーソンの水道水では1,250 mg／Lの値（WHOの飲料水ガイドライン基準値は1,000 mg／L）を示した．新しい配水システムを導入したロンドン，単一水源のボンでは採水日，採水場所が違ってもほとんど変化なく，各々500 mg／L，300 mg／L程度の値となった．パリ，ローマでは場所によって300～600 mg／Lもの大きな差があり，水系による違いが現れている．ニューデリーではWHO基準値に近く，降水量の多いアジア地区では低い値を示している．全体的には河川水，水道水のCa硬度と対応する結果が得られた．

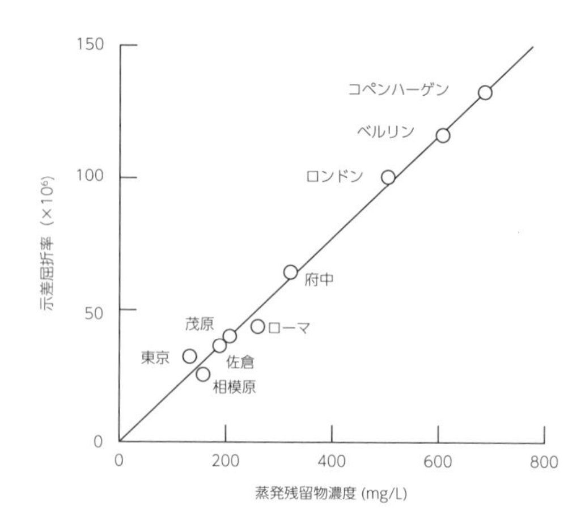

図-5.78 示差屈折率と蒸発残留物濃度の関係

蒸発残留物濃度400 mg／L以下では多少のバラツキがあるものの直線関係が認められ，日本の水道水につても，示差屈折RI値から推定した蒸発残留物濃度を**図-5.80**に示す．すべて300 mg／L以下の軟水で，採水時期による差があるものの札幌，銚子，福井が比較的高い値となっている．

このように示差屈折RI値を用いた蒸発残留物濃度測定は，少量の試料，10秒程度の測定時間でよく，従来法に比較して多数の試料を短時間に測定できることがわかった．

b. 蛍光による評価

河川水，水道水中には腐植物質フルボ酸類を主体とする蛍光発現性物質が存在している．比較的高濃度での分析では問題にならないが，水道水の蒸留水によるカラム展開では再現性に問題が生じた．繰返しの分析では，有機物のカラムに対する吸着が大きな誤差を生じること，また大気中の炭酸ガスの溶解による影響が現れること，各地の水道水比較では，含まれる無機塩濃度の差で有機物の流出ピークが移動すること等である．

水道水中の微量蛍光発現性物質のゲルクロマトグラムを理想的な分子量分布パターンとして得る方法を検討した．一般に理論段数の大きなカラムはピーク幅が小

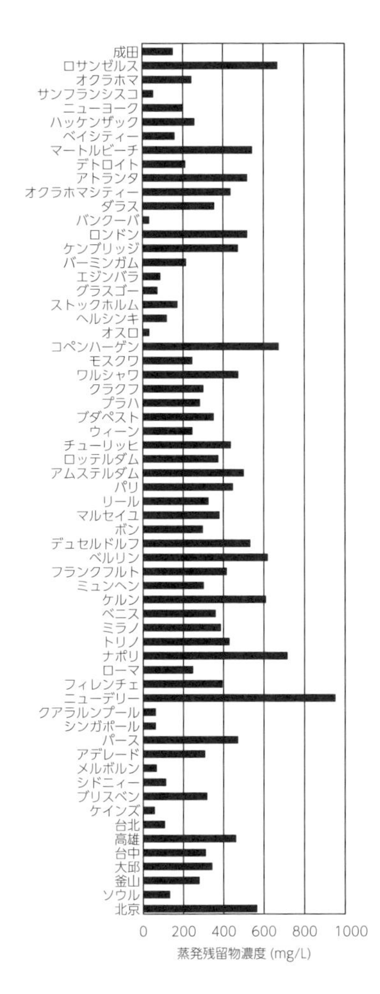

図-5.79　世界各都市における水道水の蒸発残留物濃度（1992 年 5 月～1998 年 5 月）

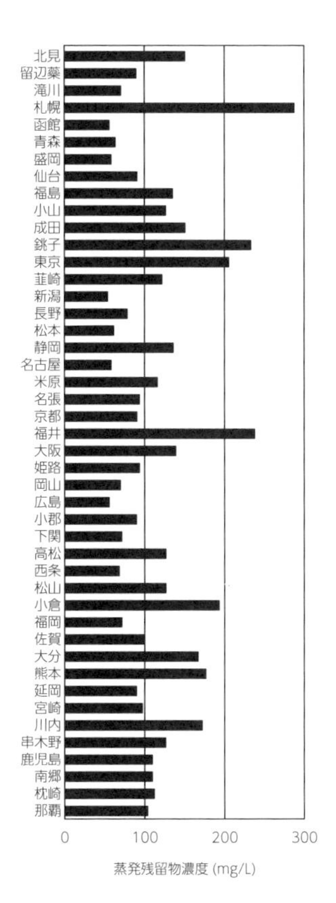

図-5.80　日本各地の水道水の蒸発残留物濃度（1992 年 5 月～1994 年 8 月）

さくシャープな左右対称のガウス分布のクロマトグラムが得られることから，対象性の良いピークを得るために硫酸ナトリウム溶液の塩濃度を変化させた移動相で標準フルボ酸を展開した．

標準フルボ酸 1.0 ～ 3.0 mg／L の水溶液を 0.05 ～ 0.4 mol／L 硫酸ナトリウム溶液で展開したクロマトグラムを**図-5.81** に示す．各種の分布から理論段数，理論段高さ，クロマトグラム面積，ピーク位置等の HPLC の最適条件を求めた．このデータよりピークの半値幅 W と保持容量 V_R を求め，N=16 (V_R／W) ^{2} の式とカラム長さ 300 mm を用い，硫酸ナトリウム溶液の塩濃度に対してフルボ酸濃度 1.0，2.0，3.0 mg／L の理論段高さ H を求めると**図-5.82** が得られる．

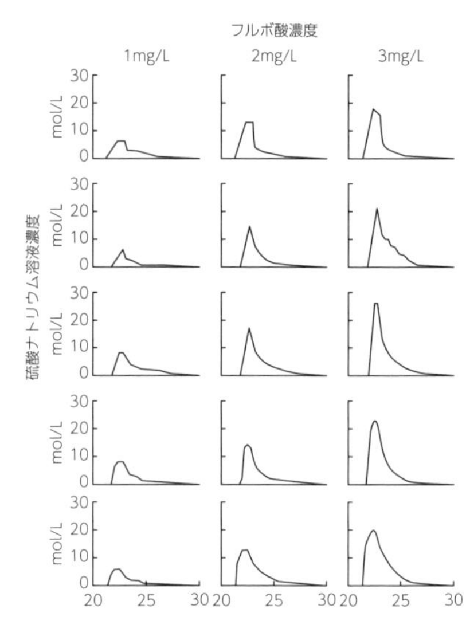

図-5.81 フルボ酸濃度を関数とした硫酸ナトリウム溶液濃度の効果

理論段高さ H=L／N (L:カラム長さ,N:理論段数）において H の値が小さい方がカラム性能は良好で，一般に 0.01～0.1 mm の範囲が利用されている．0.3 mol／L 以上の硫酸ナトリウム溶液では分離の良いピークは得られず，0.1 から 0.2 mol／L が最適であることがわかった．

さらに確認のため，クロマトグラムの相対面積を求めた結果を**図-5.83** に示す．面積は 0.4 mol／L の硫酸ナトリウムが最大で 0.05 mol／L が最小となった．フルボ酸は陰イオン性の官能基を多く持つ天然の高分子物質で，カラムへの吸着は無視できない．塩濃度の増加は，カラムと試料中のイオン交換性物質との相互作用を弱くし，逆に塩濃度の低下はイオン交換性物質のカラムへの吸着が起こりやすくなるため，硫酸ナトリウム溶液の濃度は 0.2

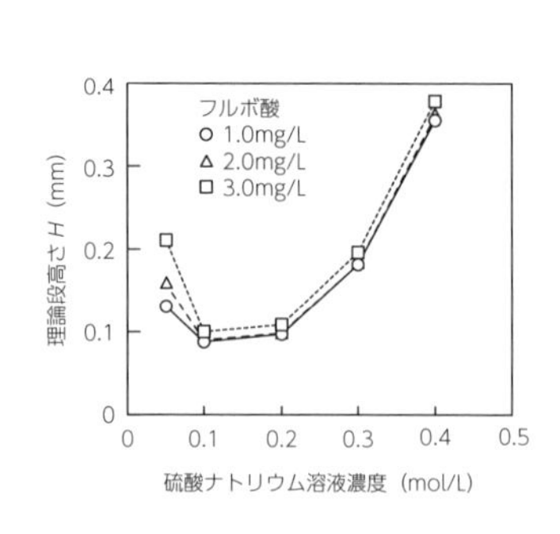

図-5.82 硫酸ナトリウム溶液濃度を関数とした理論段高さの変化

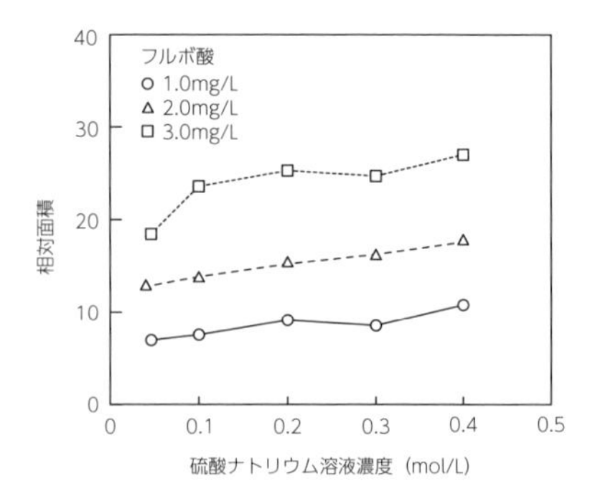

図-5.83 硫酸ナトリウム溶液濃度を関数としたクロマトグラムの相対面積

から 0.3 mol／L が最適と判断される．また，0.2 mol／L のリン酸緩衝液を用いたところ，理論段高さ H の値は硫酸ナトリウム溶液より増加し，0.2 mol／L 以下を用いてもカラムとの吸着差が大きく有効性は見出せなかった．さらに，無機塩濃度の効果を調べるため，2.0 mg／L 標準フルボ酸に NaCl 水溶液を添加し，NaCl 濃度 600 mg／L として 0.2 mol／L 硫酸ナトリウム溶液で展開したが，塩濃度による保持時間の移動やクロマトグラムのパターン変化は認められなかった．これより，様々な塩濃度からなる水道水をはじめ天然水中の腐植物質の分析には，0.2 mol／L 硫酸ナトリウム溶液の使用が適している．この条件で水道水を 10 回展開，保持時間とピーク高さを調べたところ再現性の良い結果が得られた．

先の HPLC の分析条件で，世界，日本各地の水道水の分析を行った．海外の水道水のクロマトグラムを相対蛍光強度 25 と 60 で**図–5.84** に，日本の水道水のクロマトグラムを相対蛍光強度 10 で**図–5.85** に示す．腐植物質が浄水工程で塩素やオゾン等の酸化処理を受け，蛍光強度自身は減少したものの，保持時間 22 ～ 30 分まで幅広い分子量分布でフルボ酸，または塩素化フルボ酸，酸化フルボ酸として含まれていることがわかる．ベルリン，コペンハーゲン等では高分子のフルボ酸類，ニューヨーク，デュッセルドルフでは高分子，中分子のフルボ酸類が含まれ，東京，大阪の水道水に高分子のフルボ酸類が多かった．

日本の水道水で比較的水質が良いと言われている静岡の蛍光のクロマトグラムを**図–5.86** に示す．クロマトグラムの特定ピークでポンプを止め，その時点での励起スペクトル，蛍光スペクトルの測定ができる．クロマトグラムの図には，拡大した図を入れて倍率を併記し比較しやすいようにしてある．東京，ロンドン，ボン等の蛍光ピークで，蛍光スペクトルをとると，フルボ酸と同様なスペクトルとなった．

水道水源となる河川表流水について，荒川の三峰口，六堰，秋ヶ瀬等の地域の河川水を測定した．例として六堰の蛍光のクロマトグラムを**図–5.87** に示す．

清流である三峰口近くの荒川上流でも，東京の水道水と同様のクロマトグラムが得られている．河川水は，塩素処理を行っておらず塩素による消光はなく，天然のフルボ酸自身の蛍光とみなしてよい．中流では 24 分のピークが非常に大きく，下流では，再び減少している．24 分のピークの蛍光スペクトルを**図–5.88** に示す．フルボ酸より鋭いスペクトルで，農業排水，畜産排水等の流入によるものと考えられる．今後は，水道水の分析に限らず，水源となる河川，湖沼等の分析もトリハロメタン前駆物質の調査として必要になるであろう．

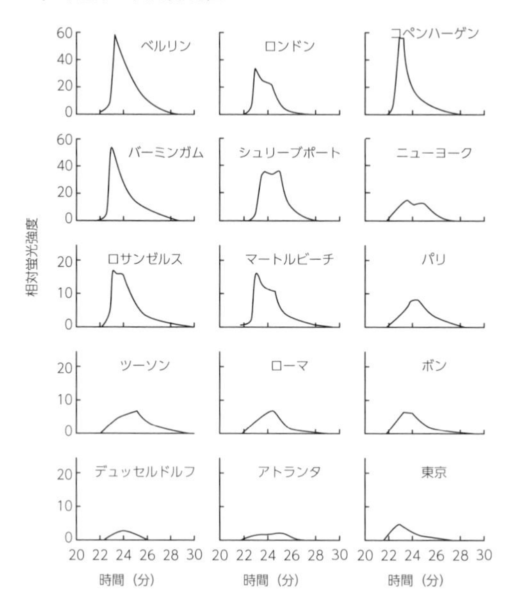

図-5.84 蛍光検出による世界各地の水道水のクロマトグラム

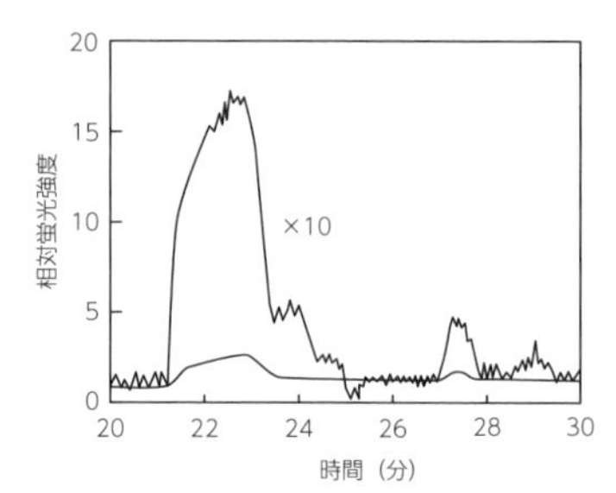

図-5.86 静岡の水道水

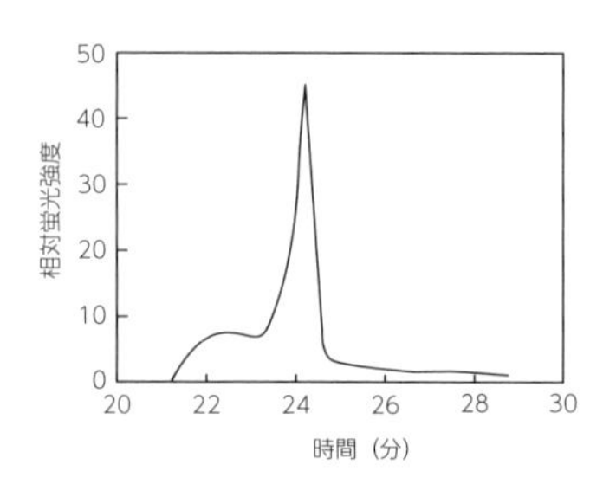

図-5.87 六堰の河川水

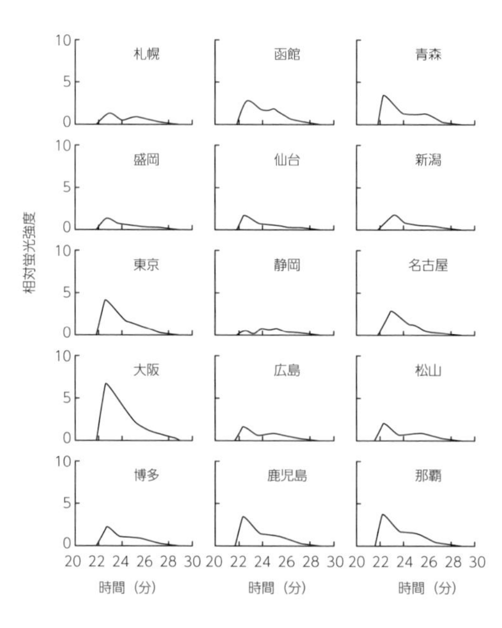

図-5.85 蛍光検出による日本各地の水道水のクロマトグラム

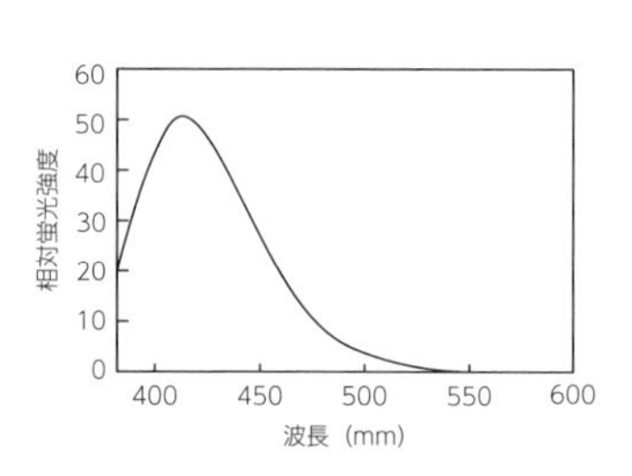

図-5.88 六堰の蛍光スペクトル

5.5.3　環境水のオゾン処理，塩素処理の反応性調査

多摩川での河川水とそこに流れ込む汚水処理水，下水処理水の試料を硫酸ナトリウム水溶液（0.2 mol／L）で展開したクロマトグラム（**図-5.89**）を示す．立日橋，日野橋で採水した河川水に処理水が影響していることがわかる．

次に示す例は，環境水として常時アオコの発生している外濠の水を採水し，0.45 μm のメンブレンフィルターでろ過して試料とした．塩素処理により蛍光スペクトルが変化するのでその反応性を追及した．20 ℃における外濠水の塩素処理，励起波長 345 nm，蛍光波長 425 nm での値を用いた．添加した塩素濃度は，2.3 mg／L，処理時間 10 分で反応はほぼ終了し，その後も多少反応が進む（**図-5.90**）．20 ℃の塩素添加による濠水でのクロマトグラム変化を**図-5.91** に示す．低分子のフルボ酸が酸化されやすいことがわかる．

次は下水二次処理水のオゾン処理例を**図-5.92** に示す．オゾン処理はオゾン消費量を正確に求めるためオゾン酸化ビンを用いた．オゾンによる蛍光強度の低下は大きく 1 mg／L の添加でほとんど減少している．塩素処理では次の分析に残留する塩素を除去しなければならないが，オゾン処理では残留せず，すぐに次の分析が行える．励起スペクトル，蛍光スペクトルの変化を**図-5.93** に示し，クロマトグラム変化を**図-5.94** に示す．

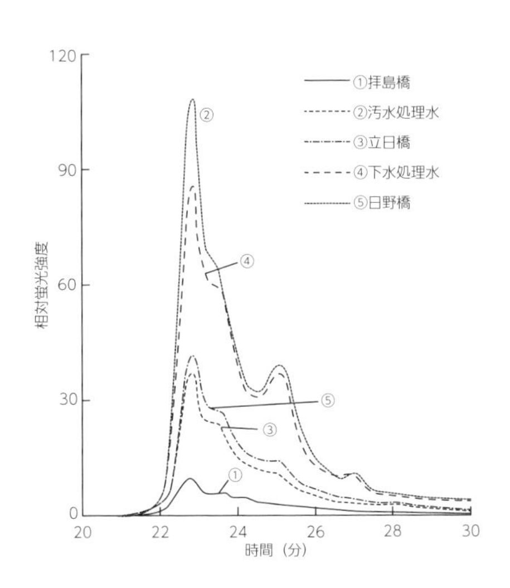

図-5.89　各採水地点におけるクロマトグラムの変化

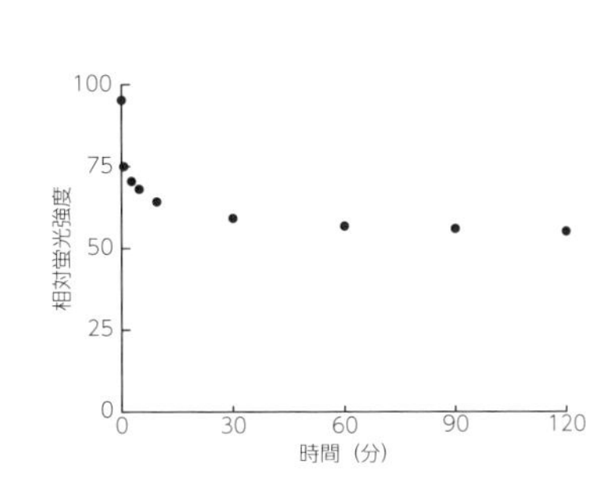

図-5.90　20 ℃における外濠の水の塩素処理

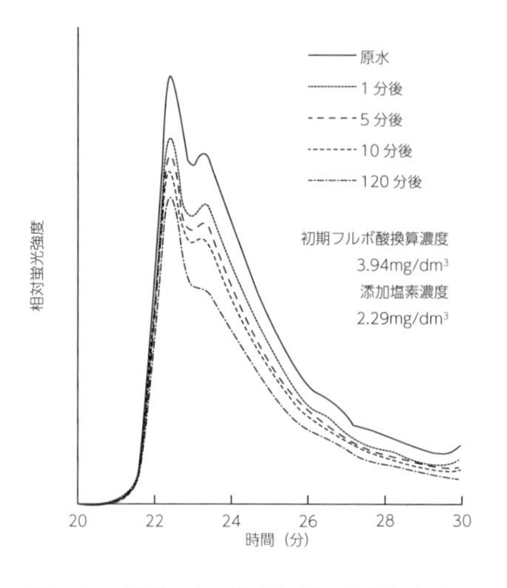

図-5.91 外濠の水の塩素処理にともなうクロマトグラムの経時変化

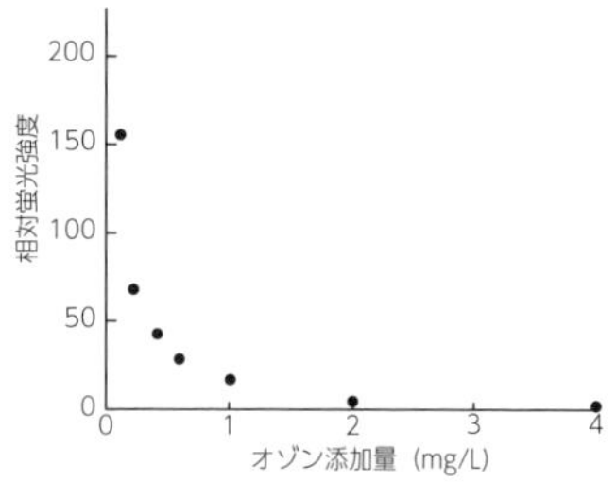

図-5.92 下水二次処理水のオゾン処理による蛍光強度の変化

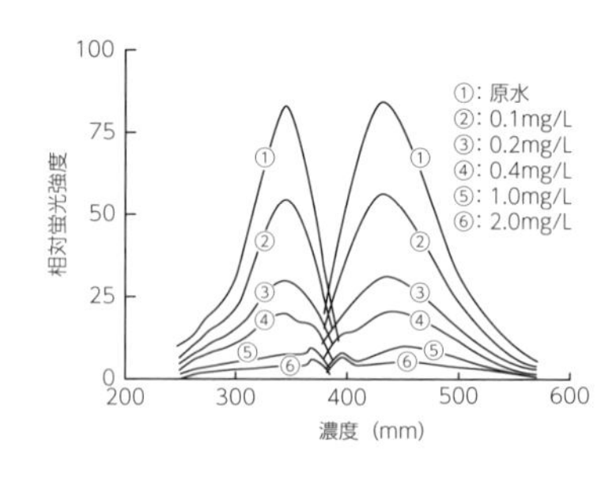

図-5.93 下水二次処理水のオゾン処理による励起スペクトル・蛍光スペクトルの変化

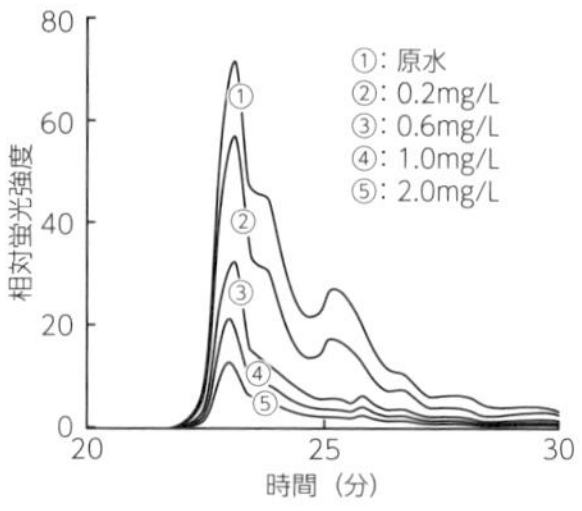

図-5.94 下水二次処理水のオゾン処理によるクロマトグラム変化

これら有機物が酸化剤と接すると有機物の酸化に伴って酸化剤が消費される，塩素であれば塩素消費量と表現され，オゾンであればオゾン消費量と表現される．

オゾンの反応には，正確なオゾン反応量を把握できるオゾン酸化ビンを用いた．塩素では，見えない残留塩素の測定が必要になり分析が煩わしい．反応した蛍光強度の低下速度を調べた方がよい．オゾンにおいては，反応性が高いため残留オゾンがなくなり，次なる水質項目の分析が可能となる．

5.5.4　過マンガン酸カリウム溶液と蛍光分析の併用

オゾンを用いず，高度の分析機器がない時代，天然有機化合物についてどのように分析実験を行っていたのかを調べたところ，有機物の官能基試験法には，アセチル基，カルボキシル基等の最後の不飽和結合を調べる方法がある．

簡単な方法としては，検体を２％過マンガン酸カリウム（$KMnO_4$）溶液で溶解し，冷温度で酸化させる．冷希溶液に過マンガン酸カリウム溶液をその色が消えなくなるまで１滴ずつ加え，その脱色反応によって二重結合，三重結合を知ることができる．

水処理で利用されている過マンガン酸カリウム消費量は100 ℃で有機物を酸化させる方法である．この消費量を求める時には試料を加熱して滴定を行い，還元されてなくなる過マンガン酸カリウム溶液の色を見て進行するが，先のハンドブックでは，低温でも反応が進むものがあるとのことである．

沖縄の浄水場の見学時，分析室で水道原水に常温で過マンガン酸カリウム溶液を添加してみたがピンク色は消えない．もっと濃い溶液を添加したが見た目には変化がない．そこで冷蔵保管して，２ヵ月後に分析した．滴定用の0.02 M過マンガン酸カリウム溶液を30 mLに0.1 mL添加したものの，まだピンク色であった．蛍光分析を行うと，水道原水の蛍光スペクトルは**図-5.95**のように大きく低下していた．ピンク色の溶液に320 nmの励起光を当てるとピンク色の濃淡に関わらず430 nmに蛍光を発現していた．時間をかけると反応が進む．これまでオゾンや塩素で溶存有機物を酸化してきた．過マンガン酸カリウム溶液を用いた蛍光スペクトルの分析による反応パターンが得られることがわかってきた．

海外の浄水場を見学すると，現場に過マンガン酸カリウム溶液のタンクがある．配管内の貝類付着防止や緊急時の有機物酸化にも使われているようである．

蛍光発現性を示す各種の試料を用いて，過マンガン酸カリウム溶液を加えるとどのように蛍光スペクトルが変化するかを調べた．目視では過マンガン酸カリウムのピンク色，還元されてMnO_2の黄金色に見えるが，蛍光分析は濁質の影響を受けず，酸化によって順に蛍光スペクトルは減少していく．８種類の試料について調べ

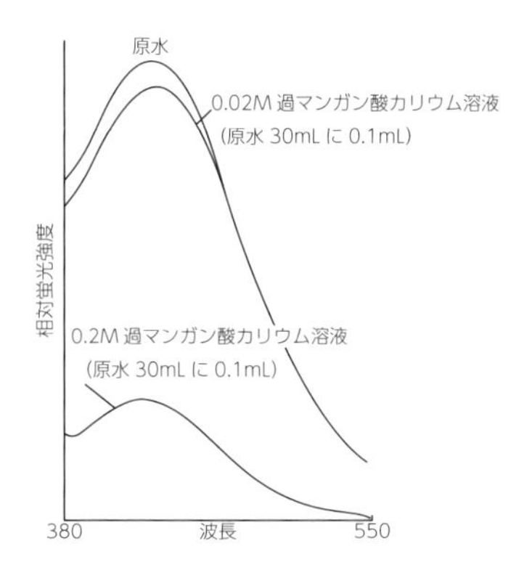

図-5.95　水道原水の蛍光スペクトル変化

たところ，酸化による蛍光スペクトルの変化は２種類に分類された．そのまま蛍光スペクトルが低下していくものと，一度ピーク位置が変化し，その後に蛍光スペクトルが低下するものである．

ファルコン社 15 mL のコニカルチューブを用い，試料 10 mL に 0.002 M 過マンガン酸カリウム溶液 0.1，0.3，0.6，1，2，3 mL を常温で添加し，直ちに蛍光スペクトルの変化を調べた．

アオコの発生したメダカの水槽の水（0.6 mL 黄金色），きず菜腐植液（0.3 mL 以上ピンク色）は，**図-5.96**（a），（b）のように単に蛍光スペクトルが減少するものであった．これらの試料については，過マンガン酸カリウム溶液を添加後，常温で２時間と１日放置による蛍光スペクトルの測定を行い，**図-5.97** のように体積補正を行い反応パターンが調べられる．

赤ワインは**図-5.98** のように少量の酸化剤でピーク位置が長波長へ移行し，1 mL の添加で無色に，その後はスペクトル全体が減少し，3 mL 添加では蛍光がなくなる．試料は MnO_2 の生成で黄金色となる．ウイスキーのバーボン，紙パックの日本酒は単調に減少，カップ酒等は二山の長波長側のピークがなくなり，短波長側が増加，次にピーク位置は長波長側へ移り，その後はピークがなくなる．これらも 0.3 ～ 0.6 mL 添加で黄金色になる．これらは特にピーク位置が大きく変化しながら減少するもので，蛍光発現物質が酸化され敏感にピーク位置が変化するものである．

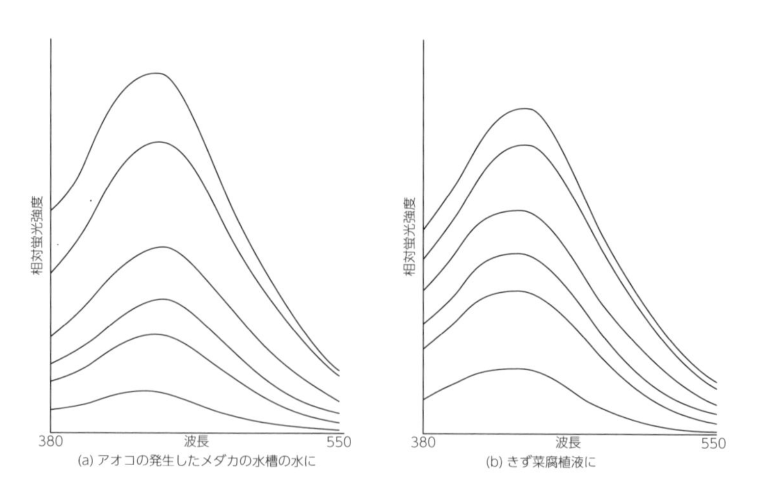

図-5.96 過マンガン酸カリウム溶液を添加２時間後

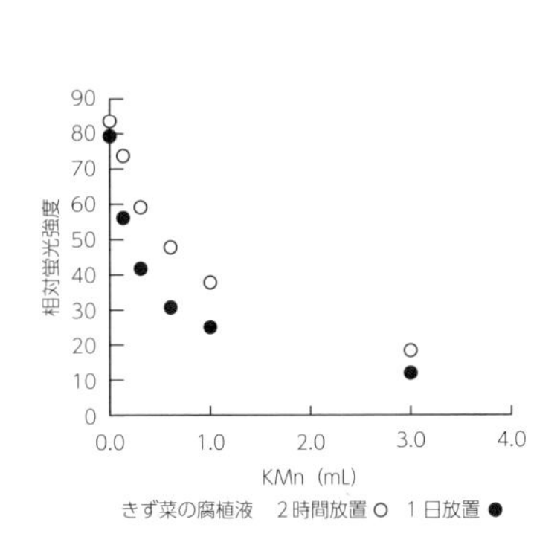

図-5.97　きず菜腐植液に過マンガン酸カリウム溶液を添加（2時間と1日放置）

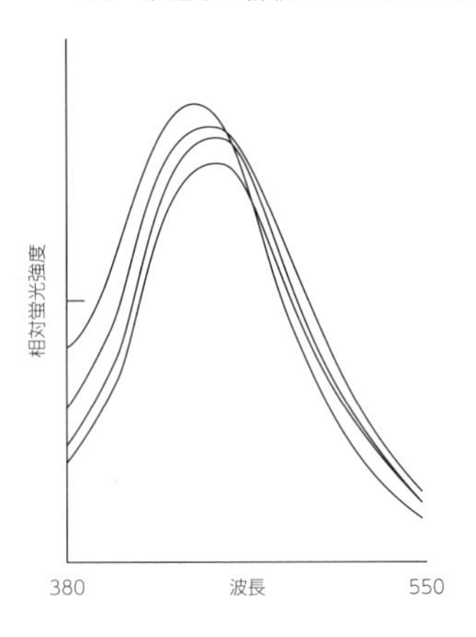

図-5.98　赤ワインに過マンガン酸カリウム溶液を0～3mL添加後の蛍光スペクトル変化

フルボ酸は地下水にも含まれる．地下からの温泉，黒湯には数千年前の腐植物質から生じたものが含まれる．

関東地区で大田区池上地区の地下水を用いている銭湯から試料を採水して分析した．黒湯は久松温泉，はすぬま温泉の2箇所である．はすぬま温泉は湯を汲み上げ後，保健所の指導により塩素消毒を行い浴場へ供給しており，入浴客は直接の地下水原水には触れられない．湯の色も薄く塩素処理の臭いが感じられる．蛍光スペクトルを調べると，久松温泉の黒湯は**図-5.99**のように短波長側にピークがあり，過マンガン酸カリウム溶液の添加で蛍光スペクトルはフルボ酸の

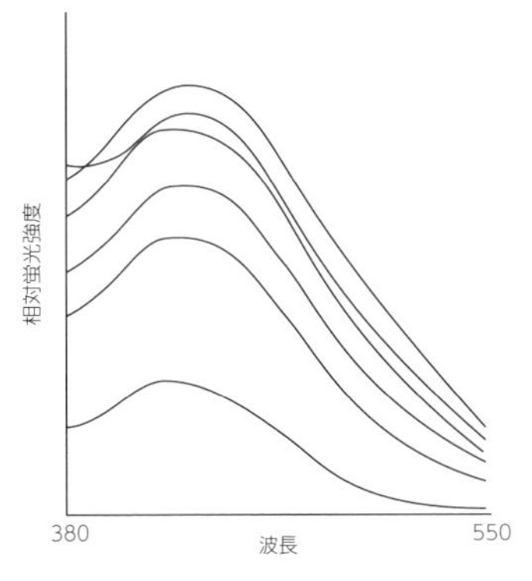

図-5.99　久松温泉の黒湯に過マンガン酸カリウム溶液添加後の蛍光スペクトル変化

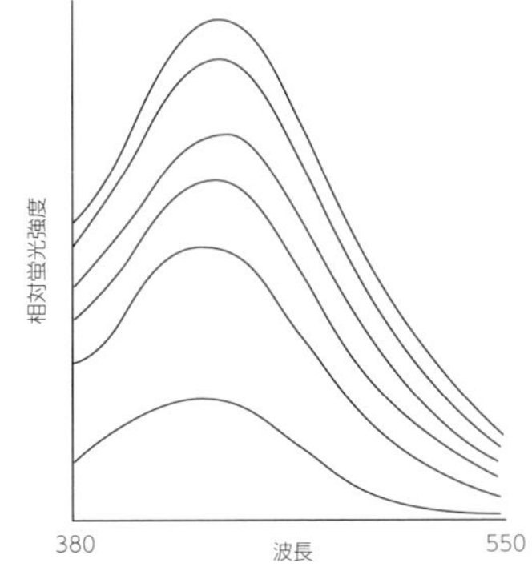

図-5.100　はすぬま温泉の黒湯に過マンガン酸カリウム溶液添加後の蛍光スペクトル変化

スペクトルとなり，その後はフルボ酸と同じような状況を示す．はすぬま温泉の蛍光スペクトルは，**図-5.100** のように塩素添加の効果で通常に検出されるフルボ酸のスペクトルであった．

地下水のかん水利用の温泉を探したところ，東京に江戸時代から続く銭湯があり，黒褐色の天然温泉とのことである．浅草にある都内屈指の歴史ある蛇骨湯である．ここでも保健所の指示に従って地下水を汲み上げ，塩素を添加して浴槽に送っている．ポンプで汲み上げている地下水原水はうす茶色の水である．浴槽の蛇口は各々2つの温水と水で，温水は循環し不足分を追加，水は使い捨てとなっている．江戸時代からの湯の色，薄黒褐色の温泉に身体を沈め分析結果を予想した．原水と塩素添加の水の蛍光スペクトルを**図-5.101** に示す．

多くの場合，塩素添加による酸化反応で蛍光スペクトルは縮小するが，この地下水はピーク位置が短波長側に移り，面積が大きくなっている．フミン酸の塩素処理でフルボ酸への変換が進むものと考えられる．池上の黒湯は研究室に常温放置しても変化はなく，今回の試料と比較すると蛍光強度は半分程度，しかし色は断然黒く，各々異なる成分によるものと考えられる．古代からの堆積物を通した地下水，地質学からの今後の研究に期待したい．

過マンガン酸カリウム溶液と蛍光分析を併用することで，未知試料に関し酸化されやすさを測定するのに利用できる．

特に酸化剤として $KMnO_4$ の使用で有利なことは，試験管内で酸化剤を添加，撹拌し反応が常温で観測できる．その対照物質が酸化されやすいものかどうか目視で色の変化，沈殿物の生成から判定できる．その後，反応過程を蛍光分析で把握することができる．化学実験では，特に微生物に関した実験でも，電気，ガス，水道，そして測定機器の回転数，温度，圧力，電流等を一定として，全体を見ながら一つのパラメーターの変化を追求する．これを蛍光分析計の立ち上げから安定に測定できるまでの待ち時間で定性的な目視実験を行えば時間が無駄にならない．蛍光分析ではランプ寿命がコスト的に考慮すべき点であり，安

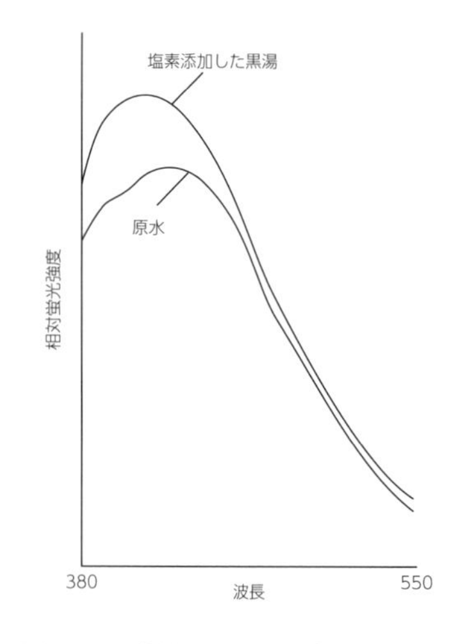

図-5.101 蛇骨湯の地下水（原水）と塩素添加した黒湯の蛍光スペクトル

定に分析を始めると1分30秒で走査できる．次々に分析試料を石英セルに入れ替えて測定できるので経済的である．

第4章，第5章　参考資料

1）海賀信好，中野壮一郎，角田勝則，矢島博文，石井忠浩（2001）：蛍光検出高速液体クロマトグラフィーによる浄水処理工程の評価，用水と廃水，43（9）17–24，
2）海賀信好（2008）：オゾンと水処理，14．蛍光分析，pp.115-133，技報堂出版
3）海賀信好（1982）：色の科学教室（上）色とはなにか　公害と対策，18（11）83–87
4）海賀信好（1982）：色の科学教室（下）なぜオゾンで脱色できるのか　公害と対策，18（12）69–72
5）N.Kaiga, H.Kashiwabara, O.Takase and S.Suzuki（1984）：Use of Ozone in Night Soil Treatment Process　Ozone Science and Engineering Vol.6 pp.185–195
6）T.Ohta, T.Honda, K.Ohhara, S.Suzuki and N.Kaiga（1984）：Formation of Mutagens from Digested Night–Soil Effluent by Photochemical Reaction.　Environmental Pollution（series A）36p.251
7）海賀信好，居安巨太郎，関敏昭（1986）：し尿処理水のオゾン酸化とその安全性，下水道協会誌，23（261）23–30
8）海賀信好，居安巨太郎，出口英昭（1986）：オゾンによる水処理特性，第37回全国水道研究発表会講演集，p.238
9）海賀信好，石井忠浩，眞柄泰基（1990）：オゾンと生物活性炭による有機物の除去特性　水道協会雑誌，59（3）13–19
10）海賀信好，石川勝廣，西島衛，鈴木静夫，眞柄泰基（1991）：オゾンと生物活性炭による高度浄水処理プラント実験，水道協会雑誌，60（6）2–11
11）海賀信好（1994）：オゾン・活性炭による水処理技術の適用，浄水高度処理（2），オゾン・活性炭による最近の水処理技術の動向，日本水環境学会関西支部講習会，大阪，3月4日
12）海賀信好，石井忠浩，眞柄泰基（1994）：オゾン，生物活性炭による有機物の除去，第3回日本オゾン協会年次研究講演会講演集，pp.12–14
13）海賀信好，中野壮一郎，田口健二，田中圭史，手塚美彦，石井忠浩（1994）：高速液体クロマトグラフィーによる飲料水の評価，第45回全国水道研究会発表講演集，pp.552–553
14）海賀信好，佐藤譲，田口健二，手塚美彦，石井忠浩（1994）：けい光分析による水質監視制御　第5回環境システム自動計測制御国内ワークショップ論文集　pp118–121 京都環境システム計測制御自動化研究会（優秀論文賞授賞）
15）中野壮一郎，海賀信好（1994）：オゾンを活用した下排水処理について，月刊PPM，

25（12）37-42
16）海賀信好，中野壮一郎，田口健二，手塚美彦，石井忠浩（1996）：高速液体クロマトグラフィーによる水の評価方法，水環境学会会誌，19（1）33-39
17）海賀信好，中野壮一郎，田口健二（1996）：オゾンと生物活性炭による高度浄水処理　水処理技術，37（1）25-33
18）石井忠浩（1998）：多摩川全域における溶存有機化合物の蛍光分析と構造変化に関する研究，（財）とうきゅう環境浄化財団
19）海賀信好，中野壮一郎，手塚美彦，石井忠浩（1999）：蛍光分析法による水道水の評価　水環境学会誌，22（1）54-60
20）海賀信好，中野壮一郎，手塚美彦，石井忠浩（1999）：高速液体クロマトグラフィーによる水道水の評価，水環境学会誌，22（1）61-66
21）海賀信好，中野壮一郎，林　巧，石井忠浩（2001）：浄水処理工程における蛍光分析法の適用　水処理技術，42（4）1-9
22）海賀信好，角田勝則，石井忠浩（2001）：蛍光分析法を利用した環境水の水質評価―多摩川河川水を例にして―水処理技術，42（10）7-12
23）安部明美，吉見洋（1978）：河川水に観測されるけい光物質について，水質汚濁研究，1（3）216-222
24）高橋基之，海賀信好，須藤隆一（2003）：河川水中フルボ酸様有機物の蛍光励起スペクトル解析と評価，水環境学会誌，26（3）153-158,
25）Kenneth Mopper and Christopher A. Schultz（1993）：Fluorescence as a possible tool for studying the nature and water column distribution of DOC components, Marine Chemistry, 41 pp.229-238,
26）海賀信好，世良保美，高橋基之，須藤隆一（2003）：多摩川河川水における溶存有機物の蛍光励起スペクトル解析と評価，用水と廃水，45（6）29-33,
27）世良保美，大谷亮，宮崎ひとみ，市瀬正之，田村行弘，高橋基之，海賀信好（2004）：新しい蛍光励起スペクトル解析法による河川水の汚濁解析，第39回予防医学技術研究集会プログラム集，p.11
28）高橋基之，海賀信好，河村清史（2004）：蛍光分析法による環境水中溶存有機物の計測，水環境学会誌，27（11）49-54
29）海賀信好，鈴木祥広，高橋基之，世良保美（2008）：蛍光分析による大淀川河川水の水質評価，用水と廃水，50（11）73-81
30）板橋紗弥，海賀信好，大瀧雅寛，世良保美，大谷喜一郎（2010）：蛍光分析による相模川水道原水の評価，第44回日本水環境学会年会講演集，p.280
31）海賀信好，板橋紗弥，大瀧雅寛，世良保美，大谷喜一郎（2010）：蛍光分析による相模川水道原水の評価，第61回全国水道研究発表会講演集，pp.500-501
32）新倉浩一，山田直人，大嶋正人，海賀信好，大瀧雅寛，井上ひとみ（2011）：各種測定法による厚木市近郊河川水中の有機物量の評価，第45回日本水環境学会年会講演集，p.80，札幌，3月18日

33）酒巻朋子，海賀信好，大瀧雅寛（2011）：水源水質指標と蛍光分析の相関について，第45回日本水環境学会年会講演集，p.556，札幌
34）海賀信好，大瀧雅寛，大嶋正人，井上ひとみ（2012）：蛍光分析による相模川水系河川水の評価，第46回日本水環境学会年会講演集，p.5，東京
35）海賀信好，酒巻朋子，大瀧雅寛，世良保美，大谷喜一郎（2013）：水道におけるフルボ酸およびフルボ酸様有機物の蛍光分析による評価，日本水道協会雑誌　82（4）2–10
36）海賀信好（2014）：高感度の蛍光分析で水源管理を―蛍光分析による厚木市近郊水域の水質調査―，用水と廃水，56（2）66–68
37）大島茂，勝山志乃，山下憲司，竹内啓造，岡村朗夫（2010）：降雨時道路排水の変異原性汚染とジャーテストによる除去特性評価―浄水処理への影響評価―用水と廃水，52（3）62–69
38）海賀信好（2015）：DOCと蛍光分析，用水と廃水，57（3）166–168
39）海賀信好，村山忠義，ヴォルフガング・キューン，ミヒャエル・フライク，高橋基之，世良保美（2004）：ライン川河川水中に含まれるフルボ酸様有機物の蛍光分析，第55回全国水道研究発表会講演集，pp.560–561
40）海賀信好，田村勉，カール・リンデン，高橋基之，世良保美（2005）：ミシシッピ河川水及び浄水工程水の蛍光分析による評価，第56回全国水道研究発表会講演集，pp.564–565
41）ネイチャーの論文：http://www.natureasia.com/ja-jp/nature/highlights/49429 生物地球化学：陸水からの二酸化炭素輸送（2013年11月21日）Nature 503, 7476（ここ数十年間で，陸水から相当な量の二酸化炭素が大気中へ放出されていることが徐に知られるようになった）
42）海賀信好，田口健二，竹村稔，手塚美彦，石井忠浩（1993）：高度浄水処理における水質評価方法，第44回全国水道研究発表会講演集，pp.840–842
43）海賀信好，中野壮一郎，田口健二，手塚美彦，石井忠浩（1993）：下水高度処理におけるオゾンの効果，平成5年度下水道研究発表会講演集，pp.443–445
44）海賀信好，牧瀬竜太郎，田口健二（1996）：下水オゾン処理の運転制御方法，第33回下水道研究発表会講演集，pp.55–56
45）海賀信好，中野壮一郎，高橋基之，手塚美彦，石井忠浩（1996）：高速液体クロマトグラフィーによる河川水の評価，第30回日本水環境学会年会講演集，p.242
46）牧瀬竜太郎，田口健二，海賀信好（1997）：下水二次処理水のオゾン処理運転制御因子，第6回日本オゾン協会年次研究講演会講演集，pp.13–15
47）大木正啓，手塚美彦，矢島博文，石井忠浩，海賀信好（1997）：天然水中に含まれるフミン質フルボ酸のHPLCによる分析，日本化学会，第73回秋季年会講演会要旨集，p.237
48）大木正啓，矢島博文，石井忠浩，海賀信好（1998）：多摩川河川水中の微量溶存有機物質について，第32回日本水環境学会年次研究会講演集
49）矢島博文，古川剛志，大木正啓，角田勝則，後藤純雄，石井忠浩（1998）：サイズ排除クロマト多角度光散乱測定によるフルボ酸の分子量特性評価に関する分子量特性評価

第14回日本腐植物質研究会　講演要旨集，pp.17-18 工業技術院共用講（つくば）
50）海賀信好，中野壮一郎，手塚美彦，石井忠浩（1998）：高速液体クロマトグラフィーによるフルボ酸関連物質の分析，第7回 EICA 研究発表会，会誌 EICA．3（1）145-148
51）古川剛志，矢島博文，角田勝則，後藤純雄，海賀信好，中村雅英，石井忠浩（1999）：フミン質フルボ酸の構造特性と分子量分布，日本腐植物質研究会　第15回講演会　講演要旨集，pp.7-8　北海道大学
52）田中弘充，角田勝則，矢島博文，石井忠浩，海賀信好（1999）：蛍光検出 HPLC 分析法による河川水中のフミン質フルボ酸の分析，第76回日本化学会春季年会講演会要旨集，p.484
53）藤嶽暢英（2000）：高速サイズ排除クロマトグラフィー（HPSEC）による腐植物質標準試料の平均分子量と分子量分布について，日本腐植物質研究会　第16回講演会　講演要旨集，pp.21-22　日本大学
54）根本篤史，矢島博文，角田勝則，後藤純雄，海賀信好，中村雅英，大久保哲雄，石井忠浩（2000）：SEC-MALLS 法によるフルボ酸の分子量特性評価とそれに及ぼす Na2SO4 濃度効果に関する研究：日本腐植物質研究会　第16回講演会　講演要旨集，pp.23-24
55）根本篤史，矢島博文，角田勝則，後藤純雄，石井忠浩（2001）：トリプル検出器によるフルボ酸の凝集構造特性：日本腐植物質研究会　第17回講演会　講演要旨集，pp.7-8　名古屋大学
56）海賀信好，高橋基之，石井忠浩（2001）：河川水中蛍光発現物質の光分解について，日本腐植物質研究会，第17回講演会講演要旨集，pp.33-34　名古屋大学
57）根本篤史，山口 陽，石井忠浩，角田勝則，後藤純雄，矢島博文（2002）：蛍光偏光度法を用いたフルボ酸鉄錯体の物理化学的特性，日本腐植物質学会　第18回講演会講演要旨集，pp.29-30　京都府立大学
58）高橋基之，海賀信好，須藤隆一（2002）：蛍光分析法による河川水中溶存有機物と蛍光増白剤の分離解析，第36回日本水環境学会年会講演集，p.346
59）海賀信好，高橋基之，須藤隆一（2002）：河川水中蛍光発現に関する蛍光増白剤の寄与，第53回全国水道研究発表会講演集，pp.590-591
60）海賀信好，世良保美，高橋基之，須藤隆一（2002）：河川水に含まれる蛍光増白剤の新しい蛍光スペクトル分析法―界面活性剤研究の新局面，―ミニフォーラム「洗剤と洗濯機」を考える，第5回日本水環境学会シンポジウム講演集 pp.29-30
61）高橋基之，河村清史，須藤隆一，海賀信好（2003）：河川水中蛍光増白剤の簡易計測と流域汚濁特性解析への適用，第37回日本水環境学会年会講演集，p.336
62）海賀信好，高橋基之，須藤隆一，世良保美，山村堯樹（2003）：主要河川水中に含まれるフルボ酸様有機物の蛍光分析，第54回全国水道研究発表会講演集，pp.514-515
63）海賀信好，田村勉，鈴木祥広，杉尾哲，高橋基之，世良保美（2006）：蛍光分析による大淀川水域の水質評価，第57回全国水道研究発表会講演集，pp.126-127
64）海賀信好，世良保美，黒川紀章（2007）：皇居外苑濠の水質と景観，第41回日本水環境学会年会講演集，p.71

65）海賀信好，世良保美，出口浩，黒川紀章（2008）：皇居外苑濠の水質と景観 - その 2-，日本景観学会誌　KEIKAN，9（1）64–65
66）海賀信好，大瀧雅寛，世良保美，伊東豊雄（2010）：皇居外苑濠の水質と景観，第 44 回日本水環境学会年会講演集，p.479
67）橋本徳蔵，海賀信好（2010）：水道水源の相模湖にアオコが発生した原因と対策，「市民環境学校」の講演から（2），水道，55（3）27–39
68）海賀信好，大瀧雅寛（2010）：環境水におけるオゾン処理法のこれまでと今後―フルボ酸との反応性に着目して―，日本オゾン協会第 19 回年次研究講演会講演集，京都
69）海賀信好（2010）：フルボ酸と蛍光分析について，用水と廃水，52（9）14–19
70）大瀧雅寛，海賀信好（2011）：フルボ酸との反応に着目した環境水のオゾン処理方法，水道，56（6）38–44
71）海賀信好，大瀧雅寛（2014）：蛍光分析による柿田川および浄水工程水の評価，水道，59（2）8–11
72）海賀信好，大瀧雅寛，渡辺和宏，海老江邦雄，寺嶋勝彦，比嘉元紀（2019）：蛍光分析による浄水処理工程の有機物評価，日本水道協会雑誌，88（7）4–9
73）海賀信好（1990）：オゾンによる水処理の特性，水質汚濁研究，13（12）8–12
74）The Metropolice of Tokyo Ozonation Introduced For Advanced Wastewater Treatment System Ozone News Vol.20 No.1 p22（1991）International Ozone Association
75）海賀信好（2001）：水質と戦う世界の水道，国内初の水質試験所・大阪，日本水道新聞 6 月 4 日
76）阿部法光，海賀信好（2003）：促進酸化技術を支える UV ランプの実際，資源環境対策，39（8）98–99
77）海賀信好，小林伸次（2005）：紫外線ランプ技術の開発動向，水環境学会誌，28（4）225–229
78）海賀信好，中野壮一郎，山田毅（2005）：蛍光分析を用いた臭素酸イオンの生成制御　水処理技術，46（10）29–35
79）海賀信好（2007）：オゾン処理の実験を行なう前に，水　12 月号 Vol.49–15　No.710 pp.68–69
80）海賀信好（2008）：分光光度計を利用する前に，水　3 月号 Vol.50–4 No.714 pp.34–35
81）海賀信好（2008）：顕微鏡でノミを観察したロバート・フック，蛍光分析の試料を求めて（1）水 10 月号　Vol.50–11 No.723 pp.21–26
82）海賀信好（2008）：あなたも今日から化学大好き人間に，蛍光分析の試料を求めて（2）水　11 月号 Vol.50–11　No.724　pp.82–87
83）海賀信好（2008）：蛍光スペクトルで発がん性物質ベンツピレンを追求した男達，蛍光分析の試料を求めて（3）水　12 月号 Vol.50–12　No.725　pp.76–86
84）海賀信好（2009）：十年一昔，公共の仕事も忍耐が大切，蛍光分析の試料を求めて（4）水　1 月号 Vol.51–1　No.726　pp.52–57

85) 海賀信好（2009）：石狩川，北上川の河川水採水紀行，蛍光分析の試料を求めて（5）
水　2月号 Vol.51-2　No.727　pp.76-80
86) 海賀信好（2009）：利根川，多摩川の河川水採水紀行，蛍光分析の試料を求めて（6）
水　3月号 Vol.51-4　No.729　pp.58-63
87) 海賀信好（2009）：淀川，吉野川の河川水採水紀行，蛍光分析の試料を求めて（7）
水　4月号 Vol.51-5　No.730　pp.56-62
88) 海賀信好（2009）：筑後川，その他表流水採水紀行，蛍光分析の試料を求めて（8）
水　5月号 Vol.51-2　No.731　pp.56-63
89) 海賀信好（2009）：NPO 法人・グリーンサイエンス 21 セミナー「みんなの水道」の講演から，ドイツの水道から学ぶこと　水道，54（10）11-27
90) 海賀信好（2010）：「解説講座」ドイツの水道について，オゾンニュース 74 号 pp.3-6
91) 海賀信好（2011）：水環境を考える，現場からの報告（15）一研究員から教育研究協力員へ一産業と環境，40（9）119-121
92) 海賀信好（2012）：水環境を考える，現場からの報告（21）一生物の生息範囲とフルボ酸について一，産業と環境，41（1）65-66
93) 海賀信好（2013）：水環境を考える，現場からの報告（22）一水道水からフルボ酸を検出一産業と環境，42（1）35-36
94) 海賀信好（2013）：水環境を考える，現場からの報告（26）一フルボ酸と蛍光分析
一　産業と環境，42（7）31-32
95) 海賀信好（2013）：2020 年オリンピック開催に向け，世界一の水道水質を，産業と環境，42（9）67-76
96) 海賀信好（2013）：水環境を考える，現場からの報告（28）一せせらぎと歴史のまち三島の湧水一，産業と環境，42（12）29-30
97) 海賀信好（2014）：高感度の蛍光分析で水源管理を一蛍光分析による厚木市近郊水域の水質調査一　用水と廃水，56（2）66-68
98) 海賀信好，大瀧雅寛（2014）：蛍光分析による柿田川および浄水工程水の評価，水道，59（2）8-11
99) 海賀信好，石井忠浩，眞柄泰基（1994）：オゾン，生物活性炭による有機物の除去，第3回日本オゾン協会年次研究講演会講演集，pp.12-14
100) 海賀信好，金丸公二，田口健二，石川勝廣，竹村稔（1994）：オゾン，生物活性炭による高度浄水処理実験，第 45 回全国水道研究発表会講演集，pp.216-217
101) 海賀信好，中野壮一郎，田口健二，田中圭史，手塚美彦，石井忠浩（1994）：高速液体クロマトグラフィーによる飲料水の評価，第 45 回全国水道研究会発表講演集，pp.552-553
102) 海賀信好，石川勝廣，竹村稔，眞柄泰基（1995）：オゾンと生物活性炭による高度浄水処理プラント実験，第 4 回日本オゾン協会年次研究講演会講演集，pp.159-161
103) N.Kaiga, S.Nakano, K.Taguti, Y.Tezuka and T.Ishii (1995)：Estimation of Water Quality in Advanced Water Treatment Plants　by High-Performance Liquid

Chromatography. Proceedings of the 12th Ozone World Congress. Vol.2 pp.641–644 International Ozone Association

104）海賀信好，中野壮一郎，佐藤譲，大坂桂子，手塚美彦，石井忠浩（1995）：蛍光分析による世界の水道水評価，第 46 回全国水道研究発表会講演集，pp.528–529

105）海賀信好，中野壮一郎，田口健二，大木正啓，手塚美彦，石井忠浩（1996）：高速液体クロマトグラフィーによる水道水の評価，第 47 回全国水道研究発表会講演集，pp.466 – 467

106）海賀信好，中野壮一郎，手塚美彦，石井忠浩（1996）：水道水中の蛍光物質について，第 4 回衛生工学シンポジウム，北海道大学衛生工学会

107）海賀信好，中野壮一郎，手塚美彦，石井忠浩（1997）：高速液体クロマトグラフィーによる水道水の分析，第 31 回日本水環境学会年会講演集，p.322

108）海賀信好，中野壮一郎，田口健二，大木正啓，手塚美彦，石井忠浩（1997）：浄水処理におけるオゾンの最適注入率について，第 48 回全国水道研究発表会講演集，pp.148 – 149

109）大木正啓，手塚美彦，矢島博文，石井忠浩，海賀信好（1997）：天然水中に含まれるフミン質フルボ酸の HPLC による分析，日本化学会第 73 回秋季年会講演会要旨集，p.237

110）N.Kaiga, S.Nakano, K.Taguchi, Y.Tezuka and T.Ishii（1997）：Effect of Ozonation on the Fluorescence Intensity of Tap　Water. Proceedings of the 13th Ozone World Congress.Vol.1 pp.145–149 International Ozone Association (Kyoto)

111）大木正啓，矢島博文，石井忠浩，海賀信好（1998）：多摩川河川水中の微量溶存有機物質について，第 32 回日本水環境学会年次研究会

112）海賀信好，中野壮一郎，田中弘充，大木正啓，石井忠浩（1998）：HPLC による浄水処理工程での溶存有機物の除去性評価，第 49 回全国水道研究発表会講演集，pp.132–133

113）海賀信好，中野壮一郎，手塚美彦，石井忠浩（1998）：高速液体クロマトグラフィーによるフルボ酸関連物質の分析，第 7 回 EICA 研究発表会　学会誌 EICA　3（1）145–148

114）海賀信好，中野壮一郎，田中弘充，角田勝則，石井忠浩（1998）：HPLC による蛍光発現性溶存有機物の評価，第 6 回衛生工学シンポジウム　pp.149–151　北海道大学衛生工学会

115）田中弘充，角田勝則，矢島博文，石井忠浩，海賀信好（1999）：蛍光検出 HPLC 分析法による河川水中のフミン質フルボ酸の分析，第 76 回日本化学会春季年会講演会要旨集，p.484

116）海賀信好，平本昭，田中弘充，角田勝則，石井忠浩（1999）：水質分析における吸光度と蛍光強度の比較，第 50 回全国水道研究発表会講演集，pp.614 – 615

117）N.Kaiga, S.Nakano, H.Tanaka, K.Tsunoda and T.Ishii（1999）：Evaluation of Water Purification Process by High-performance Liquid Chromatography. Proceedings of the International Ozone Symposium　pp.187–190　International Ozone Association (Basel)

118）海賀信好，石井忠浩（1999）：蛍光検出高速液体クロマトグラフィーによる水質分析

第 7 回衛生工学シンポジウム論文集，pp.153–155　北海道大学衛生工学会
119）林巧　海賀信好, 平本昭, 伊藤健志（2000）:蛍光測定の水質監視制御システムへの応用, 第 51 回全国水道研究発表会講演集，pp.512–513
120）海賀信好，中野壮一郎，角田勝則，石井忠浩（2000）：蛍光強度測定による浄水工程の評価方法，第 9 回日本オゾン協会年次研究講演会講演集，pp.27–29
121）N.Kaiga, S.Nakano, K.Tsunoda and T.Ishii（2000）：The Effect of Ozonation in Surface Water Purification Treatment. International Ozone Symposium. International Ozone Association (Havana)
122）海賀信好，林巧，田口健二，石井忠浩（2000）:浄水処理工程における蛍光分析の適用, 第 5 回水道技術国際シンポジウム講演集，pp.279–282
123）海賀信好，高橋基之，石井忠浩（2001）：河川水中蛍光発現物質の光分解について，日本腐植物質研究会第 17 回講演会講演要旨集，pp.33–34
124）海賀信好，阿部法光，村山清一（2002）：蛍光分析の浄水場への適用，第 10 回衛生工学シンポジウム論文集，pp.101–104　北海道大学衛生工学会
125）高橋基之，河村清史，須藤隆一，海賀信好（2003）：河川水中蛍光増白剤の簡易計測と流域汚濁特性解析への適用，第 37 回日本水環境学会年会講演集，p.336
126）世良保美，大谷亮，宮崎ひとみ，市瀬正之，田村行弘，高橋基之，海賀信好（2004）：新しい蛍光励起スペクトル解析法による河川水の汚濁解析，第 39 回予防医学技術研究集会プログラム集，p.11
127）海賀信好，環省二郎，エゴン・デネッキー，ヴォルフガング・キューン，高橋基之，世良保美（2005）：. バンクフィルトレーションを用いたヴィットラール浄水場の水質調査，第 56 回全国水道研究発表会講演集，pp.566–567
128）海賀信好，世良保美，高橋基之，矢島博文（2006）：表流水における蛍光強度とトリハロメタン生成能の関係，第 40 回日本水環境学会年会講演集，p.369
129）海賀信好，中野壮一郎，世良保美，高橋基之（2007）：浄水処理工程水の蛍光分析による評価，第 41 回日本水環境学会年会講演集，p.456
130）大瀧雅寛，高梨悦子，海賀信好（2009）：蛍光検出と光触媒を用いた紫外線装置の線量測定法の開発，第 43 回日本水環境学会年会講演集，p293
131）海賀信好（2009）:ドイツの浄水場に学ぶもの，第 3 回セミナー「みんなの水道」(2009 年 7 月 9 日)，NPO 法人グリーンサイエンス 21・水団連共催
132）N.Kaiga, M.Otaki, Y.Sera and M.Takahashi（2009）：Evaluation of the raw and process water in the purification plant by Fluorescence Intensity；Proceedings of 19th Ozone World Congress　(Tokyo)　International Ozone Association
133）板橋紗弥，海賀信好，大瀧雅寛，世良保美，大谷喜一郎（2010）：蛍光分析による相模川水道原水の評価，第 44 回日本水環境学会年会講演集，p.280
134）海賀信好，板橋紗弥，大瀧雅寛，世良保美，大谷喜一郎（2010）：蛍光分析による相模川水道原水の評価，第 61 回全国水道研究発表会講演集，pp.500–501
135）酒巻朋子，海賀信好，大瀧雅寛（2011）：水源水質指標と蛍光分析の相関について，第

45 回日本水環境学会年会講演集　3-I-15-2（札幌）
136）新倉浩一，山田直人，大嶋正人，海賀信好，大瀧雅寛，井上ひとみ（2011）：各種測定法による厚木市近郊河川水中の有機物量の評価，第 45 回日本水環境学会年会講演集，1-G-10-2　p.80　（札幌）
137）海賀信好，酒巻朋子，大瀧雅寛，世良保美，大谷喜一郎，吉田俊幸（2011）：水道におけるフルボ酸と蛍光分析，第 62 回全国水道研究発表会講演集，pp.266-267
138）海賀信好，大瀧雅寛，大嶋正人，井上ひとみ（2012）：蛍光分析による相模川水系河川水の評価，第 46 回日本水環境学会年会講演集，1-A-11-2（東京）
139）海賀信好（2012）:「特別講義」有限の世界で，君たちへ伝えたいこと（世界の水を測る），東京工芸大学　4 月 26 日
140）海賀信好，古川愛美，矢崎萌，酒巻朋子，大瀧雅寛，世良保美，渡辺和宏（2012）：浄水処理工程における蛍光強度の変化，第 63 回全国水道研究発表会講演集 pp.274-275
141）海賀信好（2012）：ボトル水を超えた東京の水道水，水道公論，6 月号，pp.30-35
142）海賀信好（2012）：ボトル水を超えた東京水道水─世界の水質を調べる─，第 15 回市民環境学校，NPO 法人グリーンサイエンス 21
143）海賀信好，大瀧雅寛，中野壮一郎，世良保美，渡辺和宏（2013）：蛍光分析による河川水と浄水工程水の評価，日本オゾン協会第 22 回年次研究講演会
144）海賀信好，大瀧雅寛，渡辺和宏（2013）:蛍光分析による柿田川および浄水工程水の評価，第 47 回日本水環境学会年会講演集，pp.415-416
145）海賀信好，大瀧雅寛，渡辺和宏，海老江邦雄，浦澤光典，志賀史朗，入修一，青山秀生，寺嶋勝彦，比嘉元紀（2013）：蛍光分析による浄水処理工程の水質評価，第 64 回全国水道研究発表会（郡山）
146）海賀信好，大瀧雅寛（2014）：蛍光分析による柿田川および浄水工程水の評価，水道，59（2）8-11
147）海賀信好，大瀧雅寛（2014）:水道水，ワイン，ビールの蛍光スペクトルについて，水道，59（5）10-15
148）海賀信好，大瀧雅寛，祢屋崇，千葉勇人（2020）：蛍光分析法を応用した浄水処理工程の評価，第 54 回日本水環境学会年会講演集 1-E-15-3　p.135　岩手大学
149）J.J.Rook（1974）：Formation of Haloforms during Chlorination of Natural Waters. J.Water Treat，Exam，23，pp.234-243
150）寺嶋勝彦，伊佐治知明，伊東輝男，小関和夫，水田裕進，羽布津慎一（2009）：水道水の塩素による消毒効果と残留塩素管理に関する調査報告，水道協会雑誌，78（10）34-70
151）高橋基之（2007）：蛍光分光測定法による河川水及び湧水の溶存有機物の簡易計測，水道，52（4）29-36
152）海賀信好，世良保美，高橋基之（2007）：蛍光分析による水道原水と浄水処理工程水の評価，用水と廃水，49（5）53-63
153）Markus Ziegmann, Michael Abert, Margit Müller, Fritz H.Frimmel（2010）：Use of

fluorescence fingerprints for the estimation of bloom formation and toxin production of Microcystis aeruginosa, Water Research,44, pp.195-204
154）長尾誠也，伊藤静香，寺島元基，楊宗興，閻百興，張柏，大西健夫（2007）：中国三江平原河川水中の溶存腐植物質の蛍光特性，水環境学会誌，30（11）629-635
155）小松一弘，今井章雄，松重一夫，奈良郁子，川崎伸之（2008）：三次元励起蛍光スペクトル法による霞ヶ浦湖水及び流域水中DOMの特性評価，水環境学会誌，31（5）261-267
156）神保朋子，大瀧雅寛（2007）：DOM分画とオゾン酸化を利用した蛍光分析によるAOC評価，水環境学会誌，40（4）175-181
157）海賀信好，中野壮一郎，角田勝則，矢島博文，石井忠浩（2001）：蛍光検出高速液体クロマトグラフィーによる浄水処理工程の評価，用水と廃水，43（9）17-24
158）田中繁樹，清水康之，苧阪晴男，佐藤親房（2005）：オゾン処理の最適化に関する調査，第56回全国水道研究発表会講演集，pp.200-201
159）海賀信好，大瀧雅寛，渡辺和宏，海老江邦雄，寺嶋勝彦，比嘉元紀（2019）：蛍光分析による浄水処理工程の有機物評価，水道協会雑誌，88（7）4-9
160）栃本博，小杉有希，立石恭也，渡邉喜美代，小西浩之，鈴木俊也，保坂三継，千葉勇人（2017）：小笠原村父島の浄水場における帯磁性イオン交換樹脂による水道水質の改善，水環境学会誌，40（3）153-165
161）天野幹大，後藤仁，岩本弘幸，千葉勇人（2011）：小笠原村における帯磁性イオン交換樹脂の導入効果の検証，第62回全国水道研究発表会講演集，pp.316-317
162）栃本博，小杉有希，猪又明子，矢口久美子（2007）：小笠原諸島の浄水場の処理過程におけるハロ酢酸とトリハロメタンの挙動，水環境学会誌，30（7）387-395
163）栃本博，小杉有希，小西浩之，猪又明子，武藤千恵子，栗田雅之，矢口久美子，千葉勇人，大塚宏幸（2010）：小笠原諸島の水道水の水質 - 消毒副生成物生成能を中心として -，水環境学会誌，33（11）181-191
164）栃本博，小杉有希，鈴木俊也，保坂三継，中江大（2014）：小笠原諸島の水道原水中の溶存有機物の特性と浄水場における特性変化，水環境学会誌，37（3）79-90
165）海賀信好，大瀧雅寛，千葉勇人（2018）：小笠原村父島の浄水工程におけるフルボ酸の蛍光分析による調査，用水と廃水，60（2）3-8
166）海賀信好（2018）：速報，小笠原父島の浄水工程におけるフルボ酸の蛍光分析による調査（上），（下），日本水道新聞，3月16日，6月10日
167）海賀信好（2018）：蛍光分析で浄水工程を高感度に把握，グリーンサイエンス21便り（5）
168）伊藤貴史（2016）：浄水場現場における問題点とその対応策，第29回市民環境学校「水道技術講座（5）」，NPO法人グリーンサイエンス21
169）中井喬彦（2016）：E260はなぜ0にならないか～浄水処理の観点から～，第28回市民環境学校，NPO法人グリーンサイエンス21
170）眞柄泰基ら（2002）：平成14年度厚生科学研究・WHO飲料水水質ガイドライン改訂等に対応する水道における化学物質等に関する研究，分担研究報告書 p.312

171）祢屋崇（2019）：浄水場現場における問題点とその対応策，第 37 回市民環境学校「水道技術講座（10）」，NPO 法人グリーンサイエンス 21
172）渡邊英樹，久山敦史，荻野泰夫（2004）：活性炭注入および凝集沈殿による有機物除去とトリハロメタン制御，用水と廃水，46（8）39-46
173）海賀信好，大瀧雅寛，千葉勇人，祢屋崇（2019）：蛍光分析による給配水中トリハロメタン生成能の挙動把握，第 27 回衛生工学シンポジウム講演集 2-1
174）海賀信好，大瀧雅寛，千葉勇人，祢屋崇（2021）：蛍光分析による給水配管内でのトリハロメタン生成能の挙動把握，第 29 回　日本オゾン協会年次研究講演会　講演集（日本オゾン協会）pp.1-4
175）N.Kaiga, S.Nakano, K.Tsunoda and T.Ishii（2000）：The Effect of Ozonation in Surface Water Purification Treatment, International Ozone Symposium,（Havana）International Ozone Association,
176）海賀信好，林巧，田口健二，石井忠浩（2000）：浄水処理工程における蛍光分析の適用，第 5 回水道技術国際シンポジウム講演集，pp.279-282
177）海賀信好，阿部法光，村山清一（2002）：蛍光分析の浄水場への適用，北海道大学衛生工学会，第 10 回衛生工学シンポジウム論文集，pp.101-104
178）海賀信好，中野壮一郎，山田毅（2005）：蛍光分析を用いた臭素酸イオンの生成制御，水処理技術，46（10）29-35
179）海賀信好，中野壮一郎，世良保美，高橋基之（2007）：浄水処理工程水の蛍光分析による評価，第 41 回日本水環境学会年会講演集，p.456
180）海賀信好（2010）：フルボ酸と蛍光分析について，用水と廃水，52（9）14-19
181）田口健二，竹村稔，海賀信好（1993）：前オゾンによる凝集性の変化，第 27 回日本水環境学会年会講演集，pp.52-53
182）海賀信好，田口健二，竹村稔，手塚美彦，石井忠浩（1993）：高度浄水処理における水質評価方法，第 44 回全国水道研究発表会講演集，pp.840-842
183）海賀信好，石川勝廣，竹村稔，眞柄泰基（1995）：オゾンと生物活性炭による高度浄水処理プラント実験，第 4 回日本オゾン協会年次研究講演会講演集，pp.159-161
184）N.Kaiga, S.Nakano, K.Taguti, Y.Tezuka and T.Ishii（1995）：Estimation of Water Quality in Advaned Water Treatment Plants by High-Performance Liquid Chromatography, Proceedings of the 12th Ozone World Congress, Vol.2, pp.641-644　International Ozone Association
185）海賀信好，中野壮一郎，田中弘充，大木正啓，石井忠浩（1998）：HPLC による浄水処理工程での溶存有機物の除去性評価，第 49 回全国水道研究発表会講演集，pp.132-133
186）海賀信好（2005）：世界の水道―残留塩素のゆくえ―，浄水器協会拡大セミナー 2005，東京
187）海賀信好，中野壮一郎，山田毅（2005）：蛍光分析を用いた臭素酸イオンの生成制御，水処理技術，46（10）29-35
188）海賀信好，世良保美，高橋基之，矢島博文（2006）：表流水における蛍光強度とトリハ

ロメタン生成能の関係，第 40 回日本水環境学会年会講演集，p.369
189）海賀信好，田村勉，世良保美，高橋基之（2006）：浄水処理工程水の蛍光分析による評価，第 7 回水道技術国際シンポジウム講演集，pp.652–654
190）海賀信好，世良保美，高橋基之（2007）：蛍光分析による水道原水と浄水処理工程水の評価，用水と廃水，49（5）53–63
191）大瀧雅寛，高梨悦子，海賀信好（2009）：蛍光検出と光触媒を用いた紫外線装置の線量測定法の開発，第 43 回日本水環境学会年会講演集，p.293
192）N.Kaiga, M.Otaki, Y.Sera and M.Takahashi（2009）：Evaluation of the raw and process water in the purification plant by Fluorescence Intensity, Proceedings of 19th Ozone World Congress,（Tokyo）International Ozone Association
193）海賀信好，大瀧雅寛，世良保美，伊東豊雄（2010）：皇居外苑濠の水質と景観，第 44 回日本水環境学会年会講演集，p.479
194）海賀信好，大瀧雅寛，渡辺和宏（2013）：蛍光分析による柿田川および浄水工程水の評価，第 47 回日本水環境学会，大阪
195）海賀信好，大瀧雅寛，中野壮一郎，世良保美，渡辺和宏（2013）：蛍光分析による河川水と浄水工程水の評価，第 22 回日本オゾン協会年次研究講演会
196）海賀信好，大瀧雅寛，渡辺和宏，海老江邦雄，浦澤光典，志賀史朗，入修一，青山秀生，寺嶋勝彦，比嘉元紀（2013）：蛍光分析による浄水処理工程の水質評価，第 64 回全国水道研究発表会，pp.558–559，郡山

なお，出版準備の間に，以下のものが，公開されておりますので，ご参照下さい．
197）海賀信好，大瀧雅寛，千葉勇人，祢屋崇（2020）：蛍光分析による給水配管内でのトリハロメタン生成能の挙動把握，第 29 回日本オゾン協会年次研究講演会講演集，pp.1–4
198）海賀信好（2021）：水を科学する「フルボ酸の蛍光分析」を技術書に―腐植物質の分析で難分解性の溶存有機物の動態を明らかに―，用水と廃水，63（2）91-100
199）海賀信好（2022）：蛍光分析による環境水と水道水の評価―八戸圏域水道企業団との共同研究―，用水と廃水，64（3）149–156

コラム⑪ 塩素による紫外部吸収

河川水をオゾン処理と塩素処理をした場合の吸光度と相対蛍光強度の変化は**図-1**のようになる．オゾン処理では２つの指標とも低下する．塩素処理では吸光度 E_{260} が上昇する．この現象を理解するため，蒸留水に次亜塩素酸ナトリウム（塩素注入量２mg／L）を溶かし，pH 5.8 ～ 8.6 まで変化させて吸光度と蛍光強度を求めた結果を**図-2**に示す．吸光度 E_{260} は変化するが，有機物を含まないため蛍光強度は何ら観察されない．さらに200 ～ 400 nm の紫外部吸収スペクトルを調べたところ等吸収点（アイソベスチックポイント）を持つ**図-3**が得られる．つまり，塩素は水中で HOCl と OCl^- になるが，pH 3 以上では Cl_2 の状態では存在しない．遊離塩素は HOCl と OCl^- を意味しており，pH によりそれぞれが占める割合が決まっている．アルカリ側で OCl^- の吸収が大きくなり，**図-4**に示すように次亜塩素酸イオン OCl^- の存在率と対応している．

また，水道水を常温で放置し遊離塩素を消失した水に次亜塩素酸ナトリウムを添加した場合を**図-5**に示す．ここでもアルカリ側で OCl^- の吸収は大きくなって，OCl^- の存在率と対応している．

以上のように，水道水を対象に浄化を繰り返したところで残留塩素を意図して給水する場合には，吸光度 E_{260} は絶対にゼロにならない．

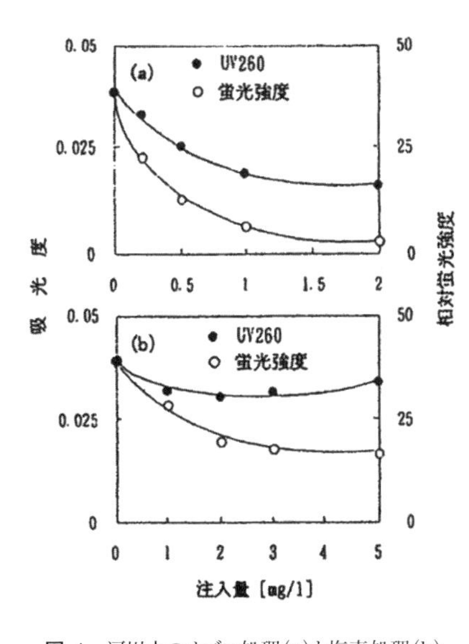

図-1 河川水のオゾン処理(a)と塩素処理(b)

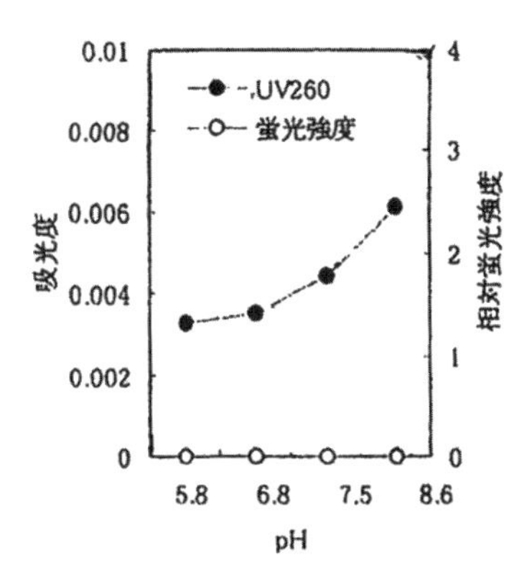

図-2 次亜塩素酸ナトリウム溶液の pH による吸光度 E_{260} と蛍光強度

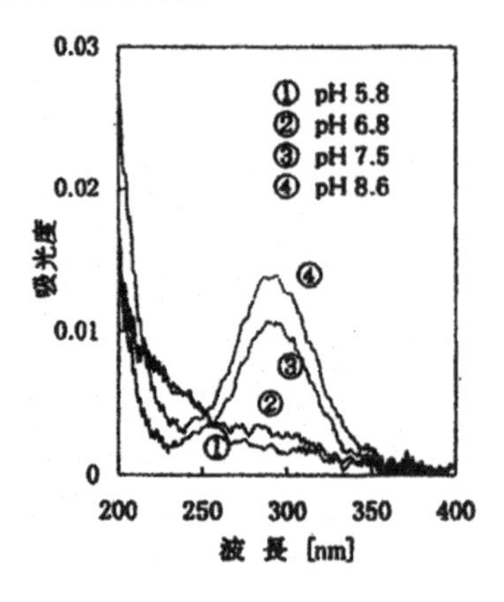

図-3　次亜塩素酸ナトリウム溶液の pH による紫外部吸光スペクトル変化

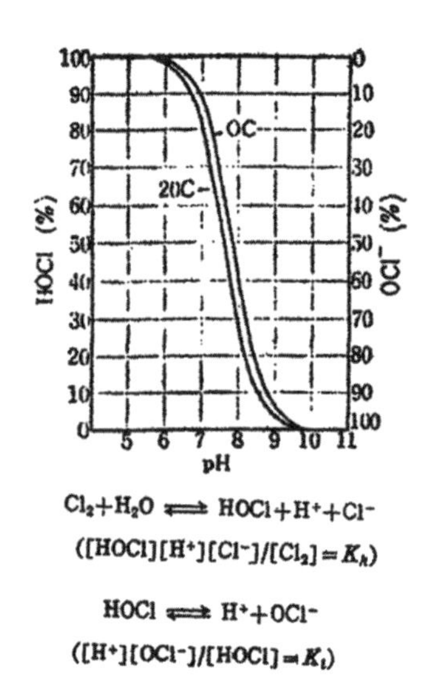

図-4　pH と HOCl および OCl^- の関係

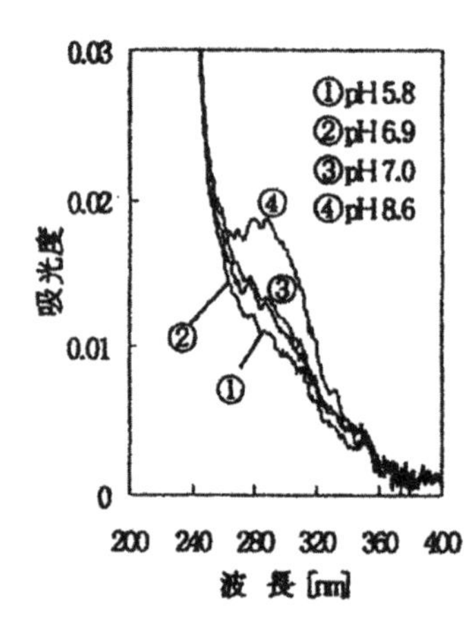

図-5　塩素追加の水道水の pH によるスペクトル変化（塩素注入量：2mg／L）

コラム⑫　釧路湿原の地下水ー永禮英明先生から

湿原の地下水特性と植生への影響を調査されている永禮先生から釧路・サロベツ湿原の地下水 27 試料の三次元スペクトルを見せていただいた．地下水の測定例として代表的な 2 つのパターンを**図-1**，**図-2** に示す．

釧路湿原のミズゴケの所ではフルボ酸の検出されるピークが励起波長 310 ～ 430 nm, 蛍光波長 400 ～ 550 nm の範囲で，最大ピーク位置は励起波長 340 nm，蛍光波長 490 nm にある．

しかし，地下水の窒素やリン濃度が上がり湿原が変化しハンノキ林となると蛍光スペクトルは複雑になる．励起波長 250 ～ 430 nm, 蛍光波長 400 ～ 550 nm の範囲に 2 つピークが認められ，最大ピーク位置は，励起波長 350 nm，蛍光波長 480 nm と励起波長 260 nm，蛍光波長 480 nm に現れる．また深度が深くなるほど，他のスペクトルが出てくる．

サロベツ湿原でのデータも同様に励起波長 260 nm と 330 nm に 2 つのピークが出てくる．

これらはパターン認識での利用に有効，湿原の環境変化の記録として残せる．

図-1　釧路湿原地下水のスペクトル

植生：ミズゴケ，深度 1m の地下水

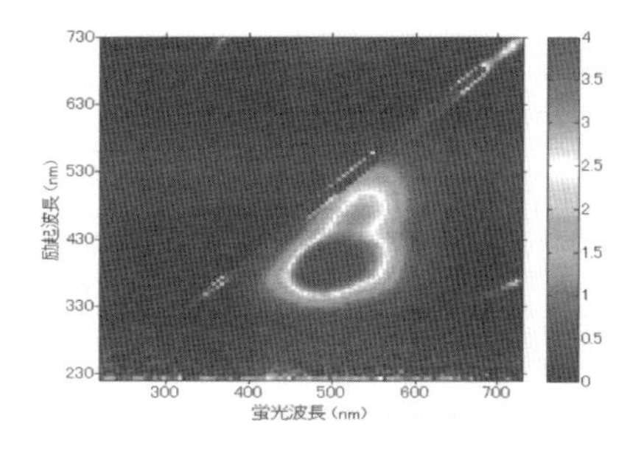

図-2　釧路湿原地下水のスペクトル

植生：ハンノキ，深度 1m の地下水

矢萩亮祐 , 永禮英明 , 夏目功太 , 橘治国：釧路湿原の地下水特性と植生への影響 , 第 44 回日本水環境学会要旨集 ,P-A18, p.554, 2010.3.15-17, 福岡 .

コラム⑬ 上下水道システム管理への蛍光分析の導入の可能性

水の流れる上水道システムでは，水源からの事故等についても十分にチェックされることになるのか．

水道水の安全のため，水道法の第二十条に定期および臨時の水質検査が義務付けられている．水質検査の計画は公表し，検査結果も公表するようになっているが，浄水場からの供給水に対しその水質基準の項目は必須20項目，その他，水源状況を見て各事業体で決める他項目と，水質管理目標を含めると51項目になる．水量，水圧ならば比較的簡単に変動を把握することができるが，水に混ざったり溶けたりしている物質については簡単ではない．

色度，濁度，残留塩素の3項目の検査は，1日1回以上で，これらは水質計器による連続測定も行われるが，その他の検査対象項目は，月に1回以上，3ヶ月に1回以上，年に1回等と分析の頻度が決められている．この分析ですら大変な作業で，外部への委託となり，その分析結果が出るまでに時間がかかる．また，年に数回の分析では，分析手法の再確認，分析精度の管理も大変である．このように水道事業体における浄水場の運転は，日常のチェック，現場でのプロセス管理が重要な仕事となっている．

厚生労働省の平成17年度の集計によると，水質汚濁の被害を受けた水道事業体数は82箇所で，水源別には，表流水78%，伏流水7%，地下水14%，その他となる．事故件数は204件で，その内訳は油類55.4%，有機物11.8%，臭気9.8%，アンモニア性窒素4.4%等である．圧倒的に表流水の汚染事故が多い．表流水には水質汚濁問題を発生させる多種多様な物質が流入する．急性毒性は魚類等の監視装置でチェックできるが，慢性的な毒性は短時間には調べられない．飲料水の安全性確保の観点から，これら突発的な汚染を速やかに検知し，迅速かつ適切な対応を取り得る連続的監視体制の構築が必要である．連続監視ですべては掴めないが，メンテナンスの容易な蛍光分析計で水質変動の傾向は調べることができる．

蛍光分析は，表流水に自然に含まれる腐植物質のフルボ酸を高感度で検出することができる．浄水工程，給配水工程では消毒のために塩素が利用され，溶存有機物と反応して消毒副生物を生成する．年に数回測定するトリハロメタン生成能，変異原性等は，原水の蛍光強度を連続的に監視していれば，ある程度の目安がつき，安心して測定できる．

蛍光分析は，溶存性腐植物質のフルボ酸の検出で，直接的には色度，有機物等の項目である．消毒副生成物は，水質項目ではクロロ酢酸，クロロホルム，ジクロロ酢酸，ジブロモクロロメタン，臭素酸，総トリハロメタン，トリクロロ酢酸，ブロモジクロロメタン，ブロモホルム，ホルムアルデヒド，さらにはトリハロメタン生成能，ハロ酢酸生成能，抱水クロラール生成能，ジクロロアセトニトリル生成能，紫外吸光度，変異原性強度等に深く関係する．

従来処理の浄水場では，蛍光分析を導入した場合，原水の着水井で威力を十分に発揮でき，浄水工程のプロセス管理にも有効である．トリハロメタンでも河川水の上流域と下流域ではその成分に違いがある．下流域ほど沸点の高い臭素を含んでおり，原水での監視が重要となる．さらに，原水が汚染を受けやすくオゾンや活性炭等の高度処理を行わなければならない浄水工程でも，施設のコンパクト化，きめ細かな反応制御が可能となる．エネルギー消費量も低減し，消毒副生成物の臭素酸の生成も少なくできる．

蛍光分析は，下水では通常の処理でも下水高度処理でも利用できる．下水中に蛍光増白剤等も含まれるが，活性汚泥や沈殿処理等で水質が安定すれば，溶存有機物の変化を蛍光強度の変化として捉えられる．特に脱色に有効なオゾン酸化のオゾン反応槽，オゾン滞留槽等の前後で蛍光強度を求め，最適なオゾン注入量を決めて運転すれば，排オゾン量も減らせ，排オゾン処理の活性炭への負荷も減らせる．

このように，現行の化学薬品を用いる上下水道システムでも，無試薬，迅速かつ高感度な蛍光強度の分析計をプロセス計測に加えることで，消毒副生成物の生成や使用エネルギー量の低減化，運転管理の容易化，環境配慮の‘グリーンケミストリー’の概念を導入したプロセスとなる．

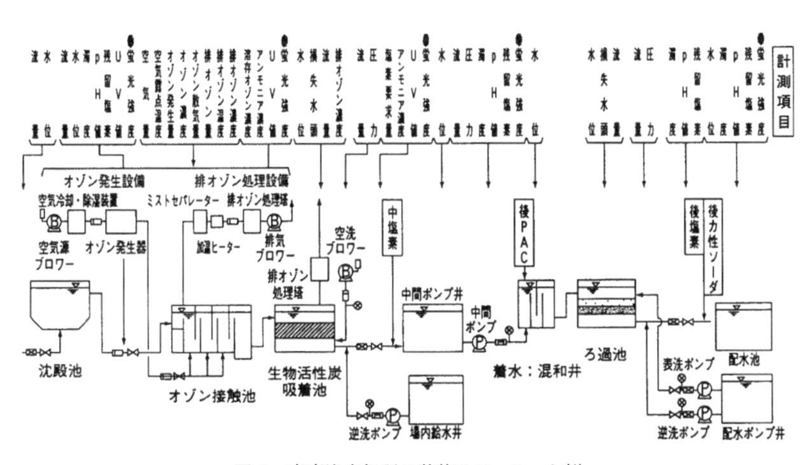

図-1　高度浄水処理の計装フローシート例

海賀信好，世良保美：蛍光分析の導入で安心・安全の上下水道システムに，用水と廃水，Vol.50，No.4，pp.14-16，2008

コラム⑭ ガラス容器とポリ容器でスペクトルは違ってくる？

試料提供を受けている横浜市水道局からガラス容器を用いた保存運搬について提案があったので，ガラス容器（スクリュー管）(50 mL) とポリ（ポリエチレン）容器（丸型 100 mL）による違いについて検討した．

採水時に原水と凝集沈殿後の処理水は濁質除去のため0.45 μm のメンブレンフィルターを使用，残留塩素を除去するため，現地にてチオ硫酸ナトリウム溶液を添加，試料を各容器に注ぎ冷蔵運搬した．ろ過水，配水池の試料も残留塩素ありと残留塩素なしを揃え，配水池の試料に残留塩素を残したまま運搬したものは給水栓での値を想定したものである．

蛍光スペクトルを励起波長 320 nm，蛍光波長 380 nm ～ 550 nm で求め，各蛍光スペクトルの 430 nm のピーク波長から蛍光強度を求め**図-1** に示す．

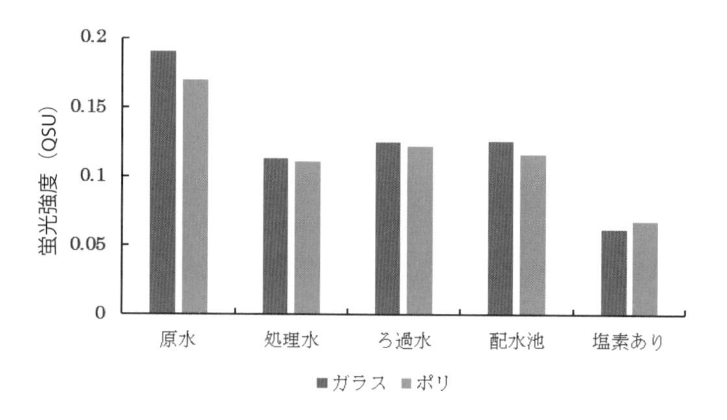

図-1 浄水工程水の蛍光強度

原水の試料はガラス容器に比べポリ容器の値が低く，処理水，ろ過水はほぼ同じ，配水池ではガラス容器が高く，配水池の試料に残留塩素を残したまま運搬したものは逆にガラス容器が低い結果となった．スペクトルのパターンは同じでもピーク強度に増減がある．

河川水には水域の全ての排水が含まれ，自然由来のフルボ酸だけでなく，洗剤からの蛍光増白剤など多くの化学物質が含まれ，特に工場排水より混入する油脂，石油，石鹸類もフルボ酸と同様なスペクトルを示すことが知られている．そのため河川下流域からの原水では親油性の化学物質がポリ容器の壁面に吸着したものと考えられる．原水に対して，凝集剤添加，かび臭除去と有機物除去のため粉末活性炭が添加され，処理水，ろ過水，配水池以降はフルボ酸に基づく蛍光発現性として対応できる．ガラスの容器で，残留塩素のあるなしで比較した蛍光強度の変化を**図-2** に示す．

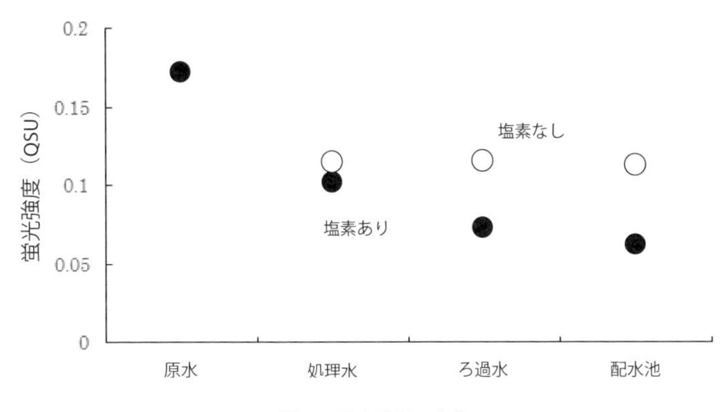

図-2　蛍光強度の変化

浄水処理されたろ過水，配水池では，溶存性の蛍光発現性物質は減少しており，残留塩素を残して運搬したものは，塩素と反応し蛍光発現性を失うことが明確に示されている．

後日，ガラス容器，ポリエチレン容器，ポリプロピレン容器を用いて検討を加えたが，回数で８割程度，ガラス容器の値が高く，プラスチック容器への有機物の吸着が考えられる．ガラス容器が低いことも数回あったが，ほぼ運搬には問題がないことを確認できた．

共同研究を行っていた八戸圏域水道企業団では，定期的な水質分析を実施するとのこと，浄水処理の工程水は含まれないが水域全体を把握したく試料の提供をお願いした．

冷蔵で大学まで送られる試料の容器について，ガラス容器（20 mL）（左）とポリ容器（100 mL）（右）の比較を行なったところ，蛍光強度にほとんど差は見られないことを**図-3** に示す．

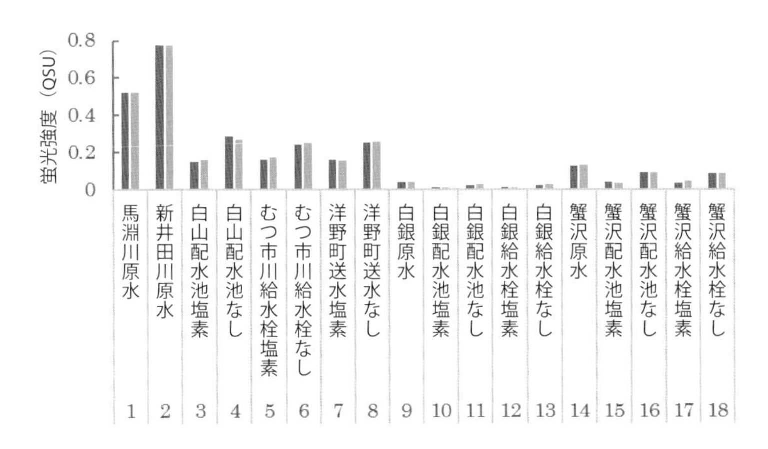

図-3　蛍光強度に関する容器比較（左ガラス・右ポリ）

採水は，天候の影響はなく通常の状況で，これまで工場排水が原因の油流出事故による汚染は受けていない．また，し尿処理・下水処理からの放流水による洗剤の混入も検出されていないとのことである．

現地からの水質データを比較する前に，残留塩素を含んで運搬したもの，現地で残留塩素をチオ硫酸ソーダ溶液で除去した試料について調べた．馬淵川原水と新井田川原水は２つの浄水工程で浄化した水を白山配水池で混合しているので当日の混合比率で原水（表流水）の代表値を示す．残留塩素ありと残留塩素なしを並べると，運搬中に残留塩素による酸化反応によって減少した蛍光強度が求められる．白銀（浅井戸）も蟹沢（湧水）も同様な現象が確認された（図-4，5，6）．

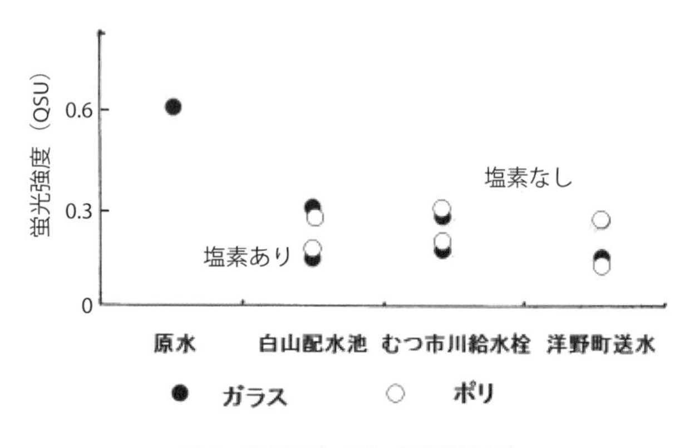

図-4　蛍光強度の変化（馬淵新井田）

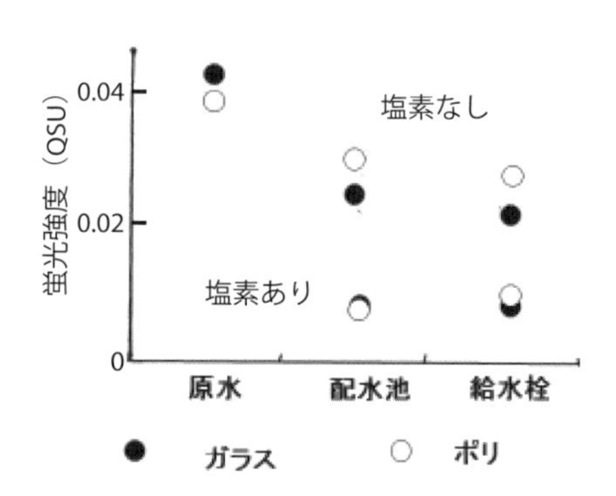

図-5　蛍光強度の変化（白銀）

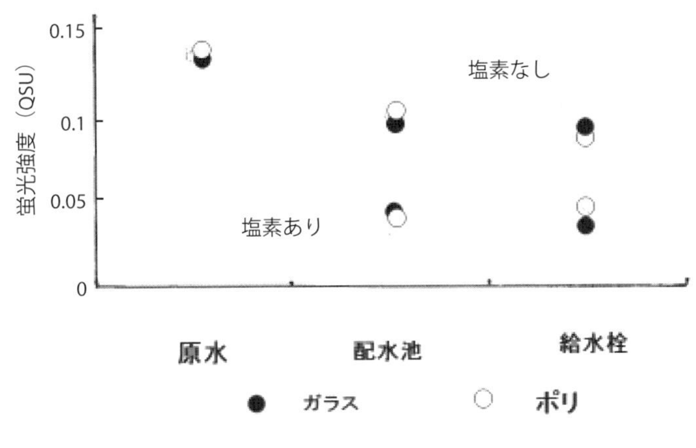

図-6　蛍光強度の変化（蟹沢）

その他，現地で測定された分析値と蛍光強度の関係を求めたところ，すでにまとめた小笠原村父島と岡山県広域水道企業団と同様に，蛍光強度とTOCとの関係，TTHMとの関係が議論できることが確かめられた．

以上，浄水工程での溶存有機物，特に蛍光発現性物質の変化を高濃度から低濃度まで，現場と大学との連携で調査可能であることが判明した．

出島勝郎，蛍光分析法を用いた簡易濃度計，R&D 神戸製鋼技報 Vol.57 No.3 p.74（Dec.2007）

6. 飲料品，食品の蛍光分析による評価

6.1　ワイン，ビール，ウイスキー

6.1.1　ワイン

イギリスのジョン・フレデリックは，1845 年，青色のガラスフィルターで 400 nm 以下の太陽光の短波長のみを透過させ，ワイン（400 nm 以下は吸収して透過しない）の入ったグラスを見ると光の透過が見られないのに，フィルターとワインの間にキニーネ溶液を入れるとワインを透かして光が見えたという実験により蛍光現象を発見した．つまり，キニーネ（**図-6.1**）が 400 nm 以下の光を吸収して，400 nm 以上の光に変換していたのである．

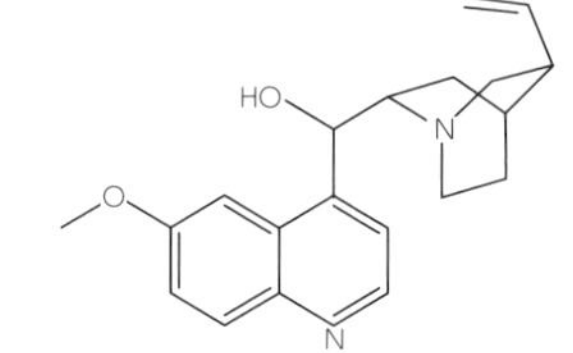

図-6.1　キニーネ

そこで，赤ワイン（ボンルージェ）と白ワイン（シャルドネ）についてフルボ酸測定と同条件での蛍光スペクトルを測定した．結果を**図-6.2** に示す．赤ワインは白ワインに比べて高い蛍光強度が確認できた．すなわち，ワインの中にフルボ酸と同様な蛍光発現性の化学物質が含まれていることがわかる．

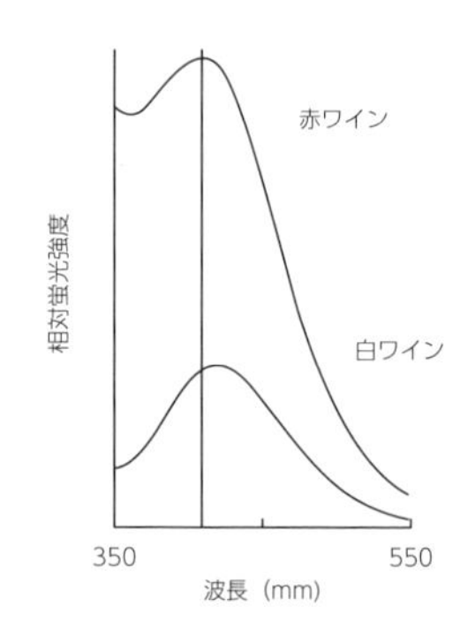

図-6.2　ワインの蛍光スペクトル

近年，老化を促進する活性酸素を体内で分解する植物成分ポリフェノールの抗酸化作用が注目されている．1992 年，ボルドー大学のセルジュ・レヌーによって赤ワインの健康効果が示され，食材中のポリフェノールの研究がスタートしている．ポリフェノールは，植物に含まれる成分として 6,000 種以上あり，その 1 つで赤ワインに豊富に含まれるレスベラトロールの構造式を**図-6.3** に示す．分子内には活性酸素，OH ラジカル等と反応する不飽和の二重結合，共役二重結合が含まれている．この結合状態と蛍光発現性の関係を利用して食材の抗酸化作用（活性酸素吸収能力）を評価することができる．すなわち，活性酸素の存在による蛍光強度の減少速度の遅れから評価できるのである．

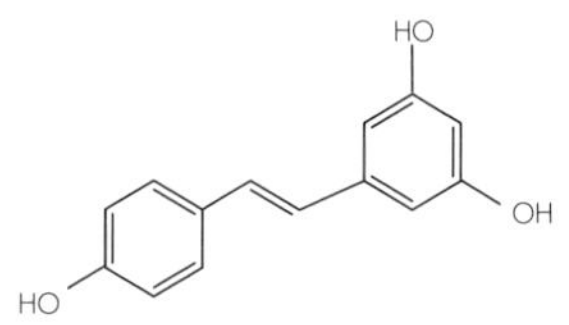

図-6.3　レスベラトロールの構造式

6.1.2　ビール

簡単に入手できる市販の缶ビールを対象としてフルボ酸測定と同様の条件で調べた．**図-6.4** のような蛍光スペクトルが得られた．蛍光強度は，エビス，キリン，サッポロ黒ラベル，キリンのどごし生，サントリー金麦，アサヒの順であった．他の成分分析と整合すれば，今後，工場での製品管理に利用できそうである．

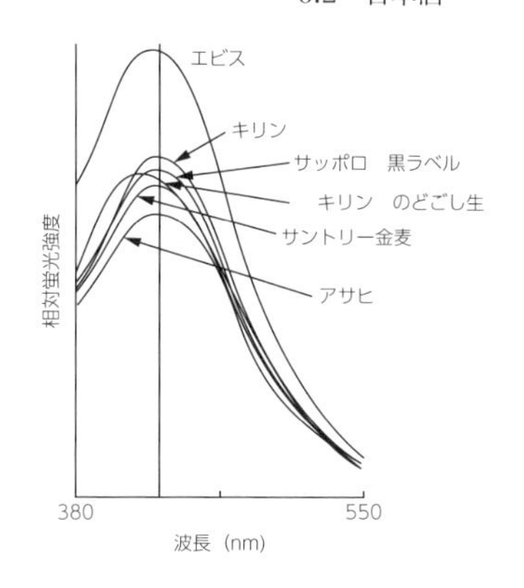

図-6.4　ビールの蛍光スペクトル

6.1.3　ウイスキー

次にウイスキーの蛍光スペクトルを測定した(**図-6.5**)．サントリーの角，ブラックニッカにおいて同様なスペクトルが得られた．ピーク位置はフルボ酸より長波長側 450 nm にあり，蒸留酒をオークの樽で熟成させるので木材からの抽出物の蛍光であると推定される．また，ワインの醸造に用いた樽を利用すると，ワインの蛍光発現性物質が溶出してウイスキーの色になるとも言われている．

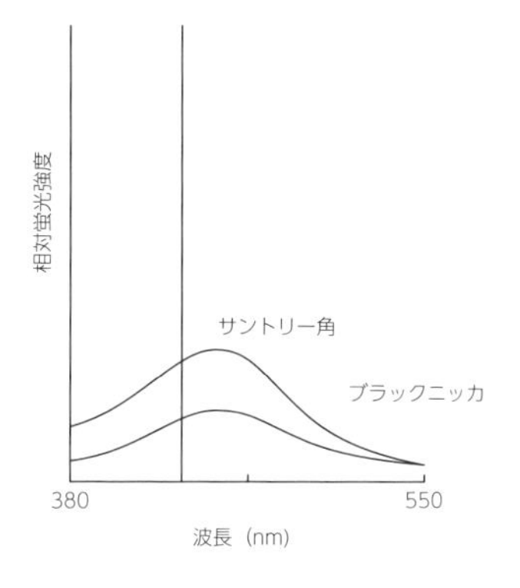

図-6.5　ウイスキーの蛍光スペクトル

6.2　日本酒

日本酒パックの箱の外側には，お酒の宣伝文，つまり醸造方法や歴史等の特徴が述べられていて，おいしい水の話題にちなんで仕込み水の水質データがそのまま表示されているものもある．コンビニ等で販売されている手頃なパック酒とか小壜の酒を分析すると，各々のパターンはピークは持たずに波長 380 nm から 550 nm に向け低下する蛍光スペクトルである．さらに純米酒等を測定すると，特徴ある大きな蛍光スペクトルでピークを 2 つ持つものが得られた（**図-6.6**)．これらは全く同じ蛍光スペクトルはなく，あたかも人間の指紋のように銘柄の判別に利用できそうである．蛍光分析は，少量試料で，無試薬，迅速に短時間で分光学的に測定できるので，多数の試料を集め分析し分類する研究には最適な手法である．

ただ日本酒には種類が多く，製造方法等が複雑で，再現性のあるデータが得られるかが問題であった．

日本酒は水より濃度が高く，純水によって希釈する際に変質してしまう恐れがある．分析結果がブレのないようにするため測定方法として次の条件とした．日本酒の容器を開封後，直ちに褐色の1 mLピペットで試料を採取し，100 mLの褐色メスフラスコに注ぎ，Milli-Q水で希釈して蛍光分析のサンプルとする方法である．日本酒は，光による劣化，空気による酸化を受けやすく測定の条件が厳しくなる．日本酒の光分解を抑制するため，日本酒の壜も黒，茶，緑，青，無色等のガラスが品種に合わせ利用されている．

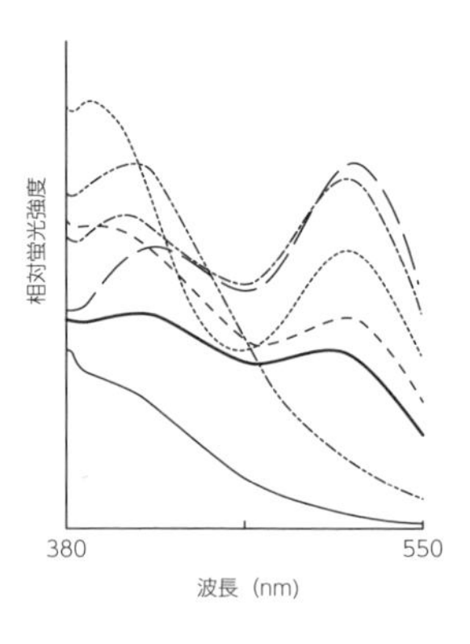

図-6.6 7種の日本酒の蛍光スペクトル（励起波長320 nm）

蛍光分析は励起光波長320 nmの照射によって蛍光波長を380 nmから550 nmの間でスキャン（走査）させ測定するが，一般的に光を受ける有機物は光分解を起こす．つまり，この測定法は光分解させながら行うものと考えてよい．波長380 nmから550 nmを1分30秒でスキャンさせるが，この間，セル内の試料は励起波長の紫外線320 nmの照射を受けており，繰返しの走査で蛍光スペクトルは再現されずに違ったものとなる．その例を2回，3回と行った時の変化を**図-6.7**に示す．容器の開封から試料採取，希釈，分析を連続的に行わなければならない．

研究テーマとして全国各地の酒蔵に研究協力を求めて分析を進めた．酒蔵数36社，分析銘柄103種について行った．

日本酒の名称は，使用原料と精米歩合によって，大吟醸酒，吟醸酒，純米大吟醸

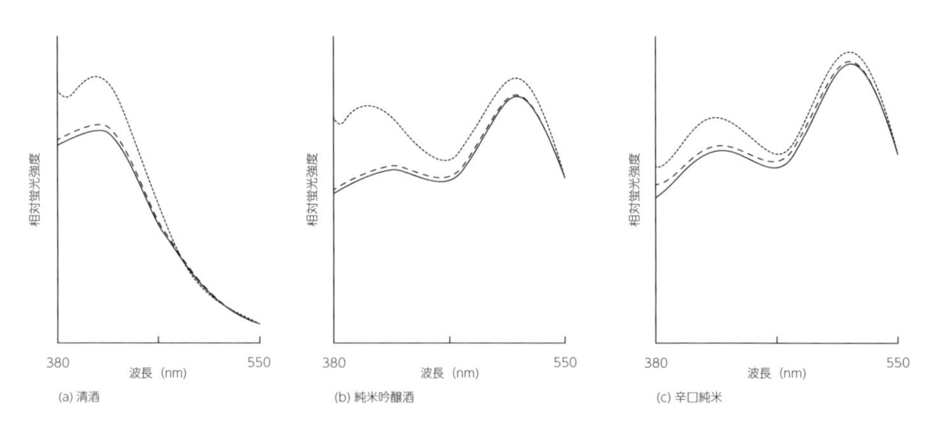

図-6.7 紫外線による蛍光スペクトルの変化

酒，純米吟醸酒，純米酒，特別純米酒，本醸造酒，特別本醸造酒，普通酒とに分けられる．各製品となると，米の良さ，仕込み水の良さ，麹の良さ，土地の良さ，伝統的な醸造工程等を消費者に宣伝し販売している．確かに日本酒は，酒米，米の精米歩合，米麹，仕込み水，蔵元，杜氏，製造産地，醸造工程，熟成度合い等の違いからその種類は多岐にわたり，蔵人の経験等に基づく製造条件の違いによって味わいが異なってくる．一方，消費者側も各人の嗜好，体調，お燗温度，雰囲気等で評価は異なり，実のところ項目が多くて判断できない状態であろう．

その代表例として15種の銘柄について，蛍光スペクトルを用いて純米酒，純米吟醸，大吟醸等の壜ラベルに記載されているいろいろな情報，酸度，アルコール度，精米歩合等の指標と蛍光強度の相関を求めた．その分析結果は**図-6.8～6.10**のようになり，これらの指標については蛍光発現性との関係は見出せなかった．

醸造現場では，蔵人による利き酒の結果で価値が評価され，昨年と同様に，そして来年も同様の評価で製造される．重要な記録が官能的な評価だけではあまりにも不確実である．蛍光スペクトルの分析では各種銘柄について，日本酒に含まれる蛍光発現性の物質は特定されていないが，アミノ酸，酵素，発酵途中の中間生成物等の未確認な成分まで含めて，全体を観察でき記録に残すことができる．品質管理，再現性の確認に役立つ．また，蔵元からも返品時の品質確認にも利用が可能であるとの回答もいただいている．

壜のラベルには原材料，アルコール分等が記載され，複数の人間による官能試

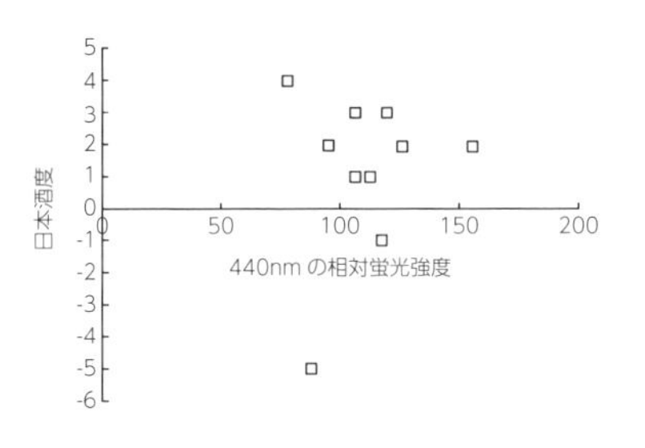

図-6.8　日本酒度と蛍光強度の関係（励起波長320nm）

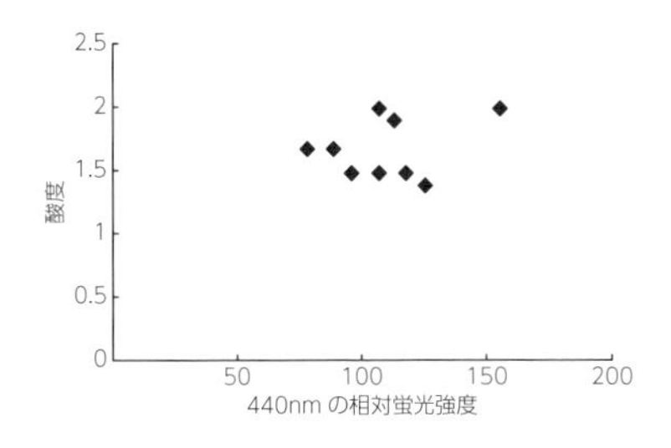

図-6.9　酸度と蛍光強度の関係（励起波長320nm）

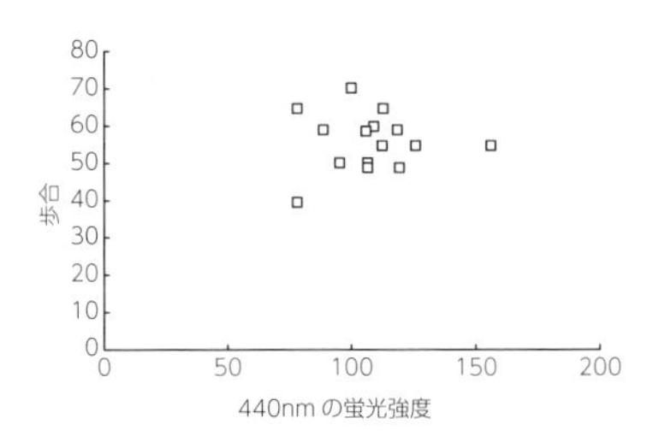

図-6.10　精米歩合と蛍光強度の関係（励起波長320nm）

験により「甘い」，「辛い」，「爽やか」，「コクがある」等の評価が付けられている．比重を示す日本酒度，中和滴定による酸度，アミノ酸度，ブドウ糖濃度と，酸度から得られる甘辛度や濃淡度の評価が一般的である．これらは蛍光分析の対象項目とはしなかったが，味覚や香りを左右する成分は様々なものが存在しているにもかかわらずこれらを総合的に評価する方法は確立していない．蛍光スペクトルを見る限り，これらに関係しているように思える．

どの分野でも研究結果を「見える化からどう見せる化」の方向に向かっている．これほどまで複雑な日本酒についても何丁目何番地と酒マップをつくれば，ワインリストのように酒マップを見せることで，「本日はどのお酒に致しますか」と注文が取れる可能性が出てくる．このくらいまで科学的に分類してみたい．

日本酒の原材料，純粋なアミロース，ブドウ糖，アルコールは不飽和二重結合を含まず，蛍光発現性はない．米の精米工程で米粒に残ったタンパク質，脂肪，麹に含まれる麹菌，発酵工程で生産される水溶性の化合物，コウジカビ，各種酵母，タンパク質，分子量の大きなアミノ酸等が味や香りの質の決め手になる．蛍光スペクトルには，麹菌，酵母の作用で発酵工程で生産されるもの，仕込み水に含まれる自然由来のフルボ酸も含まれるはずで，蔵元特有の発酵工程の生産物である．

タンパク質からなる酵素は，生体で起こる化学反応に対して触媒として機能する．炭水化物，タンパク質，脂肪に対しは，アミラーゼ群，プロテアーゼ群，リパーゼ群等の加水分解酵素，その他には，酸化還元，転移，脱離，異性化，合成等の1万以上のものがある．常温，中性付近で触媒作用を持ち，生体が物質を変化させるのに欠かせないものである．酒造りでは，酵母を用いたでんぷんの糖化，糖からアルコールへの発酵が行われ，精米工程で酒米に残るタンパク質や脂肪が他の酵素によって化学的変化を受けることで種々の味覚，香りの成分を生成する．

これまでの蛍光スペクトルのパターンは**図-6.11**の①～③に示す3種であり，特定波長での蛍光強度を比較することで酒マップの作成を試みた．はじめに波長440 nmと波長513 nmの相対蛍光強度を用いて28種の試料を調べた．2つの波長を座標とした図中の試料では一部が

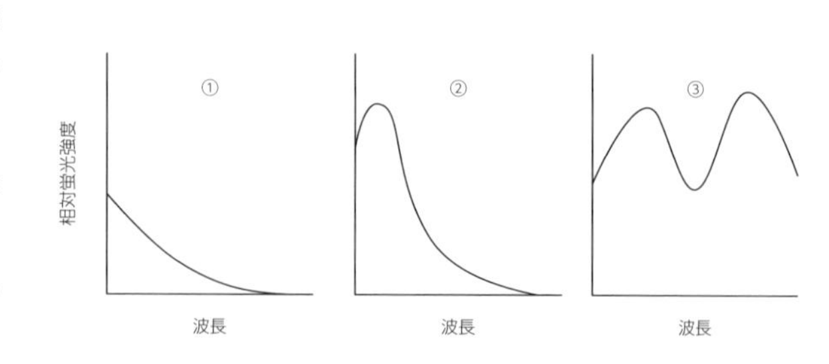

図-6.11 日本酒の蛍光スペクトルパターン

固まるので，さらに検討を加えた．各試料のピーク位置の波長を並べてみると**図-6.12**のようになった．

各ピーク波長の平均値を求めたところ波長 410 nm と波長 511 nm の値となり，この波長を用いて作図すると，**図-6.13**のように全試料を図中に比較的均一に分散させることができ，その方向性も示せる．

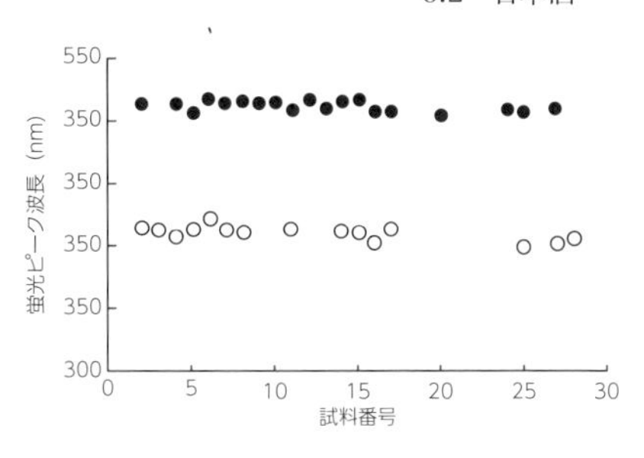

図-6.12　各試料の蛍光スペクトルのピーク波長

これに対して，官能試験での，飲み応え，味覚等をまとめて示すと，**図-6.14**の3つの大きな分野に示される．

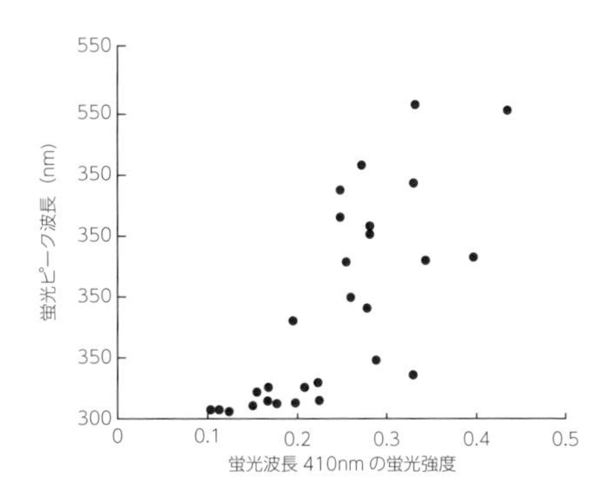

図-6.13　日本酒の香味マップ

図の直線の下部は，一般酒，すっきりした味，さっぱり味のお酒である．次に爽やかな旨み，芳醇な味わい，馥郁たる味で食中酒となり，日本料理との組合せに適した酒となる．そして味わいとして，のどごしの良さ，濃醇な味わい，コクのある深みを感じさせる酒と，熟成させた酒は**図-6.14**の右上にまとまる．

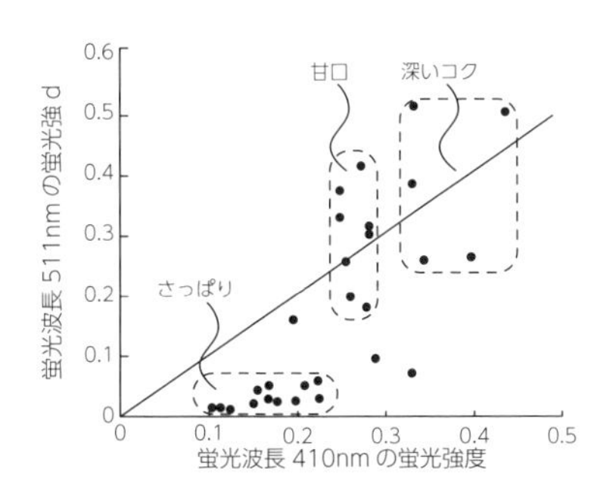

図-6.14　日本酒の香味マップ
（官能テストとの対応）

蛍光分析により味覚や香りを左右する成分等を定量分析することで，簡易に比較評価できる．消費者のどのような嗜好分類に属するものであるかを評価し，嗜好に適合した表現をクラス分けで表現できる．日本酒の香味を左右する未知の成分に関して，蛍光スペクトルの重なりとして総合的に確認,評価できることがわかる．つまり，日本酒の蛍光スペクトルは，ほとんど特定されていない物質からの蛍光発現性から味覚を表現できることがわかる．

各地で醸造される日本酒の特徴を蛍光スペクトルで把握できるということである．そして，醸造工程の管理，劣化度合いの調査，熟成度の調査，各年度の製品記録，酒造組合での評価にも利用でき，出荷前の分析によって一枚の証明書のように記録を残せる．既に蔵元36社には各試料の蛍光スペクトルの分析結果を送付してある．

このスペクトルは，光による劣化以上に酸化剤の添加で完全に消失してしまう．有機化学的には，フルボ酸と同じく蛍光発現性の不飽和二重結合を多く含む化合物である．

過マンガン酸カリウム溶液の添加でピンク色に，さらに二酸化マンガンの生成で全体が黄金色になるが，蛍光分析はこの状態で溶液内の反応を調べられることがわかった．図-6.15に蛍光スペクトルが複雑に変化し，最終的になくなることを示す．

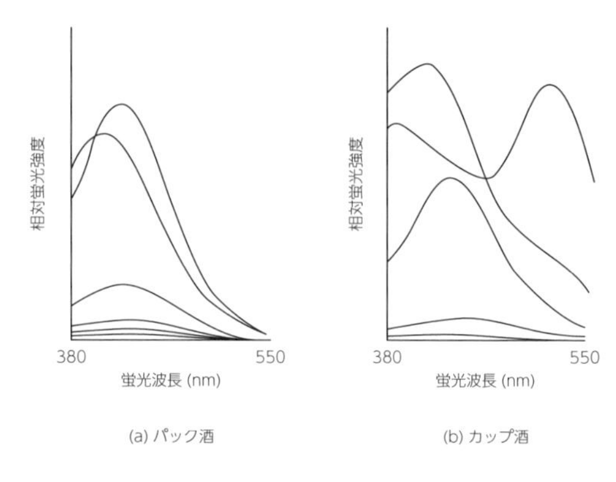

図-6.15 過マンガン酸カリウム溶液添加の変化

蔵元から届いた吟醸酒等は，開封直後の香りが一本一本違い，どんな蛍光スペクトルが得られるか楽しみであった．また，分析試料として送られた日本酒は，地域で飲まれている地酒との評価であっても，都会では飲めないおいしい酒が各地にあることもわかった．

煮付けや煮込み等の日本酒を添加したものが，味わいとして日本食の基礎ともなっている．今日，日本には蔵元は1,600箇所があり，世界に誇れる日本酒の分析評価へさらなる解析が望まれる．蛍光分析は光を利用した物理化学的な分析で，日本酒の全体像を把握することができる．

吟醸酒，純米酒等は，開封後は冷蔵保存し，早めに飲み尽すよう壜に書かれている．古くなれば酸味が付くが，味覚の変化も定量化されず一般論で論じられている．日本酒の蛍光スペクトルは，光，空気，酸化剤等で大きく変化する．ポリエチレンのラップで覆った直径52 mm，深さ12 mmのシャーレに日本酒1 mLを入れ，研究室の窓側の太陽光が当たらず明るい所，温度は空調で24 ℃ぐらいの所に放置する．夜間は蛍光灯による照明，深夜は光の当たらない条件である．清酒と大吟醸純米酒の結果を図-6.16に示す．短波長側のスペクトルが減少し，一時長波長側が盛り上がり，二山のスペクトルで安定する．改めてピーク位置を確認するとフルボ酸に近く，酒の経時変化，劣化を物理化学的に調べられきわめて有効である．

微量成分の研究は専門家に任せ，環境水のフルボ酸研究では，日本酒の重要な原料でもある仕込み水を入手することが肝要である．仕込み水は酒蔵の奥より入手でき，雪解け水，地下水，伏流水等が汲み上げられ利用され，単なる水ではあるが貴重な資料である．結果

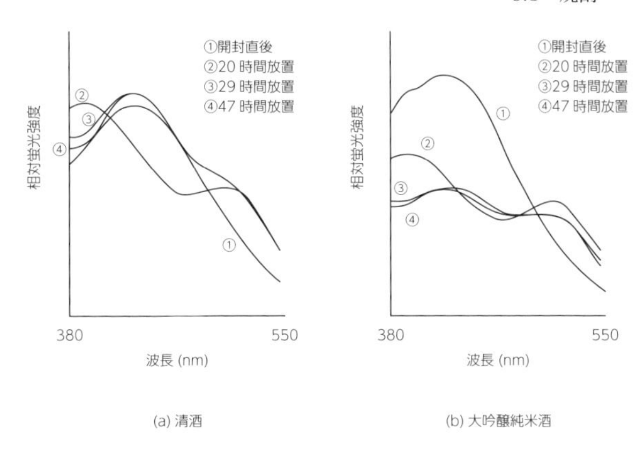

図-6.16　放置によるスペクトル変化

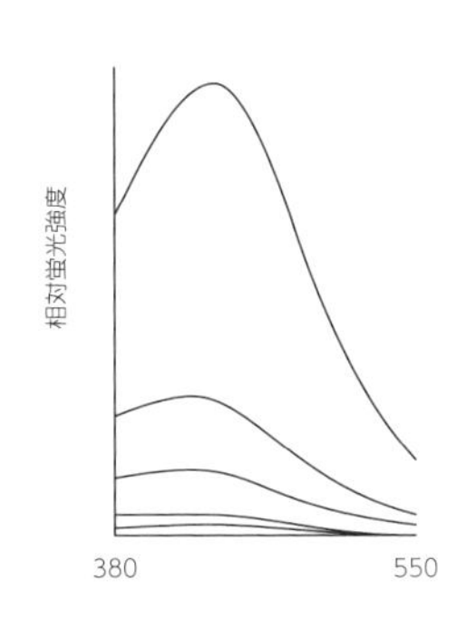

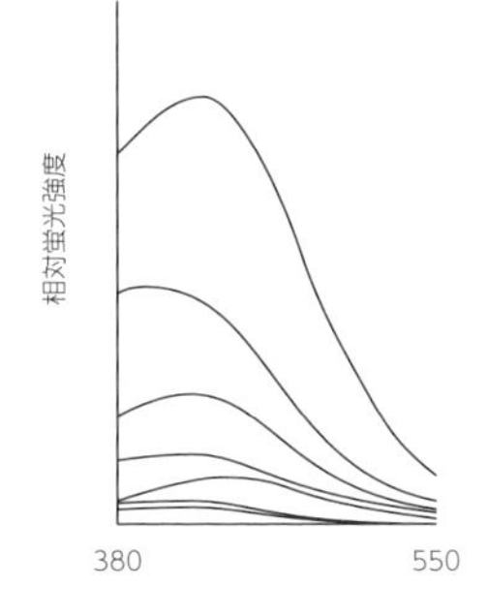

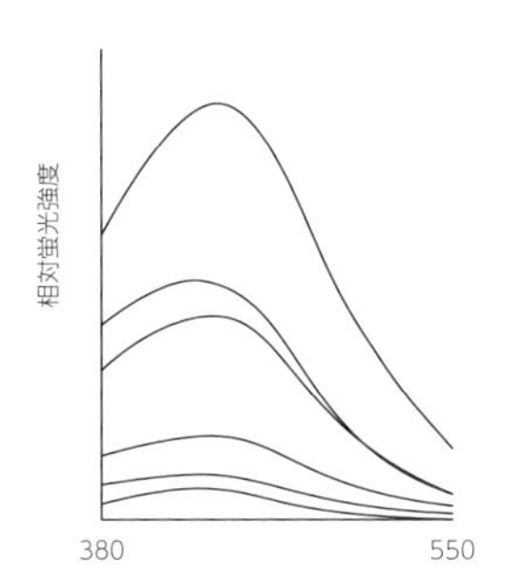

図-6.17　日本酒の仕込み水の各種蛍光スペクトル

を**図-6.17**に示す．自然の環境水として，フルボ酸の蛍光スペクトルが認められる．

なお，日本酒の褐変は糖とアミノ化合物との反応で起こるメイラード反応とのこと．食品化学の分野で知られているメイラード反応では抗酸化剤物質が生成され，水処理の分野にも関係する．

6.3　焼酎

焼酎は発酵酒を蒸留してアルコール濃度をあげた酒で，原料により米焼酎，麦焼酎，芋焼酎，黒糖焼酎，落花生焼酎，そば焼酎，栗焼酎，泡盛等の様々な種類がある．

芋焼酎の木挽，タカラカップ，キンミヤ焼酎は，**図-6.18**のように各々ピーク位

置は　447，438，446 nm であった．ただし，キンミヤ焼酎の蛍光スペクトルはきわめて小さなものであった．蒸留装置の違いによるものか，蒸留時の原液からの飛沫によるものか不明である．

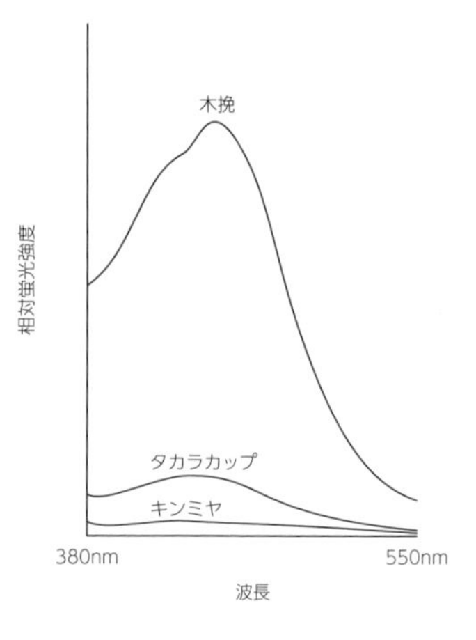

図-6.18　焼酎の蛍光スペクトル

6.4　飲料品

コーヒーはアーミーグリーン，ティーパックのアールグレイティー，リプトン，日東紅茶，そして煎茶の蛍光スペクトルのパターンを求めた．各々のピーク位置は，439，444，445，442，437 nm である．さらにウーロン茶，緑茶を調べると，ピーク位置は 416，443 nm で，ウーロン茶は幅の広いスペクトルであった（**図-6.19**）．

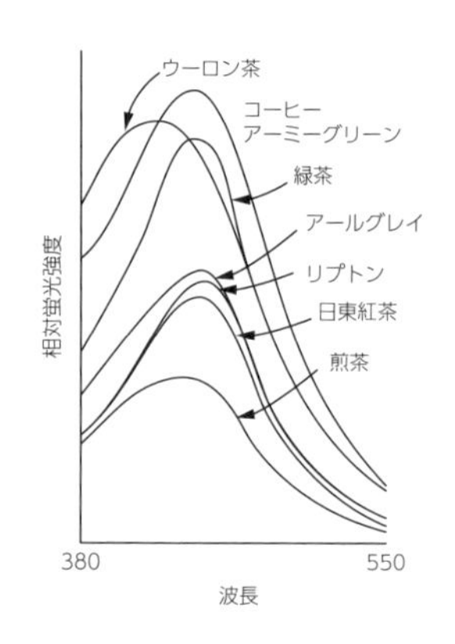

図-6.19　飲料水の蛍光スペクトル

これらの成分はポリフェノールの名称で，老化を防ぎ，ボケ防止に良いなどと宣伝されている．赤ワインに含まれるレスベラトロール，緑茶に含まれるカテキン，コーヒーに含まれるクロロゲン酸等があり，一般には分子内に複数のフェノール性ヒドロキシ酸を持つ化合物を示している．化学構造式からも蛍光発現性である．

6.5　食品類

穀物を煮ると溶解してくる成分がある．そばでは，そば湯として飲まれ，アミノ酸が含まれていることが知られている．そばとスパゲティの茹でた後に残る溶液の蛍光スペクトルを求めた．**図-6.20** のようにそばの蛍光スペクトルは 434 nm，スパゲティでは 414 nm にピーク位置があった．これらは濃厚な状態では冷却によりゲル状になるので固まらないように希釈した．

微生物によってつくられる植物系と動物系との発酵食品では納豆とヨーグルトがある．冷蔵庫より取り出し，水を加え上澄み液の蛍光スペクトルを調べた．**図-6.21，6.22** のように大きな蛍光発現性を示し，アミノ酸やタンパク質関連物質の存在を示している．納豆は煮た大豆を藁で包んで発酵させた植物性蛋白質の発酵食品であ

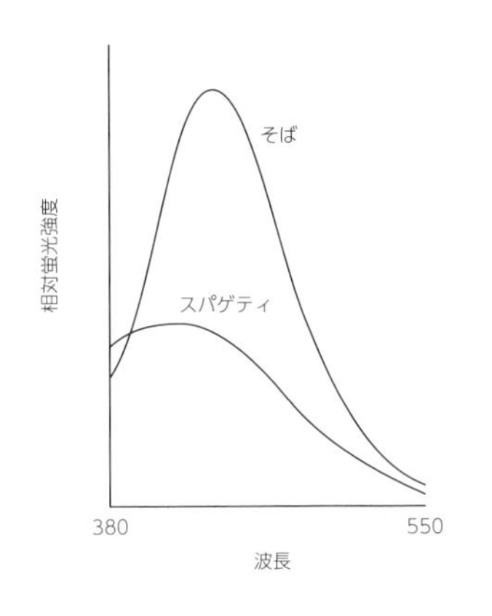

図-6.20　そば，スパゲティの茹でた後に残る溶液の蛍光スペクトル

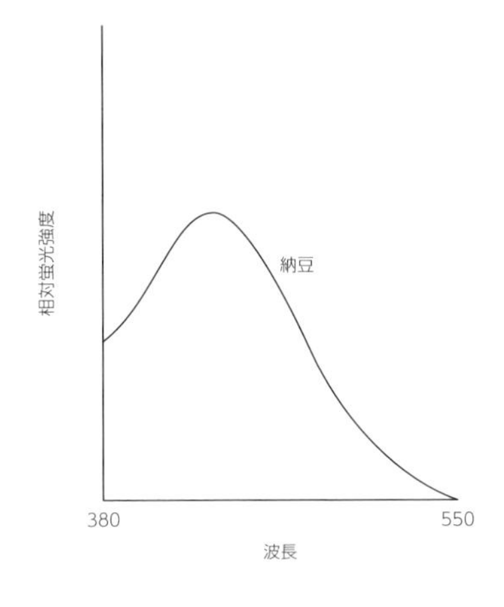

図-6.21　納豆の蛍光スペクトル

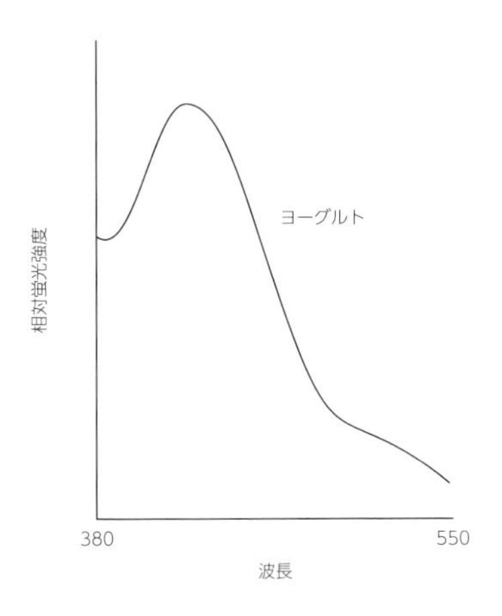

図-6.22　ヨーグルトの蛍光スペクトル

る．麦藁に多く生息する枯草菌の一種の納豆菌は熱に強く，麦藁を熱湯で煮沸して他の雑菌を死滅させ納豆の包装に利用する方法でつくられた．日本酒の酒蔵では，雑菌として一番嫌われる菌である．

ヨーグルトは，牛等の草食動物の乳に乳酸菌や酵母を混ぜ発酵させ，上澄み液ホエイを分離した発酵食品である．

飲料品，食品の味には各種の酸，アミノ酸が影響することが知られているが，11 種類の化合物について蛍光スペクトル特性を Milli-Q で 100 mg／100 mL 溶液として確認したところ，重量当たりの蛍光発現性は，アルギニン，アラニン，ロイシン，ヒスチジン，リンゴ酸，バリン，乳酸，プロリン，イソロイシン，グルタミン酸，コハク酸の順で，いずれも蛍光スペクトルは日本酒で示した**図-6.11** の①，②の形状であり，２つのピークを持つ蛍光スペクトルは確認されなかった．なお，各試料の蛍光スペクトルは２回，３回と走査してあり，光で最も分解するのはアラニンであり，ほとんど変化しないのはヒスチジンであった．代表例としてアルギニンとアラニンで走査でのスペクトルが変化する様子を**図-6.23，6.24** に示す．他のスペクトルは小さいため先のものより縦軸 2.5 倍の座標でロイシンを**図-6.25** に，さらに縦軸５倍の倍率でバリンを**図-6.26** に示す．

天然のアミノ酸は 20 種であり，化学構造式を**図-6.27** に示す．これまで測定していないアミノ酸について，メチオニン，フェニルアラニン，トリプトファン，トレオニン，リジン，グルタミン，アスパラギン酸，アスパラギン，グリシン，システイン，セリン，チロシンを 100 mg／100 mL 溶液として測定した．チロシンのみは溶解せずに飽和溶液として測定した．

チロシンは**図-6.28** に，トリプトファンはさらに 10 倍に希釈して測定した結果を縦軸を半分に縮小したスペクトルを**図-6.29** に示す．リジンもチロシンより 100

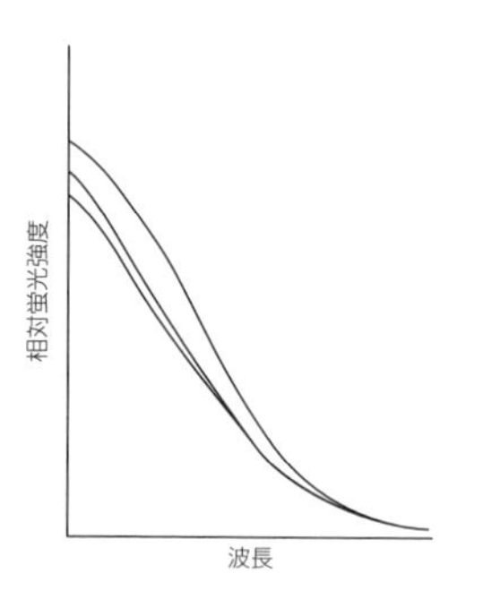

図-6.23 アルギニン溶液の走査によるスペクトル変化

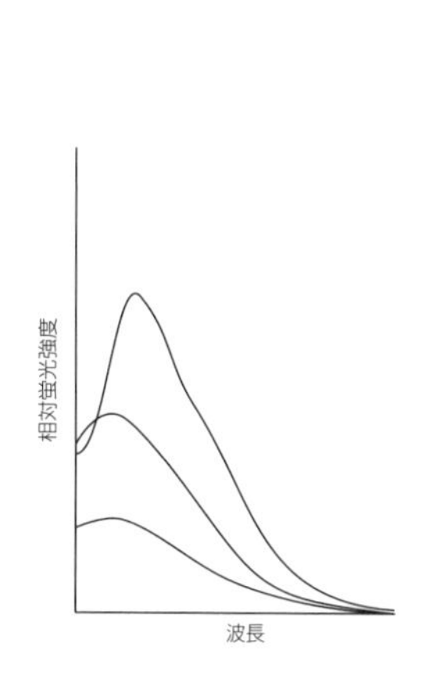

図-6.24 アラニン溶液の走査によるスペクトル変化

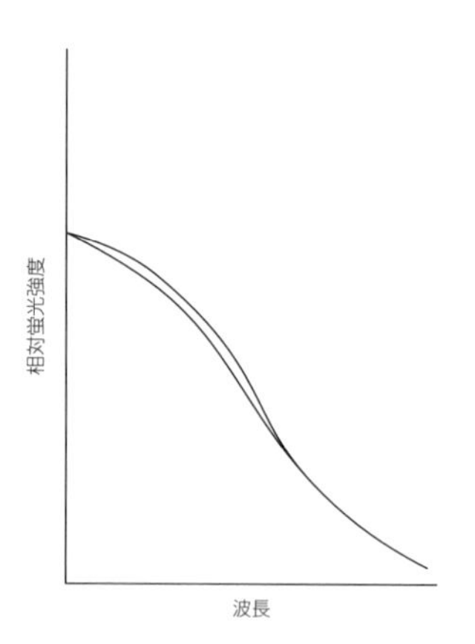

図-6.25 ロイシン溶液の走査によるスペクトル変化

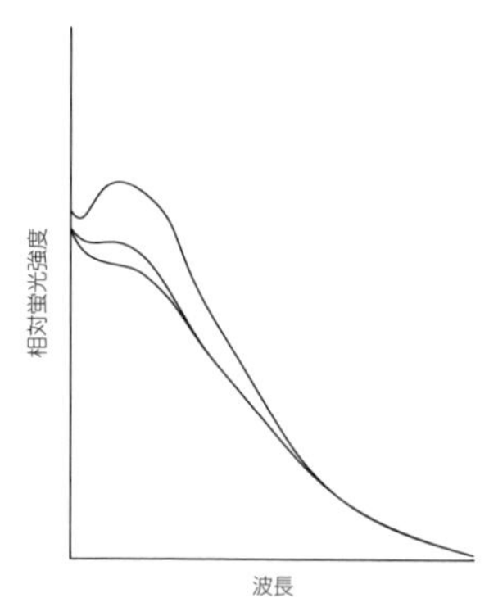

図-6.26 バリン溶液の走査によるスペクトル変化

アミノ酸	三文字表記	一文字表記	分子量	構造式
アラニン	Ala	A	89.09	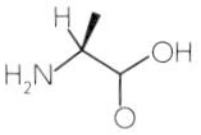
アルギニン	Arg	R	174.20	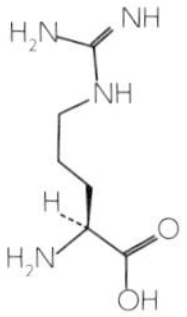
アスパラギン	Asn	N	132.12	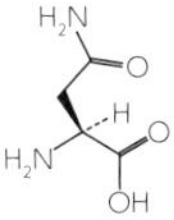
アスパラギン酸	Asp	D	133.10	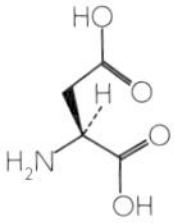
システイン	Cys	C	121.16	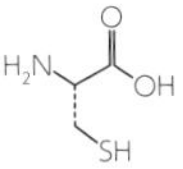
グルタミン	Gin	Q	146.15	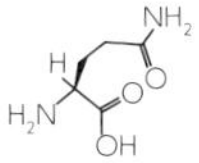
グルタミン酸	Glu	E	147.13	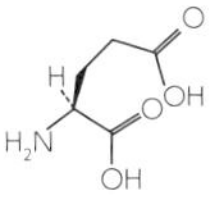
グリシン	Gly	G	75.07	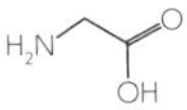
ヒスチジン	His	H	155.15	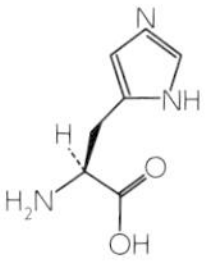
イソロイシン	Ile	I	131.17	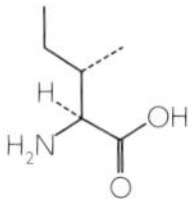
ロイシン	Leu	L	131.17	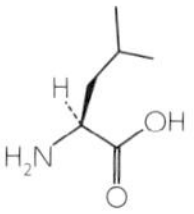
リシン	Lys	K	146.19	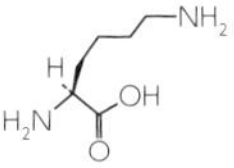
メチオニン	Met	M	149.21	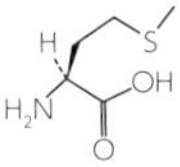
フェニルアラニン	Phe	F	165.19	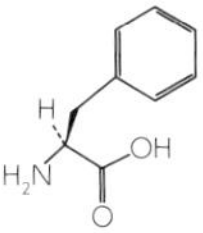
プロリン	Pro	P	115.13	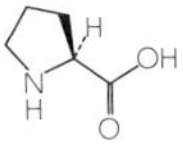
セリン	Sar	S	105.09	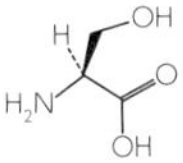
トレオニン	Thr	T	119.12	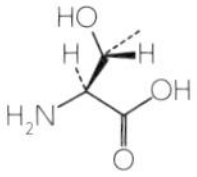
トリプトファン	Trp	W	204.23	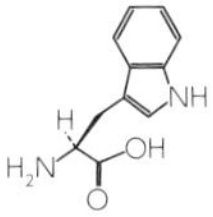
チロシン	Tyr	Y	181.19	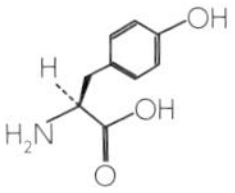
バリン	Val	V	117.15	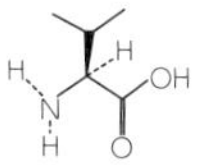

図-6.27　アミノ酸の表記，分子量，化学構造式

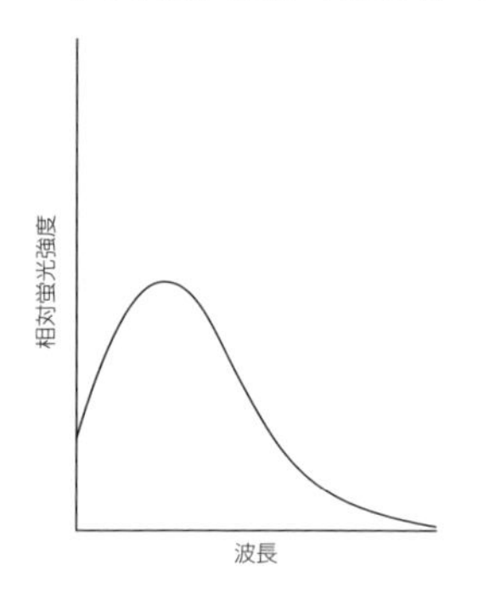

図-6.28 チロシン溶液の走査によるスペクトル変化

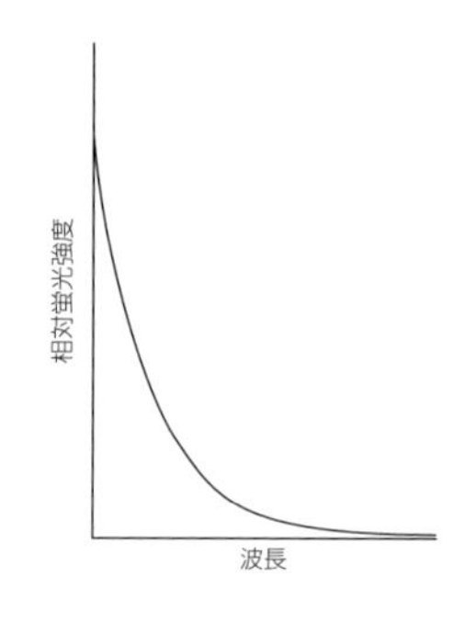

図-6.29 トリプトファン溶液の走査によるスペクトル変化

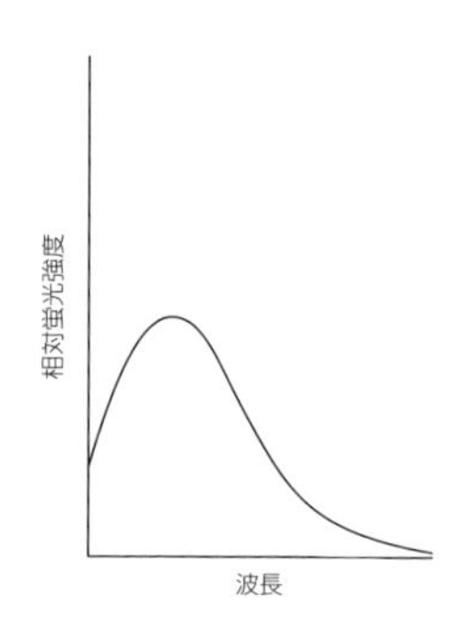

図-6.30 リジン溶液の走査によるスペクトル変化

倍に希釈して測定した結果を**図-6.30**に示す．2度の走査でチロシンとリジンも影響を受け，トリプトファンも微妙に低下する．その他のスペクトルは小さなものでピーク波長も認められない．

植物性，動物性にかかわらず醗酵食品の蛍光スペクトルは類似したパターンである．熟成，発酵等，改めて考えると腐敗の現象にたどり着く．熟成は外からの微生物を塞ぎ，内部の酵素で反応させる方法，微生物の働きで発酵は人間に有用な現象，腐敗は有害となる現象である．日本の保存食品として，多くの発酵食品があり，蛍光分析も利用できそうである．

台所から毎日出される生ゴミのどろどろした液を希釈して測定すると，**図-6.31**のように大きな蛍光スペクトルが得られた．

健康に重要な食品中のポリフェノールは生体内で発生する活性酸素などフリーラジカルを除去する能力があると注目され，DPPH ラジカルを用いた能力評価法が，吸光度の測定で簡単に評価できると食品関係で広く用いられてきた．

今後は，蛍光分析を用いることにより，分析精度は一段と高まり，さらなる研究が続けられるものと考えられる．

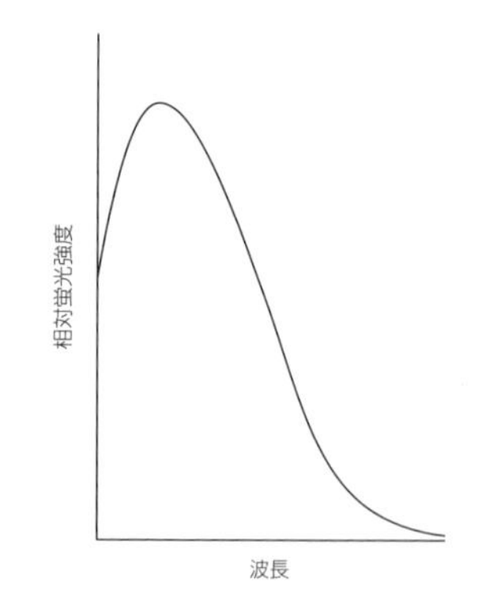

図-6.31 生ゴミより希釈した溶液の蛍光スペクトル

第６章　参考資料

1）ワインの色（2014）：堀場製作所
HP:http://www.horiba.com/jp/scientific/products-jp/fluorescnce-spectroscopy/steady-state/principle/1/
2）ポリフェノール（2014）：ウィキペディア（Wikipedia）フリー百科事典
3）ポリフェノール分析法（2014）：抗酸化機能分析研究センター HP: http://food-db.asahikawa-mede.ac.jp/index,php
4）国税庁鑑定企画官監修（1995）：お酒おもしろノート，財団法人日本醸造協会編，技報堂出版
5）漆原次郎（2009）：一滴に溶け込む伝統の技術と現代の科学：日本酒，温故知新！ 化学と工業，62（2）117–121
6）坂口謹一郎（1974）：日本の酒，岩波書店
7）枻（えい）出版社（2011）：日本酒の基本　造りから味わいまで，日本酒のすべてがわかる！
8）海賀信好（2018）：特別寄稿，おいしい水からおいしい酒へ，－蛍光分析による日本酒の評価－，（上）（下），日本水道新聞，３月１日，３月８日
9）八木達彦，福井俊郎，一島英治，鏡山博行，虎谷哲夫編（2008）：酵素ハンドブック，朝倉書店
10）朝日新聞（2015）：はじめての発酵食品，ニッポンの知恵，世界に羽ばたく，４月26日，
11）岡智（1968）：清酒の褐変，日本醸造協会誌　63（10）1056–1059
12）村田容常（2019）：焼いたスイーツとメイラード反応，化学と教育，67（2）90–91
13）能勢晶，濱崎天誠，竹中友美，北條正司（2013）：割水水質の清酒品質に及ぼす影響について，日本醸造協会誌　103（3）188–200

コラム⑮　ミネラルウォーターの蛍光分析

海外では茶色の水が健康に良いと飲まれている所があると聞く．ジョージア（旧グルジア）からのお土産として500mlのナチュラルウォーターを入手した．分析してみると，確かにフルボ酸のピークが認められる．無色で炭酸ガスの気泡が出るものであった．

ジョージアは健康長寿の国で，それを支えているのが，ヨーグルト，ワイン，ミネラルウォーターとのことである．これまで日本で分析した結果でも，ワインは430nmに，ヨーグルトは423nmにピークを持っている．ここに出る蛍光物質は，抗酸化剤としてポリフェノールと同様に考えられる．

200年間水質の変わらないフランス産ミネラルウォーターのエビアン，日本の国産のミネラルウォーターA，Bに比べ，蛍光スペクトルは大きく，この水を飲み続けることが健康維持に有効であるとのことである．

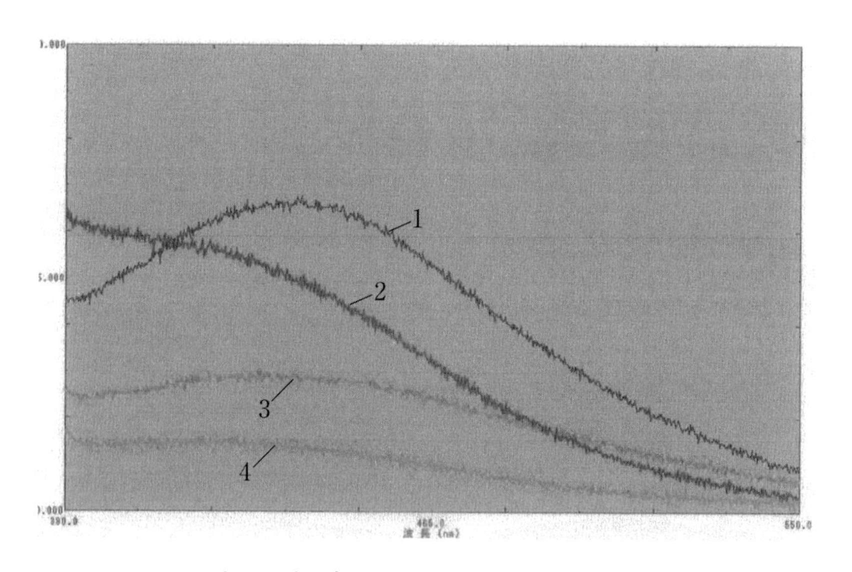

1　ジョージア産　　2　フランス産 エビアン

3　国産A　　4　国産B

図-1　ミネラルウォーターの蛍光スペクトル

海賀信好：世界の水道—安全な飲料水を求めて—，74ボトルウォーター，技報堂出版，2002.4

コラム⑯ 植物の色素分析

クロロフィルは植物色素の代表的な化合物である．最近の健康ブームで，青汁，緑汁としてパック，ペットボトルで販売されている．野菜の成分と励起波長 320 nm，蛍光スペクトル 380 〜 550 nm で調べた．クロロフィル 1 つでも植物色素の抽出方法が決められており，多種類の試料について既存の論文に従って抽出することは不可能である．そこで定性的に植物色素の蛍光スペクトルを得るため，15 mL のコニカルチューブ内に葉，果実，皮，花びら，根等を試料として入れ，Milli-Q 水を加えてスパチュラで潰し，上澄みを 10，100，1,000 倍に Milli-Q 水で希釈して，蛍光スペクトルを調べた．蛍光分析は標準物質として知られる硫酸キニーネのように広い濃度範囲で直線の検量線を示す．ランプ寿命を考え蛍光光度計を起動させながらの試料つくりとならないよう，試料の 10，100，1,000 倍の希釈水を作成しておき，蛍光強度を求め，最適の濃度でのスペクトルを得た．

組織のつぶれたものや濁り等は，希釈段階でおおよそ目視により除去でき，測定上の問題とならなかった．蛍光分析の強みでもある．

45 種の試料を測定したが，同じ蛍光スペクトルはなく，それぞれ独自のスペクトルを示した．

蛍光スペクトルのピーク波長のみの表示では，各スペクトルパターンは示せず，パターンを 4 種類に分類し記録に残すことにした．フルボ酸のように 380 〜 550 nm の範囲で大きなピークを示すキャベツ，こまつ菜，ニラ等のスペクトルを A に，380 nm の短波長側に蛍光スペクトルが重なるほうれん草，ツツジの花，レモンの中身等は B に，蛍光スペクトルのピークが短波長側 380 nm 近くにあるミニトマト，ピーマン，夏みかん等を C に，蛍光スペクトルのピークが長波長側 550 nm 以上にもある朝顔を D に分類した（**図-1**）．

野菜については，野菜の緑と白，花びら，果実の中味と皮，果実，そして柑橘類の葉っぱの蛍光スペクトルのピーク波長とパターン分類を表に示した．

植物色素は色に関係せず，すべてフルボ酸の測定範囲 380 〜 550 nm に蛍光スペクトルを示した．大根，葱の白い部分でも蛍光スペクトルを示した．

植物は緑色のクロロフィル以外に，黄色，橙色，赤色のカロテノイド，紫色，赤色のアントシアン，白色，黄色のフラボノイドの 4 つの総称からなる色素を持っている．4 つのグループ内では不飽和二重結合を持つ類似した骨格からなる化合物が多数ある．

クロロフィル a（$C_{55}H_{72}O_5N_4Mg$）は，**図-2** に示すように多環構造で，不飽和二重結合，共役二重結合を骨格内に多く持っている．次にトマトに見られる赤色の色素リコピン（リコペン）（$C_{40}H_{56}$）の骨格に含まれる不飽和二重結合の位置を**図-3** に示す．この骨格には，炭素・炭素の単結合の上に電子が自由に移動できる π 結合を含む共役二重結合が 11 個ある．この共役二重結合の数が少ないと無色であるが，7 個存在すると淡黄色を，9 個存在すると橙黄色を，11 個で赤色を示す．

名古屋大学の栗原大輔〔名古屋大学大学院理学研究科生命理学専攻，博士（工学）〕は，植物の細胞から薬品でクロロフィルを除き，内部の細胞組織を観察する手法を開発している．紫外線を受けると内部の組織に損傷が生じるため色素で守るとのことである．クロロフィル以外に発色する部分もある．植物が色素を使う目的は，昆虫を呼び寄せ受精すること，鳥獣により果実を運ばせ生息範囲を広げること以外に，細胞内の遺伝子，酵素等を光分解させないよう防御している．

植物の色素の化合物は数千種もあり，それぞれに合った手法で高い収率を得て抽出，精製，定量するのは大変な作業である．今回，色素の共役二重結合に着目し，フルボ酸を検出する蛍光分析法で調べてみると，植物の組織は枯れて腐植物質となってフルボ酸になる前駆物質であることがわかった．

表　蛍光スペクトルのまとめ

野菜	ピーク波長	スペクトルパターン
春菊	450	B
みつば	444	A
キャベツ	440	A
ほうれん草	434	B
こまつ菜	444	A
みず菜	443	A
きず菜	453	A
なす	444	A
ニンジン	438	A
ミニトマト	428	B
きゅうり	432	B
ピーマン	390	C
ふき	437	A
紫蘇	444	A
ニラ	449	A

緑と白	ピーク波長	スペクトルパターン
大根・青首	436	B
大根・白	422	B
ねぎ，青	448	B
ねぎ，白	395	B

花びら	ピーク波長	スペクトルパターン
タンポポ	445	B
朝顔　むらさき	455	D
ツツジ　ピンク	445	B
サボテン　黄色	435	A

果物	中身	皮	中身	皮
夏みかん	415	400	B	C
グレープフルーツ	411	401	DB	B
レモン	440	448	B	A
ネーブル	440	454	B	A
マンダリンオレンジ	448	453	B	A
温室みかん	445	447	B	A
金柑	438	437	A	B
イチゴ	435		A	
チェリー	435		A	

葉っぱ	ピーク波長	スペクトルパターン
夏みかん	392	C
グレープフルーツ	392	C
金柑	435	A

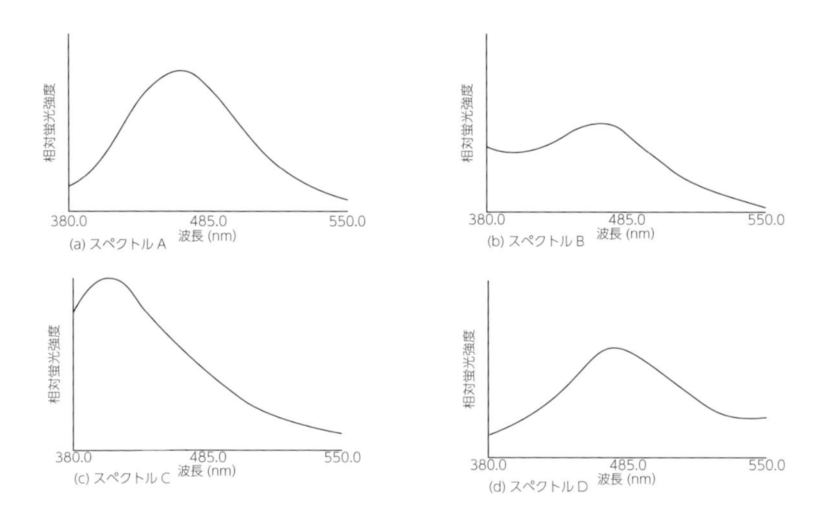

図-1　A，B，C，D のスペクトルパターン

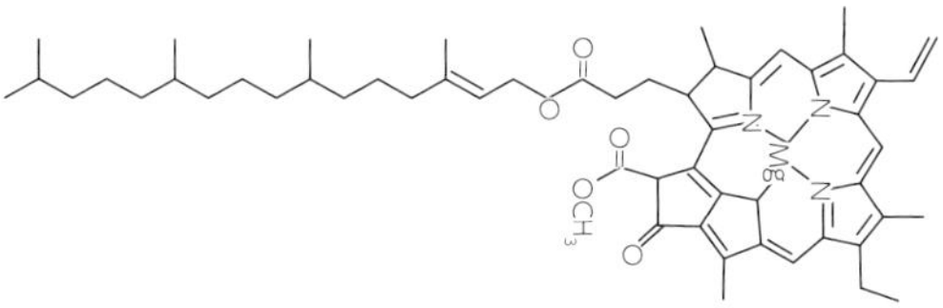

図-2　クロロフィル a の化学構造式

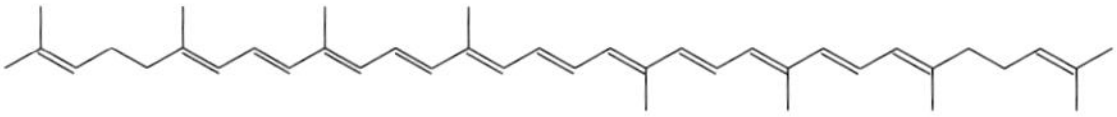

図-3　リコピンの化学構造

高市真一，三室守，富田純史：カロテノイド，その多様性と生理活性，裳華房，2006.3

コラム⑰ フルボ酸は複合体

HPLCにてフルボ酸の分子量分布を示し，また，河川水の蛍光発現性を調べ国内外の河川水のDOCと蛍光強度の相関性を明らかにすることができた．

研究開発の初期，環境水の調査検討では，励起波長345 nm，蛍光波長430 nmの励起・蛍光スペクトルで比較をしていた．河川水に関し励起スペクトルのピーク波長の移動でも溶存性有機物の状況に言及することのできることを初期に検討していた内容を示す．

河川水が上流から下流に向けて，蛍光発現性物質の励起・蛍光スペクトルの最大ピーク波長が変化する．この励起スペクトルは吸収スペクトルに相当し，多摩川と荒川の測定例で**図-1**に示す．

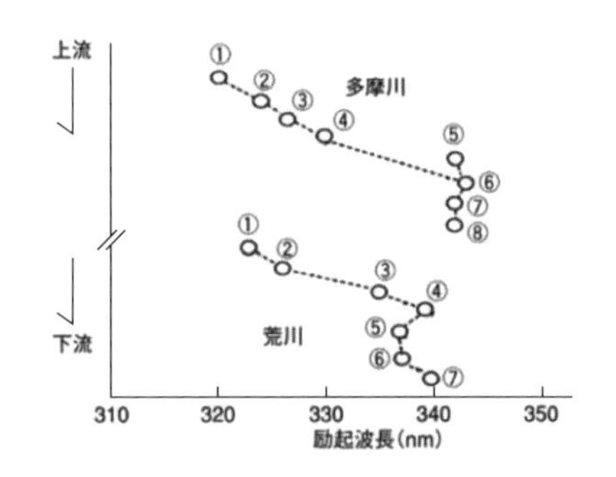

図-1 河川水上流から下流に向けた励起スペクトルのピーク波長の変化
多摩川：①奥多摩湖 ②和田橋 ③羽村大堰 ④拝島橋 ⑤下水処理水 ⑥日野橋 ⑦是政橋 ⑧二子橋
荒川：①秩父湖 ②三峰口 ③長瀞 ④久下橋 ⑤御成橋 ⑥開平橋 ⑦秋ヶ瀬取水堰

奥多摩湖の励起スペクトルの最大ピーク波長は320 nmの値から増加し，拝島橋を過ぎ日野橋では340 nmを超えて一定となり二子橋まで同じである．特に下水処理水の342 nmの混入が影響していることがわかる．荒川の流れでも秩父湖の最大ピーク波長323 nmの値が増加して久下橋以降はほぼ340 nmである．つまり上流域の単純な植生からの腐植物質，複雑な生態系の水域に進むにつれて，各種の腐植物質が混入しピーク波長は高分子側に，鋭いスペクトルからレッドシフトし幅の広いスペクトルに移る．そして，下水処理水が混入すると幅の広いスペクトルに移り安定してしまう．これ以降は蛍光強度の増加はあるがスペクトルのパターは変化しないのである．

多種類の腐植性物質が流れ込み完全な炭素・炭素の結合はしていなくとも，あたかも大きな分子として存在する電荷移動錯体である．

有機半導体，電荷移動錯体の大きな研究開発の流れに引かれて大学の研究室に飛び込んだことを思いだした．これらの研究を継続して，長い間の謎として，「ヨウ素デンプン反応の発色のしくみ」に取り組んできた東京理科大学，矢島博文先生のデータに分子量と吸収スペクトルの図が特に参考になるので示したい．デンプンの分解に伴うヨウ素デンプン反応の色の変化に対応した吸収スペクトルの特性を，アミロースの重合度（DP）に関する変化を**図-2**に示した．重合度10の場合，そのスペクトルはヨウ素溶液そのものであり，錯形成は観測されない．錯形成は重合度16以上のアミロースで起こることが知られている．ヨウ素溶液の吸収スペクトルには，電子遷移に基づく290 nmと360 nmに強い2つの吸収帯が観測される．ヨウ素溶液には，I_3^-，I_2のほか，さらにI^-が存在する．I^-の吸収特性は，**図-2**の挿入図に示すように，195 nmと226 nmに強い吸収帯をもつ．これらの吸収はI^-の溶媒への電荷移動による遷移に基づく．アミロースの重合度により吸収スペクトルのピーク位置の波長が増加している．電荷移動錯体のレッドシフトの例である．アミロースはラセン構造分子内でヨウ素の電荷移動錯体，フルボ酸は不飽和二重結合を持つ各種分子量の異なる分子同士の電荷移動錯体である．

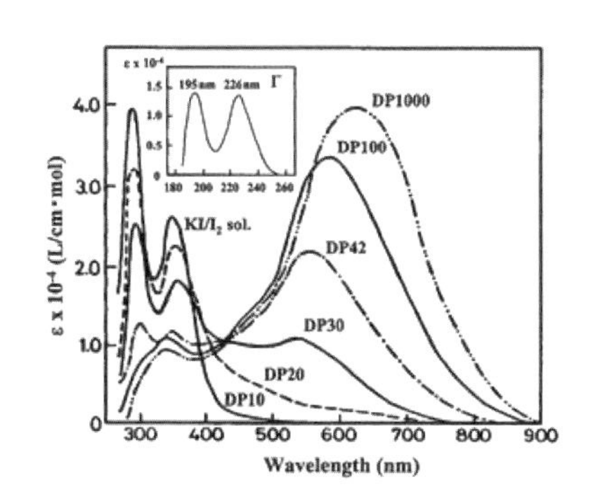

図-2　アミロース錯体およびヨウ素溶液（KI／I2溶液）の吸収スペクトル

矢島博文：化学と教育 63巻5号（2015年）pp. 228-231

7．緑を科学する

7.1　水と緑と地球環境

2007年に，水と緑と環境をキーワードにNPO法人グリーンサイエンス21が設立され，市民環境学校など開催，年に1度，中学生の科学部を対象に「都会のおける樹木の役割」のテーマで自主的な観察調査・研究の合同発表会を開催してきた．緑について科学的な検討を行い，アルキメデスが浮力を思いついたのと同様な喜びを味わうことができた．

7.2　水の相変化

水の惑星，地球では，水の状態変化，水蒸気・水・氷の潜熱移動による相変化で，地球の恒常性が保たれてきた．つまり暑いと固体の氷は溶けて液体の水に，さらに暑いと液体から気体の水蒸気に変化，この相変化に潜熱が使われる．逆に寒くなると潜熱を出し，液体から固体に戻る．

水中にクロロフィルを持った微生物が誕生，酸素を生成，大気中の酸素が蓄積した．植物が地球上でどのように水の相変化を利用してきたかを学び，環境保全として，安定した水環境を構築しなければならない．

大気，海水，陸地，マントルなど大きな地球規模での循環があり，そこに生息する我々人間も含めた生態系を考えなくてはならないが，やはり廃熱は水に吸収させ，水蒸気で上空に送り雲を形成，熱を宇宙空間に捨てることが身近な循環型社会の基本である．

7.3　植物の葉はなぜ緑色なのか

筆者らのこれまでの研究を通して「なぜ植物が緑色を選んだのか」を解明できたようなので，順に説明する．

a. 光と色

ニュートンのプリズムの実験（**写真-7.1**）から，太陽光線（白色光）が人間の目で感じられる7色から構成され，紫が一番屈折すること等が知られている．現在の色彩表示では，短波長380 nmの紫から，藍，青，緑，黄，燈，長波長780 nmの赤へと分けられている．

植物の葉緑素（クロロフィル）の吸収スペクトル（**図-7.1**）が長波長と短波長に吸収ピークを持ち，中間の緑色を吸収せず反射しているのは，なぜであろう？　赤いリンゴが赤く見えるのは，太陽光線を受け吸収されずに赤色の波長帯を反射しているので赤く見えるのである．植物の葉っぱも太陽光線を受け緑色の波長帯を反射している．なぜ緑色を反射しているのであろうか？

写真-7.1　プリズムによる太陽光線の分離

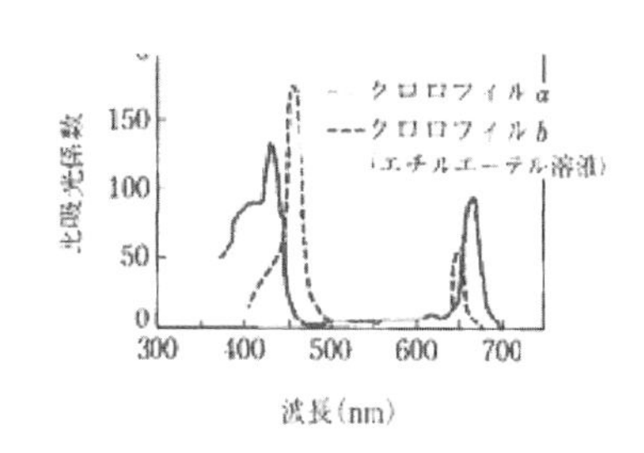

図-7.1　クロロフィルの吸収スペクトル

b. 太陽光線

太陽光の輻射強度の波長依存性と人間の目に感じられる可視光線の範囲を**図-7.2**に示す．

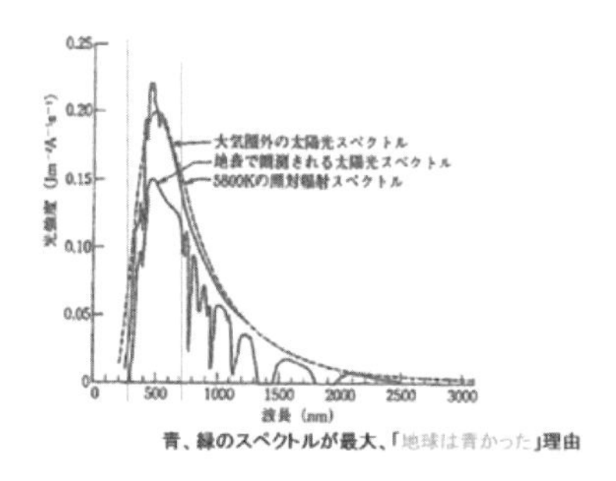

図-7.2　太陽光の輻射強度と波長依存性

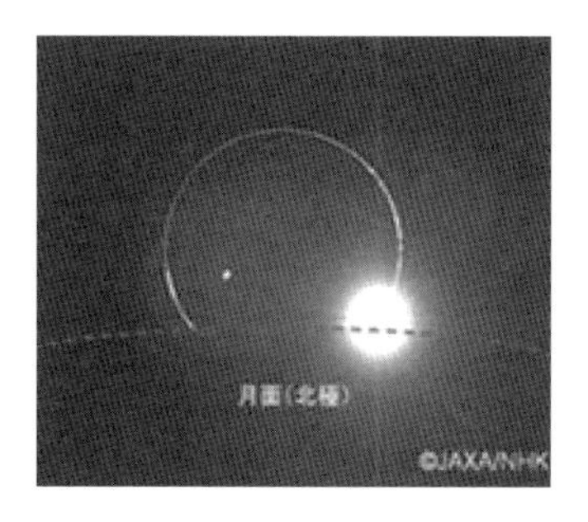

写真-7.2　地球表面の大気層

太陽光の輻射強度のスペクトルは，青緑色付近の強度が最も強く，オゾン層を通り地上に達する条件では大気成分によって散乱吸収され，可視光線の短波長は地表での強度は低下し，長波長側へゆっくりと減少している．この散乱光を宇宙から見て，ガガーリンの「地球は青かった」の言葉となる．空が青いのは空気中の分子によるレイリー散乱で，散乱は波長の 4 乗に逆比例し，短波長が散乱される．

また，JAXA による月探査衛星「かぐや」からの地球の姿（**写真-7.2**）を見ると大気層（約 1,000 km）の存在がわかる．

大気圏として空気の層が地球表面に薄くリング状に輝いている．この地球表面の薄い大気の下に，われわれが生活している．太陽からの輻射エネルギーで一番強い光の色は緑で，オゾン層，空気層を通り地表に到達するスペクトルは散乱と吸収によって制限され，赤い光は遠くまで進み，朝焼けから夕焼けまで，曇りでも雨でも地上に届く．クロロフィルはこの赤い光を用いて酵素反応でゆっくりと植物を成長させている．

植物の葉の構造を**図-7.3**に示す．葉っぱの細胞内に葉緑素（クロロフィル）を含む葉緑体が存在し，他の光を吸収し，緑を乱反射しているのである．葉の裏には気孔があり，空気（水蒸気，酸素，二酸化炭素）が内部までつながっている．

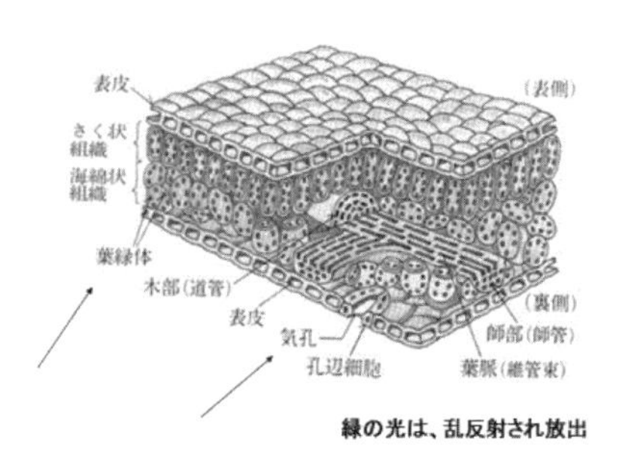

図-7.3 葉の内部構造

c. 葉の表面温度を測定

屋上の水耕栽培で，この植物の謎を見つけた．東南アジアに自生するきず菜®（エン菜）はヒートアイランド現象で加熱された都会の屋上で大量に生産でき，都市開発の進むJR中野駅前，水耕栽培を実施している織田栄養専門学校屋上（**写真-7.3**）で夏の午前，放射温度計を用いた測定結果を見て驚いた．学校の屋上の床はペンキで緑色，**表-7.1**のようにアスファルト，コンクリート表面は加熱されていたのに対し，きず菜の葉の表面温度は低い値であった．水耕栽培の容器は白い発泡スチロールを用いており光反射によって温度は低めである．

成長する植物の葉がなぜ温度が低いのか．葉っぱの裏側の気孔から水分を蒸散させ自らの温度が上がらないようにしている．水が蒸散するとき時の気化熱，いわゆる蒸発熱を奪うことで葉の温度を下げている．打ち水の原理と同じである．きず菜の収穫には1 kg当たり40 Lの水が消費され，強い光で枯れないよう水分を蒸散することで温度を下げていたのである．炎天下の屋上できず菜は風になびいて元気

写真-7.3 中野駅前の織田栄養専門学校屋上での水耕栽培

表-7.1 中野駅前と織田栄養専門学校屋上での表面温度測定結果
(平成24年8月22日午前10時頃)

中野駅前	
・アスファルト	65℃
・コンクリート	49～50℃
・樹木の下	43℃
・植え込み	33～36℃
織田栄養専門学校屋上　水耕栽培	
・屋上床	62～64℃
・容器の蓋	33～37℃
・エン菜の葉	28～29℃

で，そして葉っぱの温度は低いのである．

d. 時間的な変化

クロロフィルの吸光スペクトルは，短波長の青と長波長の赤の光吸収を持ち，中間の緑の光吸収がない独自のスペクトルである．　なぜであろう？　ファジィ集合論的な手法として，太陽光のスペクトルとクロロフィルのスペクトルを**図-7.4**のように 1 つの共通座標として波長で重ね，光は，吸収，透過，屈折，散乱で考察する．この図で 1 日の変化を見ると，植物の体内時計，光周性の説明まで理屈に合う．図の上には，朝・昼・夕の時間変化を示し，図の中の太陽光スペクトルは夏至の正午頃の地表での値，図の下には波長に対して光の色を示す．

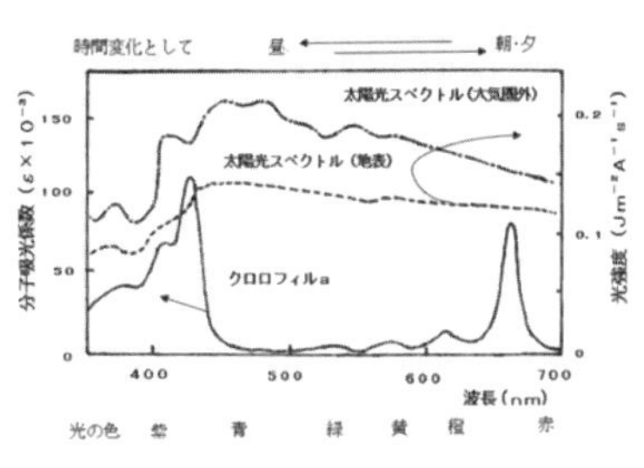

図-7.4　クロロフィルと太陽光のスペクトルとの関係

東の空，地平線の向こう側，つまり太陽が下から上昇してくると，太陽が見えなくともレイリー散乱で散乱した短波長側の青の光が届き，空が薄明るくなる．しばらくすると日の出で，空の色はオレンジ色，ピンク色，赤色，真っ赤な太陽が出てくる．大気の層の厚さは，真上より水平方向がはるかに厚いので，光の散乱は無視できない．この赤い光は波長が長いため散乱されず大気の層を屈折せず透過する．朝の 7 時ごろには太陽も上がり，短波長の紫外線も届き徐々に昼の明るさになる．地球に届いた太陽放射のうち，約 65 %が熱となり，気温を上昇させ，最高気温は正午を過ぎた午後に観察される．太陽に対し地球の地軸が約 23.4 度傾いているので，太陽を一周回る際に光の入射量が変化して季節が生じ，北半球の日本では夏に太陽が近く，太陽光は夏至が最高に，逆に冬の冬至には最低となる．

e. 体内時計

クロロフィルは太陽から青い光と赤い光を吸収する．この 2 つの波長の光は 1 日のうちに太陽の位置によってその比率が変化する．青い光を感知していれば，雨天を除き太陽の位置を知ることができ，青い光が一番強くなるのは太陽が真上に来て，青い光を散乱させる大気層が一番薄くなる昼間である．また，赤い光は日照時間として日々変化し，季節の変化にも対応している．つまり朝，赤い光で植物のスイッチが入り，緑の光は葉っぱから乱反射され，青紫の光を吸収し光合成が行われる．夕方，赤い光のみになり，日没でスイッチが切られ，植物は時刻を知ることができる．

これらのことから葉っぱで生産された炭水化物の移動，夜間の酸素を用い二酸化炭素を放出する代謝パターンへの切替え等の情報を得ている．そして各々の植物は，気温や湿度なども含め，光周性により花を咲かせる時期を合わせている．なんと30億年前に光合成を始めたシアノバクテリアがつくりあげたシステムで，クロロフィルを持つアオコも樹木の葉っぱも同じであった．

f. 光合成反応は酵素反応

二酸化炭素を固定する炭酸同化反応は常温近辺で起こる酵素反応で，一般の化学反応とは違ってゆっくりと時間をかけ進行する．そのためエネルギーが低くても長時間受けることのできる光，曇りの日でも受けられる光，朝焼けから夕焼けまで届く長波長の赤い光を吸収し利用している．強くて変化の激しい光は利用できず，昼間は，太陽光で加熱されないように葉の気孔から盛んに水分を蒸散させ，身を守っている．太陽光で光合成に利用されるのは入射光の 1/100 しかないとのこと，70 ℃以上で分解するクロロフィル以外にも，多くのカロテノイドなど色素が波長 500 nm 以下に吸収を持って存在し，光合成に関与しながら短波長の光を透過させずに細胞内の遺伝子を守っている．

g. 葉っぱはポンプの役割

植物は地球上の水の特性を十分に利用し，これまで地球環境の維持，保全をしてきた．太陽光が樹冠にあたれば体温の上昇を抑えるよう葉から大量の水を大気中へ蒸散させ，水分と養分を根から吸収していた（**図-7.5**）．

樹木はアオコと違い，上に幹を伸ばし横へ枝を広げ，太陽光を効率的に受け，二酸化炭素の吸収も良くなるよう葉っぱが重ならないよう表面積を大きく成長している．表面積を大きくした樹木の葉っぱから蒸散される水蒸気は，気象にとって重要な役割を担っている．カナダ・バンクーバーを包み込む森林からの霧の**写真-7.4** を示す．雲や霧が白いのは分子より大きな水滴による光のミー散乱で起こる．

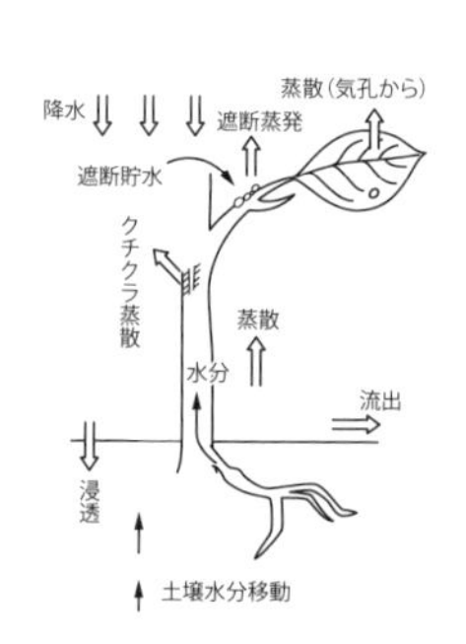

図-7.5　樹木をとりまく水の移動

地球上の水循環において樹木の葉はポンプの役割をしており，新しい葉っぱの役割を**図-7.6** に示す．

h. 気象との関係

水面，湿潤地，森林などから気化熱を奪い蒸発した水蒸気は，**図-7.7** のように風によって上空へ運ばれ，気化熱を放出して水滴となり雲をつくり，熱を大気圏内

写真-7.4　バンクーバーの都市を包む森林からの霧

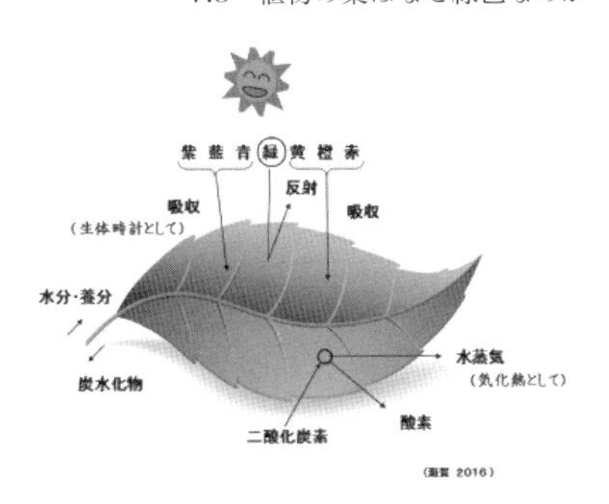

図-7.6　緑の葉っぱはポンプの役割

の上部へ移動させることができる．気化熱を放出した大気は，上昇気流によってもくもくと積乱雲を発達させ，積乱雲の成熟期には，雨が降り出すと，激しい雨，ひょう，落雷，突風を発生させ，地上から蒸発した水蒸気の上昇が起こり強烈な上下流をつくり，状態が安定化するまで続く．過飽和，過冷却，過電荷の状態は，全てが安定化するまで止められず，各地で突然起こる集中豪雨などもこのような現象によるものと考えられる．

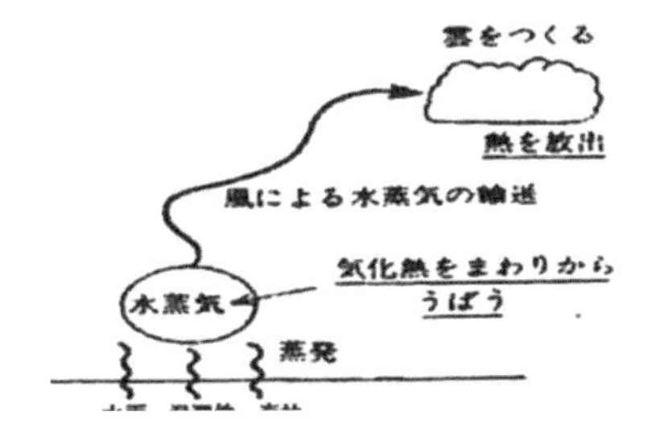

図-7.7　水蒸気が熱を宇宙空間へ運ぶ

近年，東京から富士山の見える日数が増えているとのこと，その原因は大気中の水分が減っているためである．都市開発によって水辺や樹木からの水蒸気が放出されない．大気中に水を呼び寄せる水蒸気がなく乾燥し砂漠化している．

建築家たちの言葉に「文明の前に森林が，森林の後に文明が」もしくは「文明の前に森林が，文明の後に砂漠が」と，このままでは日本列島全体がコンクリートの軍艦島のようになってしまう．開発，再開発とコンクリートで固め大都市をつくり，燃料を燃やして冷却している方式では環境は守れない．ヒートアイランドの対策なしの都市部にはもっと緑を植え，植物の知恵に学びたい．樹木は自然における冷却装置なのである．

これまで水循環における植物の役割が軽視されてきたが，樹木は自然における冷却装置として気象にとって重要な部分を占めている．

7.4　緑は不思議な色である

環境といえばグリーン，でも実際にはグリーンを減らして社会インフラ，土地開発，道路工事が行われる．キーワードを調べても，東京電力㈱福島第一原子力発電所事故以来，グリーン政策，グリーン回復，ヒートアイランド対策に屋上緑化，石炭火力と原子力からの転換，そこへの投資，再生エネルギーの買取制度の補助金，グリーンニューディル，二酸化炭素の削減，太陽熱温水器がなくなり太陽光発電，メガソーラー，国の政策，SDGs（持続可能な開発目標）が国連総会で採決，気候変動に具体的対策と，なんと多くのグリーン関連用語が利用されていることであろうか，マスコミでも緑色は不思議な色で，飲み物まで植物の緑色の汁を青汁と読んで宣伝，医薬品にもミドリを加え新発売である．政治でも緑をシンボルカラーにして選挙活動が行われている．

山奥の森林の暗いところの枯れ木には，夜間，緑色に耀き，虫を呼び寄せているキノコが生えている．まだ緑以外に光るキノコは見つかっていない．

7.5　異常気象と二酸化炭素の増加

昨今の異常気象は，過飽和，過冷却等の状況が長く続くために起こり，相平衡に向かう現象で，雷が止められないように豪雨も相平衡に達するまで止められない．大気中の二酸化炭素増加で地球からの熱が宇宙に放出されず異常気象を招いている．

7.6　太陽から受ける輻射熱

地球表面では太陽から放射される輻射熱がエネルギー源である．森林，高層ビル群，道路インフラに対する輻射熱を考えると，森林では葉っぱの表面から熱は水蒸気として放出，水蒸気は雲となり，上空へ運ばれ，落雷を伴って熱を宇宙に向けて運ぶ．ビル群をサーモグラフィーで調べると，太陽光が当たる面と冷房装置の室外機のところが高温になっている．さらに，道路も自動車も水の蒸発熱を利用した熱移動はない．どのように冷やすのであろうか？　熱の移動は，輻射，伝導，対流による他にないのである．

歴史的に森林破壊，農地拡大，砂漠化，陸地の表面が太陽光線を受けてどのようになるのかは論じられていない．太陽から受けた輻射熱を宇宙に放出するメカニズムを論議せず，大気層の二酸化炭素削減だけで地球温暖化対策と論じている．これで良いのであろうか.

樹木の葉っぱは，できるかぎり太陽光線を受け入れるよう，ほぼ円錐型に成長している．高層ビルは屋上の一部を緑化しただけで壁面を冷やすシステムはなく，性質上，岩盤，砂漠，砂浜と同じである．これら建物やビル郡を冷やすために大量のエネルギーが使用されている.

できる限り水辺や緑を使って水を蒸発させ都市空間を冷やす方向に転換すべきである．これは植物に学ぶ安全への仕組みであり，二酸化炭素を増加させず持続可能な社会へ移行できるのではないか．人類が現れる前，地球は植物に覆われていた．太陽光線と水分の関係,太陽,樹木,気象，宇宙，水環境を考慮して，樹木のような機能を持つ建築物が必要である.

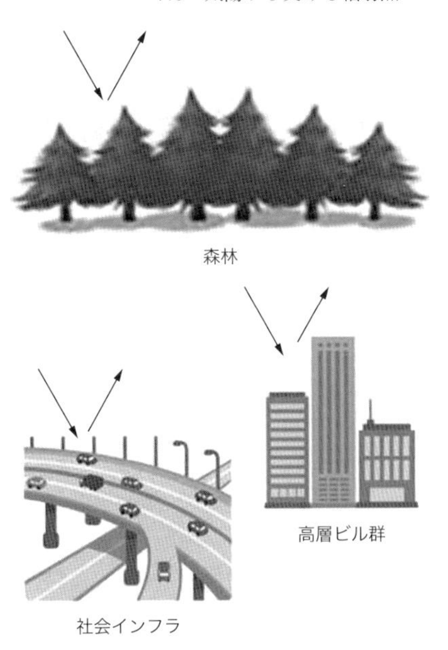

図-7.8　太陽光輻射エネルギーの移動

世界各地で大都市，高層建築が造られ，パレードのための大きな広場，昼間の太陽からの輻射熱を最大限，吸収して夜間に熱として放出している．この熱帯夜を，どのように冷却するのであろうか？　人間も生態系の中で，自然と共存して生きる技術を構築しなければならない．人口の増加，森林伐採と火災，都市の開発，資源の枯渇，二酸化炭素の増加，気候変動とわれわれ唯一の水の惑星の環境は守れるであろうか，二酸化炭素濃度 400 ppm を超え「地球の限界」に近づくが，まだ間に合うのであろうか？

宇宙船地球号は，持続可能な社会への方向転換が急がれる．安定した水環境のため大気中の水の移動も真剣に考える必要がある.

・・参考体験・・

・環八雲はなぜ消えたのか，誰も議論しなくなった.

・都内の中学校校舎，夕方には 1 階から屋上に向けて強い風が吹くのを体験.

・パリ，木陰のないシャンゼリゼ通り凱旋門までの強烈な暑さを体験.

・ビールを飲んだ天安門の前の小さな食堂が，あの広いパレードの広場に.

・ベルギーの麦畑，前方から一面の黒雲が迫ってきて雨の中へ.

・田町駅東口の再開発後，木陰がなくなり太陽光を避けられない．
・パリの上空，飛行機雲がよく似合う乾燥した大気．
・キューバの首都ハバナでのスコール，毎日，同じ時間に土砂降りの雨が．
・沖縄へのフライト，小さな島々の上空に雲が生成．陸風，海風の説明は．

地球環境につき考察を加えた．今後，大きな展開を期待する．

第7章　参考資料

1）海賀信好，加藤俊（2015）：中学生を中心とした理科教育「都市における樹木の役割」に取り組む，WATER　PLAZA　4（3）44-46
2）籾山次郎（2007）：地球の危機を救えるのは緑，NPO 法人グリーンサイエンス 21 便り（2），月刊「水」49（707）21
3）伊東豊雄，藤本壮介，平田晃久，佐藤淳（2009）：20XX 年の建築原理，建築のちから②　INAX 出版
4）海賀信好（2010）：水環境を考える．現場からの報告（5），―地球のお医者さん，なぜ環八雲が消えたの―，産業と環境　2010.2　pp.49-50
5）海賀信好（2012）：水環境を考える．現場からの報告（19），―メガソーラーは地球を熱くする―，産業と環境　2012.4　pp53-54
6）海賀信好，大瀧雅寛，薗部幸枝，伊東豊雄（2013）：環境問題と景観に関する哲学的考察，日本景観学会誌 KEIKAN　14（1）30-33
7）海賀信好，大瀧雅寛，新見和則，名倉千恵子，井川憲明，伊東豊雄（2015）：水耕栽培による屋上の有効利用に関する研究―2020 年東京オリンピックに向けて―KEIKAN 16（1）74-75
8）海賀信好（2015）：水環境を考える．現場からの報告（36），なぜ植物は緑なのでしょうか，新発見，答えはここに，産業と環境　2015.11　pp49-50
9）海賀信好（2016）：「中野の野菜・きず菜ちゃん」プロジェクト紹介の報告，週刊きちじょうじ，2137 号，2016.2.13
10）海賀信好（2016）：水環境を考える．現場からの報告（39），地球を冷やせ―植物が緑色を選んだ理由を解明―，産業と環境　2016.7　pp.45-47
11）海賀信好（2017）：寄稿・環境技術立国，オリンピックに向けて CO2 を減らす技術を，植物はなぜ緑色を選んだのかを解明，日本水道新聞，6 月 22 日
12）海賀信好，大瀧雅寛，薗部幸枝，伊東豊雄（2017）：植物はなぜ緑色を選んだのかを解明，日本景観学会（明治大学）7 月
13）武田喬男，上田豊，安田延壽，藤吉康志（1992）：気象の教室 3 水の気象学，東京大学

出版会
14）海賀信好，大瀧雅寛，薗部幸枝，向殿政男（2019）：水環境から見た植物の緑色選択の利点，第 53 回日本水環境学会年会講演集，p213
15）海賀信好（2019）：特別寄稿・アオコも緑の葉っぱもクロロフィルが体内時計，日本水道新聞，5 月 23 日
16）海賀信好（2020）：提言，緑の葉っぱが枯れる前に―きず菜をとおして子どもたちに地球環境問題を伝えたい―，用水と廃水，62（9）621-625
17）海賀信好（2022）：提言，都会で農業「きず菜ちゃんプロジェクト」―コロナ禍であっても着実に都市環境の改善に寄与―，用水と廃水，64（2）94-100
18）クーパーヘンリー（立花隆訳）（1998）：アポロ 13 号奇跡の生還，新潮文庫

コラム⑱ 失敗例に貴重な情報が

大学のゼミで用いた興味深いデータ，環境水，特に湖沼水に関して，霞ヶ浦の北浦と西浦の水質分析の一例で示す．

採水担当と分析担当に分かれて共同研究を行う場合，現場での採水に天候は選べても，現場での採水水質は選べない．多少の白濁が認められても持参した2Lペットボトルに採水し，その日に冷蔵の宅配便にて研究所に送らなければならない．試料を受けた方も勤務時間内に，分析項目に合わせて試料の調整を行い，明日の定例分析の業務に戻る．

冷蔵運搬された試料は研究室でトリハロメタン生成能とDOCを測定する前に0.45 μmのメンブレンフィルターでろ過して行う．宅配便で届いた直後にろ過して測定したもの，ろ過せずに4℃の保存庫に10日間保存（忘れて）したものを改めてろ過して測定したもの，霞ヶ浦の北浦の湖沼水のトリハロメタン生成能とDOCとの関係，蛍光強度との関係を**図-1**に示す．

保存中にDOCが大きく減少するが，蛍光強度の減少は少ない．白濁は微生物などで，DOCは生物易分解性成分と生物難分解性成分が含まれ，トリハロメタン生成能には蛍光強度が強く関係していることが分かる．

採水試料の保存について，濁りの少ない霞ヶ浦の西浦の湖沼水で再確認を行った．冷蔵宅配便で届いた直後にろ過して測定したもの，冷蔵4℃と常温25で5日，10日間の保存を行ったものトリハロメタン生成能とDOCとの関係，蛍光強度との関係を**図-2**に示す．

DOCは冷蔵5日と10日に多少減少し，常温では67～78％減少する．蛍光強度はほとんど変化しない．蛍光発現性物質は生物難分解性成分であることが分かる．

流れている大河川の河川水は微生物で代謝された残りの生物難分解性のDOCとなるが，湖沼水では生物易分解性の成分が含まれていて琵琶湖，霞ヶ浦と，さらに濠水とではDOCと蛍光強度の相関関係は認められない．

失敗例として放置されていたが，データを整理して見直すと，事前の調整操作が正直に反映されていた事例である．

海賀信好：解説，水を科学する「フルボ酸の蛍光分析」を技術書に ―腐植物質の分析で難分解性の溶存有機物の動態を明らかに―，「用水と廃水」Vol.63 No.2 pp.91-100（2021）

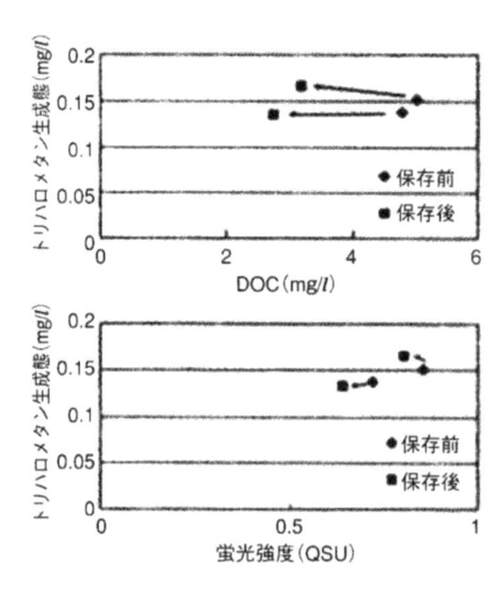

図-1　湖沼水の保存による水質変化（霞ヶ浦北浦，4℃，10 日間）

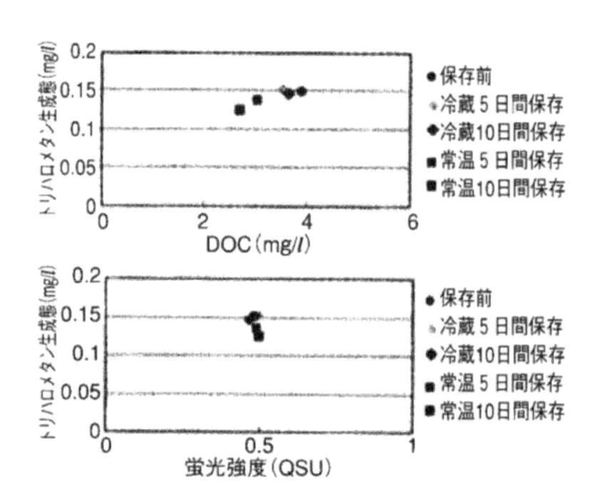

図-2　湖沼水の保存による水質変化（霞ヶ浦西浦，4℃，25℃，5 日間，10 日間）

〈発信した海外情報一覧〉

日本水道協会雑誌

・ヨーロッパにおける最近の上水浄化、第 54 巻 第 5 号 p21（昭 60.5）
・開放政策後の中国水道事情、第 55 巻 第 7 号 p44（昭 61.7）
・イタリアの水道事情、第 723 号 Vol.63 No.12 pp.32–44（平成 6.12）
・テームズウォータにおける 21 世紀への戦略、第 727 号 Vol.64 No.4 pp.22–32（平成 7 年 4 月）
・戦後 50 年，変貌する台湾の水道、第 736 号 Vol.65 No.1 pp.30–38（平成 8.1）
・アメリカにおけるオゾン処理の現状、第 733 号 Vol.64 No.9 pp.49–58（平成 7.9）
・オランダの水道事情と技術開発動向、第 749 号 Vol.66 No.2 pp.32–42（平成 9.2）
・オーストラリア 5 大都市の水道事情、第 758 号 Vol.66 No.11 pp.37–482（平成 9.11）
・大改造を行ったロンドンの水道システム、第 760 号 Vol.67 No.1 pp.33–40（平成 10.1）
・英国アングリアンウォータ地区の水道事情、第 764 号 Vol.67 No.5 pp.36–45（平成 10.5）
・水環境を配慮した北欧首都の水道事情、第 774 号 Vol.68 No.3 pp.23–33（平成 11.3）
・地下水源を守るコペンハーゲンの水道、第 775 号 Vol.68 No.4 pp.37–45（平成 11.4）
・KIWA における配水システムの微生物学的研究、第 778 号 Vol.68 No.7 pp.44–52（平成 11.7）
・エコワテック 98 とモスクワ水道事情、第 784 号 Vol.69 No.1 pp.36–44（平成 12.1）
・ポーランド・チェコ主要都市の水道事情：東欧水道事情（1）ワルシャワ、クラクフ、プラハ 第 788 号 Vol.69 No.5 pp.46–54（平成 12.5）
・ドナウ川 2 大都市の水道事情：東欧水道事情（2）ブタペスト、ウィーン 第 789 号 Vol.69 No.6 pp.22–31（平成 12.6）
・原虫対策に揺らぐカナダの水道 第 794 号 Vol.69 No.11 pp.20–29（平成 12.11）

日本水道新聞

・モスクワ市のオゾン処理プラント調査報告
（平成 12.3.2）
・水質と戦う世界の水道、フミンの色度除去・モスクワ
（平成 12.9.7）
・水質と戦う世界の水道、降雨による濁質流入・台中
（平成 12.9.7）
・水質と戦う世界の水道、臭気の除去・オークランド
（平成 12.10.5）
・水質と戦う世界の水道、ジアルジア対策・モントリオール
（平成 12.10.5）
・水質と戦う世界の水道、軟化処理で鶏餌・アムステルダム
（平成 12.10.5）

・水質と戦う世界の水道、オゾンブルー・マルセイユ
(平成 12.10.5)
・第 10 回日本オゾン協会年次講演、発表内容
英国アングリアンウォーターのオゾン処理調査報告
(平成 12.10.23)
・水質と戦う世界の水道、全館に水の美術品・バーリ
(平成 12.10.30)
・水質と戦う世界の水道、含塩地下水・アデレード
(平成 12.11.2)
・水質と戦う世界の水道、砂漠の浄水場・ツーソン
(平成 12.11.2)
・水質と戦う世界の水道、米国の民営水道・ニュージャージー
(平成 12.11.2)
・水質と戦う世界の水道、緩速に高度処理導入・ロンドン
(平成 12.12.14)
・水質と戦う世界の水道、硝化菌の生物活性炭・ルアン
(平成 12.12.14)
・水質と戦う世界の水道、季節に応じ二倍生成・ブルッセル
(平成 12.12.14)
・水質と戦う世界の水道、地下水源保全に苦慮・コペンハーゲン
(平成 13.1.11)
・水質と戦う世界の水道、都市用水を飲料水に・ローマ
(平成 13.1.15)
・水質と戦う世界の水道、国際支援のオゾン処理で安全に・クラクフ
(平成 13.1.25)
・水質と戦う世界の水道、毎週の水曜が水の日・プサン
(平成 13.1.25)
・水質と戦う世界の水道、BOO 方式で浄水場整備・シドニー
(平成 13.1.25)
・水質と戦う世界の水道、あえて市民に存在を・エドモントン
(平成 13.2.5)
・水質と戦う世界の水道、原水二分し軟化処理・ベイシテー
(平成 13.2.5)
・水質と戦う世界の水道、活性炭再生プラント・ケンブリッジ
(平成 13.2.8)
・水質と戦う世界の水道、微生物学と紫外線を・ハウダ
(平成 13.2.8)
・水質と戦う世界の水道、トピックス・蛍光分析を応用／少量で高感度簡易分析

(平成 13.2.8)
・水質と戦う世界の水道、・ボルドー
(平成 13.2.26)
・水質と戦う世界の水道、・トリノ
(平成 13.2.26)
・水質と戦う世界の水道、・チューリッヒ
(平成 13.2.26)
・水質と戦う世界の水道、有水之便、應思無水・台北
(平成 13.5.14)
・水質と戦う世界の水道、大気で地下水を浄化・パース
(平成 13.5.14)
・水質と戦う世界の水道、源は雪解け水と雨水・ロサンゼルス
(平成 13.6.4)
・水質と戦う世界の水道、国内初の水質試験所・大阪
(平成 13.6.4)
・マルセイユの浄水オゾン処理調査
(平成 13.6.25)
・水質と戦う世界の水道、旧市街は漏水率 50%・ハバナ
(平成 13.7.23)
・水質と戦う世界の水道、トピックス　オゾン処理による水質特性変化
(平成 13.9.10)
・水質と戦う世界の水道、トピックス　示差屈折率の応用
(平成 13.10.29)
・水質と戦う世界の水道、レンヌ
(平成 13.11.8)
・水質と戦う世界の水道、トピックス　水質分析と濁質
(平成 13.11.8)
・水質と戦う世界の水道、リヨン
(平成 13.12.3)
・水質と戦う世界の水道、ロッテルダム
(平成 13.12.6)
・水質と戦う世界の水道、オスロ
(平成 13.12.6)
・水質と戦う世界の水道、エッセン
(平成 13.12.6)
・水質と戦う世界の水道、プラハ
(平成 13.12.6)
・オゾン処理誕生のニース市浄水場調査報告

(平成 14.6.10)
・フランス・リヨンの水道事情
(平成 15.6.5)

水道産業新聞
・海外民営化水道にみる技術（1）〈パリ市〉
(平成 14.2.25)
・海外民営化水道にみる技術（2）〈パリ郊外 1〉
(平成 14.3.21)
・海外民営化水道にみる技術（3）〈パリ郊外 2〉
(平成 14.4.25)
・海外民営化水道にみる技術（4）〈ストックホルム市 1、下水道分野〉
(平成 14.5.20)
・海外民営化水道にみる技術（5）〈ストックホルム市 2、水道分野〉
(平成 14.6.6)
・海外民営化水道にみる技術（6）〈ロンドン 1、危機管理〉
(平成 14.7.22)
・海外民営化水道にみる技術（7）〈ロンドン 2、高度浄水処理〉
(平成 14.8.22)
・海外民営化水道にみる技術（8）
〈ケンブリッジ郊外東北部 1、高度浄水処理〉
(平成 14.8.26)
・海外民営化水道にみる技術（9）
〈ケンブリッジ郊外東北部 2、地下水の浄化〉
(平成 14.9.5)
・海外民営化水道にみる技術（10）
〈ヘルシンキ 1、地下に建設された下水処理場〉
(平成 14.11.7)
・海外民営化水道にみる技術（11）
〈ヘルシンキ 2、世界最長のトンネル導水路〉
(平成 14.11.28)
・海外民営化水道にみる技術（12）
〈ニュージャージー、オゾン処理後の浮上分離〉
(平成 15.1.6)
・海外民営化水道にみる技術（13）
〈ブタペスト 1、バンク・リバーサイド・フィルトレーション〉
(平成 15.2.20)
・海外民営化水道にみる技術（14）

〈ブタペスト 2、ヨーロッパの技術によるコンパクトなプラント〉
(平成 15.3.24)
・海外民営化水道にみる技術（15）
〈メキシコシティー 1、アムサは漏水防止とメーター制導入〉
(平成 15.4.24)
・海外民営化水道にみる技術（16）
〈メキシコシティー 2、イアサは老朽配管の漏水防止〉
(平成 15.5.12)
・リヨン民営化水道のオゾン
(平成 15.6.9)
・海外民営化水道にみる技術（17）
〈エドモントン、パイロットプラントで最適運転条件を〉
(平成 15.6.19)
・海外民営化水道にみる技術
〈ベルリン、その 1. その 2.〉
(平成 15.10.23)
・海外民営化水道の技術（ニース）
2004 年 6 月 14 日
・海外民営化水道にみる技術（18）
〈マルセイユ、フランスで一番水質の良い水道〉
(平成 15.8.4)

月刊「水」
・フランス・マルセイユの水道事情
10 月号 2002 Vol.44–12 No.632 pp.66–7
・フランス・ニースの水道事情
12 月号 2002 Vol.44–15 No.635 pp.32–36
・フランス・リヨンの水道事情
5 月号 2003 Vol.45–6 No.641 pp.61–65
・フランス・ボルドーの水道事情
8 月号 2003 Vol.45–10 No.645 pp.63–66
・メキシコシティーの水道事情
12 月号 2003 Vol.45–15 No.650 pp.28–33
・ベルリンの水
7 月号 2004 Vol.46–8 No.658 pp.61–68
・ミシシッピ川採水紀行（1）
4 月号 2005 Vol.47–5 No.670 pp.64–65
・リスボンのアッセイセイラ浄水場

5 月号 2005 Vol.47-6 No.671 pp.24-28
・ミシシッピ川採水紀行（2）
6 月号 2005 Vol.47-7 No.672 pp.66-67
・リスボンの水道博物館
7 月号 2005 Vol.47-8 No.673 pp.36-40
・ミシシッピ川採水紀行（3）
8 月号 2005 Vol.47-9 No.674 pp.66-67
・ミシシッピ川採水紀行（4）
10 月号 2005 Vol.47-12 No.677 pp.38-40
・ミシシッピ川採水紀行（5）
12 月号 2005 Vol.47-15 No.680 pp.34-37
・ミシシッピ川採水紀行（6）
1 月号 2006 Vol.48-1 No.681 pp.34-37
・ミシシッピ川採水紀行（7）
2 月号 2006 Vol.48-2 No.682 pp.23-26
・ミシシッピ川採水紀行（8）
3 月号 2006 Vol.48-4 No.684 pp.22-25
・水道橋ポン・デュ・ガールの景観保護
4 月号 2006 Vol.48-5 No.685 pp.27-30
・ミシシッピ川採水紀行（9）
5 月号 2006 Vol.48-6 No.686 pp.37-40
・ミシシッピ川採水紀行（10）
6 月号 2006 Vol.48-7 No.687 pp.37-40
・ミシシッピ川採水紀行（11）
7 月号 2006 Vol.48-8 No.688 pp.62-65
・ミシシッピ川採水紀行（12）
9 月号 2006 Vol.48-11 No.691 pp.68-71
・マドリッドの水道と列車同時爆破テロ
10 月号 2006 Vol.48-12 No.692 pp.68-71
・バルセロナの水道とワイングラスの臭い
11 月号 2006 Vol.48-13 No.693 pp.34-40
・蛇口から浄水工程、さらにライン川河川水の分析へ
ーライン川採水紀行（1）ー
11 月号 2007 Vol.49-13 No.708 pp.24-27
・アメリカにみるノーベル賞の記念碑
12 月号 2007 Vol.49-15 No.710 pp.78
・日本からサンプル瓶を持ってライン川へ
ーライン川採水紀行（2）ー

1月号 2008 Vol.50-1 No.711 pp.28-32
・バンクフィルトレーションとインフィルトレーションについて
—ライン川採水紀行（3）—
2月号 2008 Vol.50-3 No.713 pp.34-37
・蛍光分析の実用性をライン川下流ヴィトラール浄水場で確認
—ライン川採水紀行（4）—
4月号 2008 Vol.50-5 No.715 pp.12-16

造水技術
・北京の水
Vol.11 No.4 p57（1985）
・ボトルウオータ
Vol.15 No.2 p37（1989）
・Wasser　Berlin 、IFAT に参加して
Vol.19 No.4 pp.44-48（1993）
・イタリア水道の現況
Vol.20 No.4 pp.43-46（1994）
・Sobrante 浄水場調査報告
Vol.21 No.2 pp.36-38（1995）
海賀信好、高橋龍太郎
・南イタリア・バーリ水道局の芸術品紹介
Vol.23 No.4 pp.33-36（1997）

水処理技術
・サンフランシスコ東湾岸地区上下水道
Vol.37 No.5 pp.39-42 1996
・オーストラリアの下水処理システム
Vol.40 No.9 pp.19-26 1999
・キューバの水事情
Vol.43 No.9 pp.13-20（2002）

用水と廃水
・北欧の下水処理システム
Vol.41 No.3 pp.39-44
・イギリスの水道民営化によって導入された技術
Vol.43 NO.6 pp.37-42（2001）
・フランス・マルセイユの水道事情
Vol.44 No.9 pp.60-61（2002）

・国際オゾン協会支部シンポジウムの報告
Vol.45 No.10 pp.13-19（2003）
海賀信好、鈴木浩之、村山清一
・国際オゾン協会支部シンポジウムの報告（続）
Vol.45 No.11 pp.3-8（2003）
海賀信好、鈴木浩之、村山清一
・国際オゾン協会支部シンポジウム（バルセロナ）の報告
Vol.47 No.2 pp.10-16（2005）
海賀信好、中野壮一郎、山田毅
・国際オゾン協会支部シンポジウム（バルセロナ）の報告（続）
Vol.47 No.3 pp.16-19（2005）
海賀信好、中野壮一郎、山田毅
・欧米における高度浄水処理の最新技術
Vol.48 No.4 pp.77-84（2006）
海賀信好、中野壮一郎、田村勉

化学と工業

・シンポジウム"オゾンとバイオロジー"に出席して
第37巻 第7号 p128（1984）

水質汚濁研究

・チェリノブイリ原発事故による飲料水汚染
Vol.12 No.2 p64（1989）

資源環境対策

・シェーンバインからオゾン・ホールまで、オゾンの発見者シェーンバインの
生涯と生誕200年記念国際シンポジウムの概要
Vol.36 No.11（2000）p.83-87

日本景観学会誌

・口絵：ポン・デュ・ガールの景観を守った道路建設
KEIKAN　Vol.4 No.1 pp.2（March 2003）

空気調和・衛生工学

・海外の水道
Vol.76 No.3 pp.41-44（平成14.3）

産業と環境

・水環境を考える
　現場からの報告（2）
　―エルベ川から独立したハンブルクの水道―
　2009.11 pp.51–52

なお、出版準備の間に、以下のものが、公開されておりますので、ご参照下さい。

・海賀信好，大瀧雅寛，千葉勇人，祢屋崇（2020）：蛍光分析による給水配管内でのトリハロメタン生成能の挙動把握，第29回日本オゾン協会年次研究講演会講演集，pp.1–4
・海賀信好（2021）：水を科学する「フルボ酸の蛍光分析」を技術書に―腐植物質の分析で難分解性の溶存有機物の動態を明らかに―，用水と廃水，63（2）91–100
・海賀信好（2022）：蛍光分析による環境水と水道水の評価―八戸圏域水道企業団との共同研究―、用水と廃水、64（3）149-156

おわりに

水道水は，各自治体が地域へ安全な水を，いつでも，どこでも，必要なだけ利用できる物質として供給されている．水は各種物質の溶解と移動，熱移動による温度の調節，水の圧力による物質移動と洗浄等に利用され，複数の人々，そして巨大化する都市社会へ送られる．水の代替物は存在しない．

一方，水道水源の汚染，浄水工程での薬品による消毒等，水道水に含まれる化学物質に関しては万全の注意が必要となっている．水道水は塩素による消毒，残留塩素の維持による安全と安心の確保，その半面，塩素による消毒副生成物の生成などの心配が残る．

現在，浄水場で実施されている定期検査の採水と分析では手間と時間がかかり，浄水場では供給され飲まれた後に分析結果が発表される．蛍光分析は，リアルタイムで高感度の水質測定が可能であり，通常の定期的に採水した試料を測定することも可能である．

これまで日本の多くの浄水場，世界 27 カ国，72 都市の浄水場を訪問調査し，日本の主要 8 河川，ライン川，ミシシッピ川を上流から下流まで採水調査して，フルボ酸と蛍光分析の技術を基礎から応用までまとめることができた．調査研究に関しては，各種の壁があった．高い壁であり，登るためには時間をかけ，自分の頭をも踏み台にして登らなければならない．官民，国，自治体，管理団体，学協会の壁もある．本書の執筆を考えていたころ，お茶の水女子大学で研究員となり，数学者の藤原正彦氏の退官記念講演に出席，懇談する機会を得た．海外留学先の研究者の話である．海外の学者は自分のテーマを見つけると無邪気にせっせと掘り出す．研究者の心構えとしては次の 3 つの点，「1 つは野心を持て，2 つは執着せよ，3 つは楽観的にやれ，そしてデータをこつこつと積み重ねる」よう，ご指示を受けた．以降，自然現象に対して「何が真実か」と全国の水道関係者の協力を求めて，試料を集め，この度の書になった．また，大学の研究室を自由に使わせていただき，ゼミを含め多くの協力を頂いた生活科学部環境工学研究室の大瀧雅寛先生に深く感謝を申し上げる．本書の出版については，家族の協力をはじめ，水道関係に詳しく農学分野に見識の豊かな元技報堂出版取締役の小巻愼氏の協力を得て行なった．

最後に，100 年に一度のパンデミック，新型コロナウイルスで大きく変化した社会情勢の中，出版に取り組んで頂いた東京図書出版の和田保子氏に深く感謝いたします．

日本の近代水道は，イギリス人技師パーマー氏の指導のもと横浜に初めて創設された．その横浜水道局から試料提供を受け，水道水質に関して，蛍光分析で新たな現象と解明に将来性を示せたことは水道研究家として本望である．今後，世界の水道で利用していただけるであろう．

これまでの蛍光分析による測定から得られる蛍光強度，蛍光スペクトルは物理化学的データであり，浄水処理工程の水質評価への応用技術は後世に伝えられれば幸いである．

Fluorescence analysis of fulvic acid in environmental and drinking water

by Nobuyoshi Kaiga Ph.D.

海賀信好　　2022 年 10 月

索引

あ行

か行

さ行

た行

な行

は行

ま行

や行

ら行

わ行

英数字

海賀　信好（かいが　のぶよし）

【著者略歴】

1972年　東京理科大学大学院理学研究科博士課程修了/理学博士
1973年　東京芝浦電気株式会社　重電技術研究所
　　　　水処理技術・オゾン応用・材料技術担当
1984年　株式会社東芝　官公システム事業部　水道技術担当
　　　　海外の水道事情調査
2000年　埼玉県環境科学国際センター客員研究員
2003年　東芝ITシステムコントロール株式会社　公共システム部　技術主幹
2003年　環境科学衛生研究所設立
2007年　株式会社　日水コン　水道本部兼環境事業部　研究開発担当
2007年　NPO法人グリーンサイエンス21設立
2008年　お茶の水女子大学　教育研究協力員
2009年　お茶の水女子大学大学院　人間文化創成科学研究科研究院　研究員
2011年　お茶の水女子大学　生活科学部　学部教育研究協力員
2016年　水道研究家として

【著書】

1. オゾン用語集（共著）/国際オゾン協会日本支部（昭62.9）
2. オゾン安全基準（共著）/国際オゾン協会日本支部（昭63.9.29）
3. 飲料水中の各種化学物質の健康影響評価　健康に関する勧告集/日本水道協会　水質問題研究会訳　翻訳（昭63.3.31）
4. オゾン利用水処理技術（共著）/公害対策技術同友会（1989.5.24）宗宮他
5. オゾン利用の理論と実際（共著）/リアライズ社（1989.10.20）
6. 新版オゾン利用の新技術（共著）/三ゆう書房（1993.2.24）
7. WHO飲料水水質ガイドライン（第２巻）健康クライテリアと関連情報/日本水道協会　水質問題研究会訳　翻訳（1999.5.18）
8. 水の惑星に住む ― 人と水との関わり ―（共著）/東京理科大学特別教室セミナー出版シリーズNo. 21（2001.2.16）
9. 世界の水道 ― 安全な飲料水を求めて ―/技報堂出版（2002.4.22）
10. 紫外線による水処理と衛生管理/Willy J. Masschelein著　技報堂出版（2004.5.10）
11. 紫外線水処理用語集（共著）/㈳日本水環境学会（2005.9.10）
12. オゾンと水処理/技報堂出版（2008.11.25）
13. 20XXの建築原理へ、伊東他〔建築のちから〕② INAX出版（2009.9.30）
14. 水の博士・小島貞男思い出文庫CD版（校閲）（2013.12.22）

【学協会関連】

日本化学会永年会員　日本水環境学会特別正会員　元国際オゾン協会理事
日本水道協会特別会員　日本景観学会理事　NPO法人グリーンサイエンス21副理事長　文京漱石の会会員

フルボ酸の蛍光分析
— 環境水と水道水 —

2022年12月28日　初版第１刷発行

著　　者　海 賀 信 好
発 行 者　中 田 典 昭
発 行 所　東京図書出版
発行発売　株式会社 リフレ出版
〒113-0021　東京都文京区本駒込 3-10-4
電話 (03)3823-9171　FAX 0120-41-8080
印　　刷　株式会社 ブレイン

ISBN978-4-86641-525-3 C3043
Printed in Japan 2022